U0309383

航天科技图书出版基金资助出版

混合有限元-统计能量分析方法及其航天应用

朱卫红　邹元杰　韩增尧　著

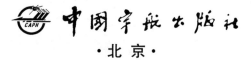

中国宇航出版社

·北京·

图书在版编目（CIP）数据

混合有限元-统计能量分析方法及其航天应用／朱卫红，邹元杰，韩增尧著．-- 北京：中国宇航出版社，2017.6

ISBN 978 - 7 - 5159 - 1320 - 9

Ⅰ．①混… Ⅱ．①朱…②邹…③韩… Ⅲ．①混合法（有限元法)－统计分析－能量分析－应用－航天器－飞行力学 Ⅳ．①V412.4

中国版本图书馆 CIP 数据核字（2017）第 115155 号

责任编辑 彭晨光

责任校对 祝延萍　　　　**装帧设计** 宇星文化

出 版
发 行　**中国宇航出版社**

社 址 北京市阜成路 8 号　**邮 编** 100830		**版 次** 2017 年 6 月第 1 版	
（010)60286808　　（010)68768548		2017 年 6 月第 1 次印刷	
网 址 www.caphbook.com		**规 格** 787×1092	
发行部 （010)60286888　　（010)68371900		**开 本** 1/16	
（010)60286887　　（010)60286804(传真)		**印 张** 17.25　**彩 插** 16 面	
零售店 读者服务部		**字 数** 417 千字	
（010)68371105		**书 号** ISBN 978 - 7 - 5159 - 1320 - 9	
承 印 北京画中画印刷有限公司		**定 价** 98.00 元	

本书如有印装质量问题，可与发行部联系调换

航天科技图书出版基金简介

航天科技图书出版基金是由中国航天科技集团公司于 2007 年设立的，旨在鼓励航天科技人员著书立说，不断积累和传承航天科技知识，为航天事业提供知识储备和技术支持，繁荣航天科技图书出版工作，促进航天事业又好又快地发展。基金资助项目由航天科技图书出版基金评审委员会审定，由中国宇航出版社出版。

申请出版基金资助的项目包括航天基础理论著作，航天工程技术著作，航天科技工具书，航天型号管理经验与管理思想集萃，世界航天各学科前沿技术发展译著以及有代表性的科研生产、经营管理译著，向社会公众普及航天知识、宣传航天文化的优秀读物等。出版基金每年评审 1～2 次，资助 20～30 项。

欢迎广大作者积极申请航天科技图书出版基金。可以登录中国宇航出版社网站，点击"出版基金"专栏查询详情并下载基金申请表；也可以通过电话、信函索取申报指南和基金申请表。

网址：http：//www.caphbook.com

电话：(010) 68767205，68768904

序　一

　　航天器在发射阶段要经受严苛的宽频带力学环境考验，在研制阶段进行力学环境预示，其目的是指导整星级和部件级动态载荷设计和力学环境试验，这是确保航天器飞行期间安全性和可靠性的重要技术措施。迄今，相较于低频段有限元方法的广泛应用和高频段统计能量分析方法的研究应用，中频段预示方法尚不成熟，属于国内外探索研究的前沿课题。本书针对中频力学环境预示方法，在系统深入调研分析的基础上，重点阐述了混合有限元-统计能量分析方法的建模原理及其在航天器工程中的应用案例，并在混合方法的理论建模、仿真分析和试验验证等方面突破了一系列关键技术和难题，取得了多项工程实用的探索性、创新性研究成果。

　　作为国内首部系统阐述混合有限元-统计能量分析方法及其航天工程应用的专著，本书密切结合我国航天工程的实际需求，以工程应用为目的，以理论研究为基础，既有理论深度，又注重验证与工程应用。本书对混合有限元-统计能量分析方法进行了系统的梳理，详细阐述了典型结构的混合点、线、面连接建模理论，并在此基础上对相关理论进行了完善。作者不仅注重理论上的严密论证和分析，也非常重视模型的验证及方法的航天工程应用，理论与工程实践结合，从而使该书内容更加丰富、严密和完整，便于工程技术人员（尤其是航天工作者）理解掌握和开展工程实践应用。

　　综上所述，《混合有限元-统计能量分析方法及其航天应用》是一部反映我国航天器力学环境预示领域最新研究成果的学术专著，相信本书的出版将会受到结构动力学研究学者及航天器总体设计、航天器力学环境试验及结构动力学分析相关的工程人员的欢迎。

2016 年 10 月 20 日

序　二

1970 年第一颗人造卫星开启了我国航天事业的辉煌历程，近半个世纪里，航天工程极大地促进了我国科学技术、国民经济和国防建设的发展，从北斗导航到载人空间站，再到深空探测，我国正在实现从航天大国向航天强国的跨越。与此同时，我国航天事业的飞速发展对航天器的总体设计、研制规范、试验方法等均提出了更高的要求。

众所周知，航天器在发射过程中要经历严酷的宽频带力学环境，如整流罩内的噪声环境和星箭界面的随机振动环境。为了保证航天器的安全性和可靠性，在研制阶段对航天器进行动力学环境预示尤为重要。然而发射段的力学环境十分复杂，如何对其进行准确的建模、分析和预示，是目前航天工程中的一个技术难题。

本书作者团队长期从事航天器动力学分析与力学环境预示技术研究，在航天器力学环境分析、预示和地面试验等方面具有扎实的理论基础、全面的专业知识和丰富的工程经验，参与了我国"十一五"和"十二五"期间相关重要预研项目的研究工作，取得了丰硕的研究成果。本专著《混合有限元-统计能量分析方法及其航天应用》系统深入地总结了近几年来在航天器力学环境预示研究领域，特别是混合有限元-统计能量方法方面的研究成果，对推动我国航天器的设计水平具有重要的作用。本书立足于我国航天工程的实际需求，从理论推导、仿真验证、试验验证和航天工程应用等几个方面系统深入和全面详细地介绍了混合有限元-统计能量分析方法，其撰写的主要特点有：立足航天工程实际需求，切合国内外研究前沿，突出了实用性与先进性；专著中包含大量的理论推导，推导过程逻辑严密，配合大量仿真验证与试验验证结果，便于读者理解和掌握相关内容；本书含有典型的航天工程应用案例，以航天工程需求为出发点，以服务于航天工程为目的，可为混合有限元-统计能量分析方法在航天工程应用中的进一步推广提供借鉴。

本书充分吸纳了我国近年来在航天器中高频力学环境分析预示领域取得的研究成果，全面、系统、深入地阐述了混合有限元-统计能量分析方法的基本理论、建模方法和航天工程应用案例，是一本融合理论探索研究和工程应用研究的专著。在混合方法的理论研究方面，国内可供参考的能够系统全面阐述相关理论和方法的文献很少，本书作为国内首部关于混合有限元-统计能量分析方法的专著，其出版将会进一步推动我国航天器力学环境预示方法的研究和工程应用，从而为提升我国航天器设计水平提供重要的技术支撑。

2016 年 10 月 26 日

前　言

在发射阶段，火箭的喷流噪声、发动机的燃烧振荡和气动噪声等力学环境对航天器的设计提出了苛刻的要求。上述力学环境不仅在空间分布上相关、时间分布上随机，而且具有量级大、频带宽且高频分量丰富等特点。力学环境不仅能够通过星箭界面传递到航天器上，而且可以通过整流罩内的噪声环境直接作用在航天器表面，可能导致有效载荷和仪器设备的损伤、失效，因此航天器在研制过程中，力学环境预示具有非常重要的作用。

航天器的力学环境非常复杂，涵盖了低频、中频和高频的载荷，仅采用一种分析方法实现航天器全频域的力学环境预示几乎是不可能的。在低频段，航天器结构的模态稀疏，参数和边界摄动引起的动力学扰动非常小，有限元法和边界元法等确定性方法均是非常可靠的预示手段。在高频段，系统的模态密集，高频响应对参数和边界的摄动非常敏感，此时采用统计方法可以有效地描述系统的响应，如统计能量分析方法等。但在中频段，航天器结构形式、材料属性等非常复杂，不同部件之间模态密度和刚度差异可能较大，如航天器承力结构刚度大、模态稀疏，而天线、太阳翼等柔性大、模态密集，单纯依靠低频方法和高频方法都无法有效解决这种力学环境预示问题，即"中频问题"。

"中频问题"是目前国内外研究的前沿课题，目前国内外相关研究成果较多，特别是 2005 年 Langley 提出的基于波动理论的混合有限元-统计能量分析方法开启了中频预示的新篇章。然而由于其耦合机理复杂，在国内相关建模理论的研究相对滞后，阻碍了该方法在国内工程中的推广与完善。我国航天工业部门在"十二五"启动了针对混合方法的相关研究，得到了国防 973，总装预研项目等的大力支持，取得了丰硕的研究成果，为该方法在我国航天工程中的应用奠定了基础。

本书是在紧密跟踪国际研究前沿和总结现有研究成果的基础上撰写而成的，内容涵盖了混合有限元-统计能量分析方法的基本理论、混合连接建模理论、混响载荷建模理论、试验验证与工程应用等。全书共分为 9 章，第 1 章为绪论，全面调研了目前国内外中频段力学环境预示方法，并对现有方法进行了对比、分析与归纳，阐述了混合有限元-统计能量分析方法的优点与工程应用前景；第 2 章系统阐述了有限元模型与统计能量模型之间的耦合关系-互易关系，对其中的假设条件进行了归纳；基于互易关系给出了混合有限元-统计能量分析方法的系统方程，实现统计能量模型和有限元模型的混合求解；系统概梳理了混合方法的分析流程；第 3 章详细介绍了基于有限元的能量流分析方法，该方法可结合蒙特卡洛仿真用于验证混合连接模型，是本书仿真验证的主要手段；第 4 章阐述了基于波动理论的混合点连接模型，给出了一种面向复杂边界的混合点连接修正方法；第 5 章基于傅里叶变换方法，阐述了混合线连接建模方法，给出了混合线连接的位移形函数构造方法；第 6 章基于二维傅里叶变换及坐标变换方法，采用 Jinc 形函数给出了不同边界条件下声场混合面连接模型的建模方法研究；第 7 章基于 Rayleigh 积分与互易关系建立了混响载荷模型，提出了可考虑声腔边界的混响载荷建模方法，并给出了声腔边界和混响载荷空间相关性对预示结果的影响；第 8 章开展了典型结构的混合 FE－SEA 方法的试验验证，并基于试验数据研究了完全混响假设对不同连接模型预示结果的影响；第 9 章基于混合方法开展了航天器工程应用及试验验证，包括太阳翼、整星级和系统级噪声试验验证，同时基于混合 FE－SEA 方法开展了支架结构对航天器噪声响应的影响研究和航天器部组件随机振动试验条件确定方法研究。

本书总结了"十一五"以来相关课题的研究成果。在课题的开展与本书的撰写过程中，得到了时任航天科技集团公司总经理的马兴瑞教授的大力支持与鼓励；感谢曲广吉研究员、向树红研究员、范含林研究员、王天舒教授、刘才山教授等专家和老师对课题成果的肯定；感谢总体部孙京部长、石洪焱书记、王大轶副部长、王永富主任和系统工程技术研究室领导为申请航天科技出版基金提供的支持和帮助；感谢张瑾高工在混合有限元-统计能量分析基本理论、混合点连接建模理论研究与试验验证等方面做出的突出贡献。

目前国内鲜有关于混合有限元-统计能量分析方法建模原理的相关著作，本书的编写目的是希望读者能够通过本书了解和掌握混合有限元-统计能量分析方法的基本理论、典型连接的建模原理、航天工程应用等相关知识，可供航天器结构动力学分析及航天器力学环境研究等领域的技术人员阅读，也可作为高等院校和科研院所相关专业的参考书。由于混合有限元-统计能量分析方法相关理论还需进一步完善，工程应用中尚处于验证研究阶段，加之作者水平有限，且成书时间短，因此书中难免出现不足甚至错误之处，希望读者批评指正，我们将不胜感激。

目　录

第1章 绪 论

1.1 引言

在发射阶段，火箭的喷流噪声、发动机的燃烧振荡和气动噪声等力学环境对航天器的设计提出了苛刻的要求[1]。上述力学环境不仅在空间分布上相关、时间分布上随机，而且具有量级大、频带宽且高频分量丰富（5 Hz～10 kHz）等特点[2]。力学环境不仅能够通过星箭界面传递到航天器上，而且可以通过整流罩内的噪声环境直接作用在航天器表面[3]，可能导致有效载荷和仪器设备的损伤、失效，因此，在航天器研制过程中，力学环境预示具有非常重要的作用。准确的力学环境预示是指导航天器总体设计、结构与机构分系统设计，以及地面试验方案与试验条件制定的重要依据，因此，航天器全频域力学环境预示技术是航天器研制一项关键技术。我国在航天器力学环境预示方面开展了 30 余年的研究工作，主要集中在低频力学环境，形成了一套预示和分析手段，用于各类航天器型号的研制。然而，航天器的力学环境非常复杂，涵盖了低频、中频和高频的载荷，目前预示方法的基础理论研究和大型复杂航天器的宽频带力学环境分析预示能力同实际航天工程需求之间仍然有不小的差距。

当前工程应用中各种分析方法主要在某个频段范围内有效，因此仅采用一种分析方法实现航天器全频域的力学环境预示几乎是不可能的[4]。在低频段，航天器结构的模态稀疏，参数和边界摄动引起的动力学扰动都非常小，有限元法（Finite Element Method，FEM）[5]和边界元法（Boundary Element Method，BEM）[6]等确定性方法均是非常可靠的预示手段。在高频段，系统的模态密集，高频响应对参数和边界的摄动非常敏感，此时采用统计方法可以有效地描述系统的响应，如统计能量分析（Statistical Energy Analysis，SEA）[7]。但在中频段，航天器结构形式、材料属性等非常复杂，不同部件之间模态密度和刚度差异可能较大，如航天器承力结构刚度大、模态稀疏，而天线、太阳翼等柔性大、模态密集，单纯依靠低频方法和高频方法都无法有效解决这种力学环境预示问题，这就是所谓的"中频问题"[8-9]。中频力学环境预示问题属于国际研究的前沿课题，尤其是对于航天工程，目前还没有一种成熟和可靠的技术能够对航天器的中频力学环境进行有效预示，本书将致力于中频预示方法的调研与研究，以期能够解决航天器中频力学环境预示的难题。

1.2 研究现状

航天器中频力学环境预示技术和工程应用研究对指导航天器整星和部件级动态载荷设

计和力学环境试验具有重要意义，是目前国内外研究的难点和热点。通过系统深入的调研，中频预示方法根据其基本思想可归纳为三类[10-12]：

1）改进的确定性方法：通过提高传统确定性方法的计算效率和计算精度，将低频分析方法的适用频段上延至中频的方法；

2）改进的统计能量分析法：通过适当放松统计能量分析的假设条件，将统计能量分析的适用频段下延至中频的方法；

3）混合法：综合了低频方法和高频方法的优点的方法。

1.2.1 改进的确定性方法

确定性方法，如有限元、边界元及无限元法等[13-15]，受到计算效率及不确定性等诸多因素的制约，主要用于低频段的力学环境预示。为了拓展其应用范围，很多学者针对如何提高确定性方法的收敛和计算效率展开了大量的研究工作，期望通过对算法的改进，将传统的确定性方法的适用频段向上延伸至中频。

在传统的确定性方法中，连续区域或边界被离散为小的单元，每个单元中的场变量通过近似的形函数描述，要获得理想的预示结果，必须保证一定数目的单元，以使得近似误差控制在可接受的范围。应用这些方法分析动力学问题时，数值解的波数与实际问题解的波数之间存在差异，基于单元的方法会出现数值色散（Numerical Dispersion）[16]。这些数值色散会随着频率的增加而增加，要得到合适精度的解，网格密度和计算成本会随着频率大幅增加，因而确定性方法在实际的工程应用中被限制在低频段。在较高的频段，结构与声场的波长与结构的特征尺寸相比要小，整个结构的数学模型非常庞大，即使应用现在计算能力非常强大的计算机，也需要非常长的时间进行求解，不适合于工程应用。因此改善传统方法的计算效率是一种解决其局限性的途径，即改进的确定性方法，下面介绍几种比较典型的改进的确定性方法。

（1）FEM过程优化

FEM过程优化指的是采用FEM的基本求解格式，通过优化FEM的求解过程提高计算效率的方法，根据优化方法采取的思路不同，FEM过程优化又可细分为求解器优化与网格优化。

① 求解器优化

提高有限元分析频率上限至中频段的一个办法就是发展更加高效的求解器，通过提高计算效率和节约计算成本，弥补分析频率的提高导致的模型规模变大和计算效率下降的缺陷。

传统的FEM求解主要基于高斯消去法，高斯消去法虽然具有可靠、能对计算需要的资源和时间进行提前预估等优点，但计算成本随着方程的数目增加而急剧增加，即使采用特殊的求解器求解具有对称、窄带宽的系统矩阵，也无法得到满意的效果。发展高效的FEM求解器成为提高FEM分析频率范围的途径，特别是开发可应用于并行计算环境中的新型求解器。

基于特征矢量的梯度型迭代器（Gradient Type Iterative Solvers，GTIS）是求解大型稀疏线性系统非常有效的求解器之一，也能有效求解大型稠密矩阵问题，是一种可以替代高斯消去法的高效 FEM 求解器，这类求解器有广义最小残值法（Generalized Minimal Residual Procedure，GMRP）和准最小残值法（Quasi‑Minimal Residual Method，QM‑RM）[17-18]。广义最小残值法能够计算和存储系统的所有正交特征矢量，然后通过最小二乘法将这些矢量扩展为具有最小残值的子空间，这种方法的最大缺点是所有特征矢量都必须保留。准最小残值法则采用非对称的 Lanczons 法求得满足双正交条件的特征矢量，然后通过迦辽金（Galerkin）条件建立残值约束条件并进行迭代求解，该方法只需要少量的计算成本和存储空间，但缺点是收敛不规则。与高斯消去法相比，迭代求解器更加高效，但其性能高度依赖于所求解的问题，甚至在特定的条件下，收敛会急剧恶化，导致计算效率降低。

② 网格优化

造成有限元模型庞大的直接原因是为了获得准确的动态响应，需要将模型离散为更好更细的网格。这种离散依赖于工程师的判断和经验，通常网格划分器自动生成的网格具有均匀的网格密度和大小，这就造成了随分析频率升高而呈现指数增长的系统模型和求解资源需求。事实上结构动态响应的空间急剧变化一般发生在特定的区域，只需要在这些区域对模型进行细致的离散、其他区域采用粗糙的离散就可以满足分析要求，这种方法可以控制模型的增长速度，提高求解效率[19-20]，这就是网格优化的基本原理。

为了用最小的自由度获得具有期望精度的预示结果，必须对离散进行优化，采用自适应网格精细化技术重新分配网格的布局和大小。自适应网格法首先应用均匀粗糙的网格进行划分，然后得到整个网格区域结构动力学的变化分布及单元间的误差分布。在力学响应变化和单元误差较大的区域，将网格划分为更小的网格（H 法），或者用更加高阶的单元划分局部网格（P 法），或者采用两种方法的混合法（H‑P 法）对局部网格进行精细化。如此多次反复迭代可以获得较为合理的网格分布，由于仅仅在部分区域才对网格进行细化，因此自适应网格法相比于普通的方法，其模型的增长速度可以得到有效的控制。Bouillard[19]等采用自适应网格法对声问题的局部误差的估计进行了研究。Bausys[21]和 Stewart[22]分别应用 H 法求解了亥姆霍兹（Helmholtz）问题，进一步扩展了该方法的应用范围。

网格优化方法最大程度地控制了模型规模，提高了求解效率，可用来求解非常大的声-结构系统。但是目前这种方法并未在工程中大范围地推广应用，这是因为网格优化需要一定的工程经验和反复迭代才能得到最优模型，因此模型的前处理和优化过程需要花费较长的时间与计算成本。

（2）区域分解技术

为了解决模型复杂程度增加和网格离散精细化导致的有限元模型变大的问题，区域分解（Domain Decomposition）技术[23]得到了长足发展和广泛应用。该方法的基本原理是将复杂的系统模型划分为若干子模型，分别对所有子模型进行求解，然后对求解结果进行后处理，最后得到原模型的真实响应。区域分解技术的经典方法有两种：模态综合法（Component Mode Synthesis，CMS）和自适应多级子结构法（Adaptive/Automated Multi‑Level Substructuring Method，AMLS）。

CMS[24]是有限元中最常用的一种区域分解方法。CMS 将系统结构划分为多个子结构，对每个子结构单独进行分析得到固有频率和模态，然后将每个子结构的模态缩聚在界面自由度上，大幅减小原系统模型的矩阵，最后将所有结果进行组装得到原结构的动力学响应。自适应多级子结构法[25]解决了 CMS 界面数目增加导致的效率下降问题，基本思路为：

1) 系统的有限元模型分解为具有少量单元的"子"结构，"子"结构通过组装得到高级别的"父"结构，以此递推组装，最后得到系统结构的模型；

2) 对每个最低级的"子"结构进行分析，获得所有底层子结构的响应；

3) 根据 AMLS 的理论，对所有子结构的分析结果进行后处理，分级组装，最终得到整个结构的响应。

AMLS 不需要计算有限元模型的所有特征矢量，每个子结构的特征值都非常小，而且容易分离。与传统的 FEM 相比，AMLS 可以大幅提高计算的效率，将有限元的求解频率范围提高至中频段。

目前，CMS 与 AMLS 已经集成到通用的商业软件中，如 ANSYS 和 MSC. Nastran 等。Cuschieri 认为[26]，解决中频问题需要将确定性方法和统计性方法结合起来，以描述中频结构的动力学特性，他基于 CMS 方法将子结构按照 SEA 的基本方法进行处理，研究了 T 形梁的中频响应。Mace[27]提出了基于 CMS 的中频不确定性分析方法——局部模态摄动法（Local Modal/Perturbation，LM/P）。Bennighof[28]将频窗技术应用到了 AMLS 中，提高了 AMLS 的计算精度。2013 年，Voss[29]应用 AMLS 研究了强耦合的结构-声振动问题，分析结果表明，AMLS 在分析非对称特征值问题时具有很高的计算效率和可信度。

区域分解技术虽然能够大幅降低计算成本、提高低频预示方法的分析频限，但是它无法解决中高频段结构响应对不确定性非常敏感的问题，区域分解技术需要与蒙特卡罗等统计方法结合，才能准确地对中高频的力学环境进行预示，这也是应用区域分解技术预示中频响应需要解决的问题之一。

（3）中频有限元法

在中频段，模态密度增加导致了应用弹性结构模态对结构进行分析不再适用；同时模型规模变大，按照频率依次进行求解的方法也不再适用。为了解决该问题，Soize 在 1982 年提出了一种中频有限元方法（Mid‑Frequency Range Finite Element，MFR‑FE）[30-31]。这种方法将信号处理技术和标准的低频有限元时间积分方法相结合，把传统的有限元的分析频率扩展至中频[32]。

MFR‑FE 将传统的适合于低频的时间积分方法与标准的解调/调制信号过程（standard demodulation/modulation signal processing，SP）相结合，突破了传统有限元法在频域上的限制，基本原理为：

1) 将原始的中频 FEM 问题在窄带频域内应用逆傅里叶变换（Inverse Fourier Transform）和解调技术（下移）转换为低频 FEM 问题；

2) 对低频的时域信号进行积分求出系统的稳态响应，该步和传统有限元采用的方法相同；

3) 将获得的低频稳态响应通过傅里叶变换（Fourier Transform）和调制技术转换为模型在中频处的真实响应。

MFR - FE 提出后，Soize 和 Hutin 等[33] 在 1986 年对该方法进行了完善。随后，Liu[34] 和 Vasudevan[35] 分别应用该方法研究了结构的振动和声辐射问题，验证了其在声振分析中的有效性。Vasudevan 的研究结果表明，MFR - FE 方法可以很好地解决传统有限元在频率上的限制，可用来求解中频问题。Savin[36] 采用 MFR - FE 法分析了三维板-梁组合结构的低中频响应并与试验结果进行比较。该结构的有限元模型中包括 86 939 个自由度和 38 394 个单元，分析的频率范围为 100～1 000 Hz。单点谐波激励测得的 FRF（加速度和相位）表明在 1～700 Hz 的范围内，数值解能够很好地与实验解拟合。而后，Savin 指出参考文献 [36] 使用的评价体系较为粗糙，对于低频问题，该评价体系还不够完善。但是在该篇文章中，他并未对传统的 FEM 和 MFR - FE 法两种方法的数值解的精度进行比较。在计算效率方面，Savin 指出 MFR - FE 法的计算速度约是传统 FEM 的10 倍。

（4）复射线变分理论

提高低频分析方法的另外一种途径是采用多尺度技术[37,38]描述系统的响应。多尺度技术的基本思想是假设问题的精确解由大尺度和小尺度组成，大尺度采用较为粗糙的方法描述（有限元等方法进行数值近似），小尺度采用确定的解析解精确描述。由于只有大尺度需要离散求解，因此系统模型比传统有限元模型小，计算效率也相应提高。

基于多尺度技术，Ladeveze[39]提出了针对弱阻尼弹性结构中频振动分析的复射线变分理论（Variational Theory of Complex Rays，VTCR）。在中高频段，这种方法能够应用少量的计算成本得到与有限元相同的计算精度。Ladeveze 指出，复射线变分理论是一种非常适合进行中频分析的预示方法。该方法首先将系统划分为相似的子结构，假设子结构的解可由无穷多的局部模态叠加而成（局部模态可以分为三类：内部、边缘和角点），这些局部模态满足无限介质的动力学方程。局部模态通过两个尺寸进行描述：慢尺度（长波长）和快尺度（短波长）。求解时，慢尺度通过离散（有限元法等）进行求解，快尺度用解析解描述。然后采用近似变分格式在平均意义上满足边界条件和连续条件，以建立系统方程。该方法考虑了时间和空间尺度的有效量，可以在分析中考虑不确定性对系统中频响应的平均影响。

复射线变分理论在每个子结构中都应用了新的独立变分格式，子结构在连接界面处不要求满足位移和应力条件，边界条件通过变分格式在整个子系统进行平均后近似满足，由于未知数仅为需要离散的慢尺度，因此可以得到比有限元模型更小、更高效的模型。

Ladeveze[40]和 Rouch[41]先后应用复射线变分理论研究了三维组合板结构的中频振动响应。2003 年，Ladeveze[42]考虑了板结构的不均匀性，应用复射线变分理论对板结构的中频响应进行了分析。Riou[43]将这种方法的应用扩展到了壳结构上。Blanc[44]应用复射线变分理论解决了具有不确定性的不均匀组合板结构的中频振动问题。Chevreuil[45]将复射线变分理论应用到了工程结构的低频和中频瞬态响应分析中，取得了理想的预示结果。2008年，Riou等[46]应用复射线变分理论研究了二维声场的Helmholtz问题。2010年，Kovalevsky[47]改进了复射线变分理论，他指出，用傅里叶级数近似平面波幅值可以在保证分析精度的前提下提高复射线变分理论的求解效率。在随后的研究中，Kovalevsky[48-49]将这种方法应用到了声场的中高频响应分析中。2013年，Riou[50]将复射线理论的应用范围扩展到了三维的工程问题中，研究了Z形声腔在外声压下的响应，分析结果与FEM的分析结果相吻合，验证了复射线理论是一种有效可靠的中频预示技术。

目前为止，复射线变分法只能适用于简单的同类子结构，不适合应用在大型复杂结构中。另外，在该方法中，边界条件和连续条件通过变分格式在子系统中近似满足，会对预示结果的精度产生一定的影响。

（5）波基法

Desmet[51]在1998年提出一种基于间接Trefftz法（Indirect Trefftz Method，ITM）的确定性低中频预示方法，即波基法（Wave Based Method，WBM）。其基本思想类似于模态叠加，首先将系统划分为与频率不相关的凸域，非凸域需要继续被划分为多个子凸域。每个凸域中结构和声场变量分别展开成结构波函数和声波波函数，以及它们的特解的叠加。所有波函数精确满足声场的区域控制方程，具有更好的收敛性。特解由载荷的形式决定，如集中力、声压载荷、点声源及平面波场。系统响应由波函数及其特解描述，不需要离散为大量的单元，模型的大小由选取的波函数数目决定，WBM与FEM相比模型要小得多，非常适合用于求解低频和中频的结构-声场振动问题。WBM的核心是求出满足所有边界条件和连续条件的波函数的系数，通常考虑各个子域边界和界面的连续条件，采用加权格式令其残值等于零来建立系统的方程。采用近似解进行响应描述，所有边界的误差由加权残值格式等于零进行近似满足，这会在系统方程中引入误差。

Pluymers[52]研究了WBM在声振辐射中的应用。Desmet[53]系统阐述了WBM在内声场低中频分析中的应用前景。Peng[54]和Vanmaele[55]应用波基法研究了平板面外运动的中频动力学行为。Xuesong[56]应用波基法进行了声振耦合问题的中频分析。Koo和Pluymers[57]应用波基法研究了半耦合的二维结构-声场系统的设计灵敏度。Bergen[58]应用WBM研究了三维无界声场的Helmholtz问题。在此研究工作的基础上，Genechten[59]基于WBM研究了三维有界声场的低中频响应。Deckers[60]研究了B样条曲线边界下WBM的中频声振分析，并指出WBM的应用受到区域边界的限制，只能用于简单的直线边界和弧形边界；对于曲线边界需要用类似于FEM的方法进行离散以精确描述实际边界，这不仅增加了边界残值数值积分的计算成本，也影响了积分的计算精度。在该文献中，应用B样条曲线描述曲线边界，避免了边界的近似，扩展了WBM法的应用范围。同年，Deckers[61]还研究了弹性多孔材料的角点存在应力奇点时WBM的处理及求解方法。2013年，Vergote[62]同时考虑板结构的面内运动和面外运动，应用WBM研究了三维组合板结构以任意角度耦合的谐振分析，分析结果证明 WBM 具有很好的收敛速度，同时也表明面内位移在非共面组合板结构分析中具有重要的作用。作者认为，WBM 不仅能够扩展 FEM 的分析频率范围，也能为 SEA 分析提供更加准确的输入参数，降低 SEA 应用的下限频率。

WBM 的局限性在于：要求所划分的子域必须为凸域，非凸域需进一步细分为凸形子域。如果系统中凸域数目庞大，耦合后的 WBM 方程也会变得非常庞大，从而进一步影响收敛速度；同时，子域的不规则几何形状会引起非单调的收敛行为，限制该方法的应用范围；此外，当子域边界为复杂曲线时，WBM 只能应用分段技术进行近似积分，影响计算的效率和精度。

为了解决这一技术难题，有的学者提出了 FEM 与 WBM 混合建模的声振响应预示方法，在一定程度上解决了 WBM 所面临的问题。在混合 FEM - WBM 中，简单的子结构或者声域采用 WBM 进行建模，对于形状比较复杂的区域，采用 FEM 进行建模。由于 WBM 引入系统的模型要远小于单纯采用 FEM 建模得到的模型，该混合法的分析效率要高于传统的 FEM，能够用于低中频响应预示。FEM 与 WBM 混合建模充分利用了 FEM 可对任意区域进行离散的优点，扩展了 WBM 的应用范围，可对比较复杂的结构进行分析，提高了分析频率，应用更加灵活。

Hal[63-64] 将混合 FEM - WBM 应用在了二维声场分析中。Pluymers[65] 将其应用扩展到了三维声场分析中。2007 年，Vanmaele[66] 将这种混合方法首次应用于无限非耦合结构振动的低中频分析中，验证了这种方法在低中频预示中的适用性。2010 年彭伟才[67] 应用混合 FEM - WBM 研究了组合结构的中频振动分析。2011 年，Genechten[68] 将该方法成功应用到了三维结构-声场耦合系统的低中频分析中。

目前这种方法处于初步研究阶段，应用范围仅限于简单系统，耦合也只采用了简单的线性单元，算法与理论还有待于进一步完善，难于满足实际的工程需求，这是该方法今后的主要研究方向。

1.2.2　改进的统计能量分析法

基本假设的适用频段和对预示精度影响是 SEA 研究的一个重要方向。在 SEA 的基本假设中，均匀分布的模态能量、高模态密度及子结构间的弱耦合是应用 SEA 建模的关键条件，这些也是限制 SEA 应用范围的因素。比如应用 SEA 进行高频分析时，结构被划分为若干耦合的子结构，每个结构中存在着强模态重叠。这种情况下很难区分出共振模态，所以在 SEA 中共振模态被处理为随机变量，并假设在分析的带宽内这些随机变量具有不变的概率密度函数。但是在中频段，模态密度不一定能满足这种条件，将共振模态的分布用均布的概率密度函数描述就可能导致不准确的预示结果。

对 SEA 的基本假设进行适当的放松或对基本方程进行修正，可将 SEA 分析的频率范围向低频延伸以覆盖中频段，这类方法统称为改进的统计能量分析方法。

（1）能量有限元法

在中频段，统计能量分析面临模态密度不足的问题，同时内损耗因子和耦合损耗因子一直没有成熟的理论，从而使统计能量分析的应用范围受到了极大的限制[69]。针对这个问题，能量流分析（Energy Flow Analysis，EFA）应运而生。该方法从 SEA 的能量平衡方程出发建立子结构能量的传播控制方程，子结构间的能量传递通过能量传递系数进行描述，通常可通过半解析解描述；控制方程中的各项由波动理论表示，系统的响应采用能量密度描述。该方法的控制方程类似于热传导方程，可用有限元模型进行离散求解，这就是能量有限元方法（Energy Finite Element Method，EFEM）。

EFA/EFEM 对模态密度没有要求，可用于中高频的动力学响应分析。与传统的 FEM 不同，EFEM 计算高频响应不需要非常细的网格，连接的功率流则通过功率传递系数进行描述，这与 SEA 中的耦合损耗因子类似，但分析结果包含的信息比 SEA 更加详细，可以获得子系统中能量空间分布和频域的变化。由于 EFA/EFEM 的上述特点，这种方法备受关注。

1987 年，Cuschieri[70]提出应用 EFA 作为 FEM 和 SEA 的补充手段，用于中频响应预示。Cuschieri 的分析结果表明，EFA 在低频处趋向于 FEM，而在高频处则趋向于 SEA。他还指出，分析中若采用子结构技术，计算效率可进一步提高；而相比于 SEA，EFA 则在柔度函数中保留了结构的共振响应。但是这种方法并没有在复杂结构上展开进一步研究，值得指出的是，该方法能与不确定性分析相结合，用于评估不确定性对结构中高频响应的影响[71]。1999 年，Valhopaulos 等[72]应用 EFEM 对船舰结构进行了数值分析，分析结果与 SEA 预示的结果相吻合。他们指出，EFEM 能利用已存在的有限元模型，与低频的 FEM 方法具有很好的相容性。同一个有限元模型，既可以应用于低频的分析，也可以用 EFEM 进行中高频率的分析。2009 年，Hardy[73]提出了基于局部能量格式的 EFEM 法，改进了 EFEM 的分析精度，可以用来分析更低频率的响应。他将系统中的能量分为混响场能量和直接场能量，直接场能量作为系统的能量输入，混响场能量则代替能量密度作为 EFEM 控制方程的基本变量。这种方法在板的弯曲振动分析中取得了比传统 EFEM 更准确的预示结果，是一种比较理想的中频预示方法。2011 年，Vlahopoulos[74]研究了复合材料的能量传递系数和连接矩阵，将 EFEM 应用到了复合材料机身的响应分析中，分析结果与试验测得的数据相吻合。

EFA/EFEM 能克服由模态不足而导致统计能量分析无法应用在中、低频响应预示的困难，使能量平衡方程的建立更加严谨。这种方法在中频预示中具有较好的前景，但是还有几个方面需进一步改进[67]：

1）研究比较分散，没有完整的理论体系；

2）模拟复杂连接（铰接、点焊、螺栓等）面临着巨大的困难；

3）目前该方法的应用还局限于简单的结构，尚未应用到复杂的结构上，可靠性及工程适用性需进一步展开研究。

（2）基于参数的统计能量法

1987 年，Keane 深入研究了 SEA 的基本假设[75]，并以一维质点-弹簧系统为例分析了放松 SEA 假设后对分析结果的影响。该研究指出，如果在关心频率范围内，结构系统具有少量的模态，就应该对每个由确定性方法预示得到的单独模态采用均布概率密度函数。Pierre[76] 对系统参数的变化和子系统固有频率的分布函数进行了估计，然后通过中频段的功率流集合的平均值捕捉共振特征，这种方法就是基于参数的统计能量法（Parameter - based Statistical Energy Method，PSEM)[77]。随后，Chol[78] 应用 PSEM 研究了由弹簧耦合的杆结构系统的纵向中频振动问题。在 PSEM 中，每个共振频率具有不同的概率密度函数，传递的功率值也有分段的特征，这种分析方法保留了 SEA 高效的优点，且能精确地捕捉到共振峰。PSEM 的缺点是需要提供比 SEA 更加完备的模态信息，共振频率的概率密度测定也是其难点之一。目前这种方法只应用在简单的一维系统上，尚未应用在较为复杂的系统上。

（3）波强分析法

1992 年，Langley[79] 对 SEA 共振模态振动能量的均布假设进行了研究，其等价于假设所有的子结构组件均为扩散波场（Diffuse Wavefields）。他指出，SEA 的扩散场假设会因组件间界面的过滤效应（Filtering Effect）而导致错误的预示结果。Langley 通过傅里叶级数建立振动波强来放松这个假设，即所谓的波强分析法[80]（Wave Intensity Analysis，WIA）。如果只取单个傅里叶项，则波强分析法就退化为传统的 SEA 方法。波强分析法目前只应用于简单的杆、梁和板等简单结构，未见工程应用报道。

（4）统计模态能量分布分析法

2000 年，Maxit 提出了统计模态能量分布分析法[79,81]（Statistical modal Energy distribution Analysis，SmEdA）。这种方法允许模态能量不优先满足平衡方程，其基本思想是将结构子系统分为高模态密度和低模态密度两部分。高模态密度部分采用经典的统计能量法进行描述，低模态密度部分则放宽 SEA 的假设，用有限元法获得子结构的模态频率和振型，并计算出相应的耦合因子。Mace[82] 指出，能量分布法可以通过单个子系统的模态描述来预示结构的能量分布；同时 SEA 分析精度受到制约的原因是结构的模态少、分布不均匀、模态重叠率低及作用点离散，如果能放弃统计能量法的部分假设，就能提高计算精度。2009 年，Totaro 等[83] 指出提高 SEA 输入参数的精确性可以有效地扩展 SEA 的分析频率范围。他应用 SmEdA 计算了复杂声振系统的 SEA 耦合因子，分析结果比解析解更准确，可以有效地扩展 SEA 的应用频率范围。

1.2.3　混合法

结构中频段的动力学行为兼有高频和低频的特性，可以考虑利用混合法对高频的动力学行为和低频的动力学行为分别进行建模，以弥补两者在中频分析中的局限性：应用高频方法无法描述系统的中频动力学行为，原因在于由于长波（低模态密度）的出现，高频方法的高模态密度的假设得不到满足，因此分析结果也是不可靠的；而应用低频方法来描述系统的中频动力学行为时，存在短波（高模态密度），需要大量的单元，同样不可行。而如果分别采用不同的方法建模，然后耦合求解，就可以解决这个问题。

（1）模糊结构理论

模糊结构理论是由 Soize 在 1986 年首次提出的一种适用于复杂结构的中频分析方法[84]。该方法认为结构由主结构和依附于主结构的大量二级子结构（如仪器设备或依附于主结构的二级子结构）相互耦合组成。子结构统称为模糊子结构（Fuzzy Substructures），这些子结构相对比较复杂，具体信息未知或者无法准确获悉，而主结构作为主要的分析对象进行准确建模并获得响应。模糊结构理论引入随机边界阻抗算子（Random Boundary Impedance Operator）建立模糊子结构对主结构的影响。随机边界阻抗算子由模糊阻抗定理 I[85]（type I homogeneous fuzzy impedance law）和模糊阻抗定理 II[86]（type II homogeneous fuzzy impedance law）建立。模糊结构理论的关键是如何通过模糊定理，建立随机边界上的阻抗算子来描述模糊子结构对主结构的影响。在分析过程中，主要考虑了模糊子结构对主结构的影响，而主结构对子结构的影响无法获悉，即能量是单向流动的。

（2）有限元与能量有限元混合法

Vlahopoulos[87]提出一种混合 FE-EFEM 法（Hybrid Finite Element-Energy Finite Element Method，混合 FE-EFEM）的中频结构振动分析方法。混合 FE-EFEM 将复杂结构分为具有高频动力学特征的长部件和具有低频动力学特征的短部件，结构的特征尺寸大于波长时结构定义为长部件，反之定义为短部件。对于短部件采用确定性的 FEM 进行建模，对于长部件采用 EFEM 进行建模。长部件的集合平均响应和短部件的共振响应通过求解耦合的 FE-EFEM 方程获得。

混合 FE-EFEM 法的主要困难是如何描述能量在长部件和短部件连接处的传递。Vlahopoulos 根据有限元分析的位移与能量流分析的碰撞波的相互关系，建立了能量在混合连接处的传递模型，然后根据这种混合连接模型建立长部件和短部件连接处的 EFEM 功率传递系数的表达式，作为 EFEM 的功率流系数的补充。算例分析表明，混合 FE-EFEM 的分析结果与理论解吻合。作者最后指出，如果整个系统全部用 EFEM 进行建模，则会得到错误的预示结果，这是由于在中高频段，EFEM 能够准确预示系统的动力学响应，但系统的低频动力学响应（模态共振行为）无法获得。

2000 年，Zhao[88]扩展了混合 FE-EFEM 的应用范围，研究了短部件受激励时混合 FE-EFEM 预示结果的有效性。2001 年，Vlahopoulos[89]应用混合 FE-EFEM 研究了直线连接梁结构的功率流，结果与解析解吻合。作者指出，由于混合法的理论中没有任何假设，因此可以应用在类似任意角度连接的组合结构上。2004 年，Zhao 等人[90]应用该方法研究了任意角度连接的梁的中频振动，进一步扩展了该方法的应用范围。Hong 等[91]应用混合 FE-EFEM 法研究了点焊连接的梁-板系统的中频响应。其中，板的面内运动和梁等刚性组件用 FE 进行建模，板的面外运动为柔性组件，用 EFEM 进行建模。载荷施加在刚性结构上，柔性组件对刚性组件动力学特性的影响通过阻尼单元施加在 FEM 模型中，阻尼的大小通过刚性和柔性组件连接处的点导纳计算得到，而点导纳则是通过结合 CMS 与解析解获得的。通过对刚性组件的分析，获得的损耗能量即为柔性组件的输入功率，然后求解获得柔性组件的响应。

虽然混合 FE-EFEM 法成功应用于一些基本结构的简单连接形式，但是这种方法在处理更加复杂的系统时变得非常困难，复杂连接的能量影响系数矩阵的获得制约这种方法的广泛应用。同时该方法将 FEM 系统的自由度缩聚于连接界面上，在分析时，能量仅能从刚性结构传递到柔性结构上，与真实的能量传递不符，其准确性和可靠性还值得进一步研究。

（3）有限元与统计能量分析混合法

1990 年，Lu[92] 提出了用 FE 和 SEA 混合预示中频响应，他指出 SEA 变量和 FE 变量在连接处的协调条件是混合 FE-SEA 法的关键所在。为了解决这个问题，Lu 应用优化程序来近似描述 SEA 和 FE 变量在连接处的协调关系。

1999 年，Langley[93] 等提出一种新的耦合形式。他们认为，结构的中频振动同时存在全局振动和局部振动，中频振动可通过全局正交模态和局部正交模态叠加进行描述，这就是基于模态法的混合 FE-SEA 法的基本思想。根据这个思想，将结构的振形函数分为全局模态和局部模态。全局模态用来描述系统中的长波变形，局部模态用来描述系统中的短波变形。全局方程用 FEM 进行计算求解，局部方程则通过 SEA 进行求解。

Langley[93] 对全局方程采用共振模态和非共振模态进行简化，推导了两个杆单元系统的纵向振动的混合系统方程并进行了分析验证。Luo Wenjun 等[94] 则应用该方法对梁结构的弯曲振动进行了分析，并分别用 FEM 和 SEA 对计算结果进行了验证。使用基于模态的混合 FE-SEA 方法的前提是必须能够区分系统的局部模态和全局模态。对于复杂的系统结构，耦合动刚度矩阵推导十分困难，因此这种方法无法应用在复杂的大型结构中。

为了克服基于模态法的混合 FE-SEA 法的局限性，2005 年 Langley[95] 提出了基于波动理论的混合 FE-SEA 法，其基本思想为根据结构内波长与系统特征尺寸之间的关系，将系统进行划分：将波长大于特征尺寸的子系统划分为确定性子系统，将波长小于特征尺寸的子系统划分为随机子系统。确定性子系统和随机子系统通过连接边界上的直接场和混响场的互易原理[96] 进行耦合。2013 年，Cicirello[97] 将参数和非参数不确定性引入到混合 FE-SEA 法中，研究了具有不确定性的组合系统的中频声振响应，其研究成果是对混合方法基本理论的进一步发展，但是目前尚无相关的后续应用研究。

基于波动理论的混合 FE-SEA 法是中频力学环境预示技术研究的最新成果，具有很大的工程应用潜力[98]，符合中频力学环境预示的基本要求：

1）建模方法符合中频段结构动力学特性；

2）确定性子系统的模态数目少，具有很高的计算效率；

3）随机子系统假设具有最大的不确定性，不需要额外的不确定性信息即可描述中频区域结构对不确定性参数的敏感性。

（4）波基法与统计能量分析混合法

2011 年，Vergote 等[99]提出了一种新的混合方法，进一步提高基于波动理论的混合 FE - SEA 方法的分析效率。他们认为，WBM 不论从计算效率、计算精度还是分析频率范围，都比 FEM 更适合于 SEA 混合预示复杂结构的中频响应，结合混合 FE - SEA 方法的基本思想，他们提出了声腔-板结构耦合的混合 WBM - SEA 中频预示法。在混合 WBM - SEA 方法中，确定性子系统（声场）应用 WBM 进行建模。根据 Langley 和 Shorter 提出的互易原理，随机子系统在确定性边界的混响载荷可由直接场的动刚度矩阵和子系统能量求得。求解过程与混合 FE - SEA 法类似：首先由 SEA 的功率平衡方程求得随机子系统的平均响应能量，然后通过互易原理求得受挡混响力，代入耦合方程后，求得确定性子系统的平均响应。实际的算例分析表明，该方法能够获得与混合 FE - SEA 方法吻合的预示结果。

Vergote 强调，中频动力学响应兼有确定性动力学行为和统计性动力学行为，中频力学环境预示方法也应当具有解决这种混合动力学响应的能力。从近十年来的研究和工程应用来看，混合法已成为中频力学环境预示技术发展的趋势，在工程应用方面具有很大的潜力。但是要广泛应用于工程实际中，该方法还需要不断地完善和验证。

1.2.4　工程应用现状

力学环境预示方法经过近 20 年的发展，已经广泛应用于汽车、铁路、航空航天和船舶等领域。目前针对低频和高频力学环境预示的方法和商业软件已相对比较成熟和完善，如 MSC/Nastran、ANSYS 和 Auto - SEA 等，这些软件已成为航天工程中主流的力学环境分析软件。在中频力学环境预示的几种方法中，工程应用以区域分解技术、能量有限元法和混合 FE - SEA 方法为主。

（1）区域分解方法

在区域分解技术中，CMS 和 AMLS 目前都能够与现有的通用商业软件兼容。Bennighof[100]推出了与 Nastran 兼容的 AMLS 的软件，方便了工程应用。Hiromichi 等人[101]将 CMS 应用到整车的中频力学环境预示中。与传统的 FEM 技术相比，CMS 有效地缩短了仿真时间和提高了计算效率。Kropp[102]和 Stryezek[103]分别将 AMLS 应用到了汽车的声振耦合仿真中。随着区域分解技术的不断发展，近年来 AMLS 已逐步获得汽车工业界的承认并已成为汽车工业界的行业标准，但在航空航天领域的应用才刚刚开始。2005 年，Lore 和 Smith[104]用 AMSL 解决了大型超轻柔性航天器的动力学响应问题，但是分析频率仅限于 300 Hz 以下。

（2）能量有限元法

对于 EFEM，Borlase[105]将 EFEM 解与 SEA 解进行比较，验证了 EFEM 的有效性，并用 EFEM 对渔船的整体结构进行了力学环境预示及高频设计优化。此后，Zhang[106]又将 EFEM 应用到多个复杂结构系统的声振力学环境中，并将 EFEM 解分别与低频的 FEM 解和高频的 SEA 解进行比较，得出在低频段 EFEM 解能很好地与 FEM 解拟合，在高频段 EFEM 解能很好地与 SEA 解拟合。2007 年，在 MSC 的噪声振动研讨会上，Vlahopoulos[107]介绍了 FE - EFEM 在汽车、航海和航空领域应用的几个典型案例，如汽车内饰优化、渔船和飞机舱段的环境预示等。通过这些案例，EFEM 工程应用的有效性和广泛性得到了充分的证明。同时，Vlahopoulos 提出 FEM 与 EFEM 的结合及其在 Nastran 中的应用，不仅能为软件用户提供宽频的分析，也能为 SEA 的研究者提供参考。

（3）混合 FE - SEA 方法

尽管混合 FE - SEA 方法的出现时间较短，但其工程应用的范围却非常广泛，已涉及汽车、铁路、航空航天等各个领域。2001 年，Marucchi[108]通过发射段多目标后勤压力舱的宽频段（20 Hz～2 kHz）声振测试数据验证了混合 FE - SEA 方法的适用性，为今后相关航天器的设计提供了有利的实用工具。2005 年，法国 ESI[109]集团开发了具有全频段分析能力的商业软件 VA One，代表了 ESI 集团在振动噪声模拟、分析和设计方面的最新技术，被业界专家评为振动噪声工程近 20 年来最重大的突破。该软件低频采用有限元、边界元技术，高频采用 SEA，而中频则采用基于波动和理论的混合 FE - SEA 方法。Cotoni 等[110]应用混合 FE - SEA 方法建立了飞机内声场噪声模型，并对其响应进行了预示，预示结果与试验结果吻合。Yuan 和 Bergsma 等[111]应用解析法、统计能量法和混合 FE - SEA 方法分别研究了飞机机身的声传输损耗，分析结果显示混合 FE - SEA 方法在整个分析频域内都具有较好的预示精度。Prock[112]利用混合 FE - SEA 方法建立了 ARES IX 火箭级间结构模型并进行了分析，其中滚动控制系统部分采用有限元方法建模，圆柱外壳和外罩采用统计能量模型建模；分析结果与 SEA 分析方法相比表现出了明显的响应振荡。Shorter[113]采用混合 FE - SEA 方法、SEA 方法、耦合有限元/直接边界元法及耦合有限元/间接边界元法分别分析了收拢状态太阳翼在混响声激励作用下的响应。其分析结果表明，混合 FE - SEA 方法可以得到 SEA 方法无法获得的响应振荡，同时比耦合有限元/边界元法计算快得多。

2007 年，法国泰雷兹·阿莱尼亚宇航公司[114]应用混合方法对 CALIPSO 卫星进行了试验验证（图 1 - 1）。首先应用 FEM、BEM 和 SEA 等方法对其部件进行系统的研究，随后应用混合 FE - SEA 方法建立混合模型求解。依据结构中波长的不同，航天器被分为若干子结构，望远镜（遮光板结合一级和二级反射镜）周围的声场用 BEM 建模（图中的 1 号标记），声载荷采用混响声场载荷模型（图中 2 号标记）工作平台（图中 3 号标记）和有效载荷板及周围的声场用 FEM 和 SEA 建模，而太阳翼用 SEA 建模（图中 4 号标记），部分预示结果与试验结果的对比如图 1 - 2 所示。分析表明，混合 FE - SEA 方法能够高效和准确地预示航天器在混响载荷下的响应，但是对于二级反射望远镜上的结构响应，混合方法在 80～300 Hz 之间与试验吻合，300 Hz 以后二者相差较大，分析认为这是试验数据受到噪声污染导致的。

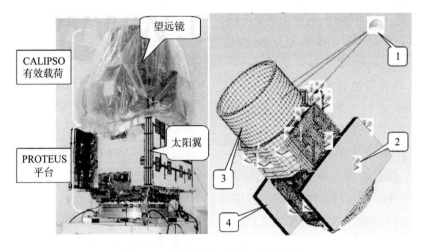

图 1-1 CALIPSO 卫星与混合模型

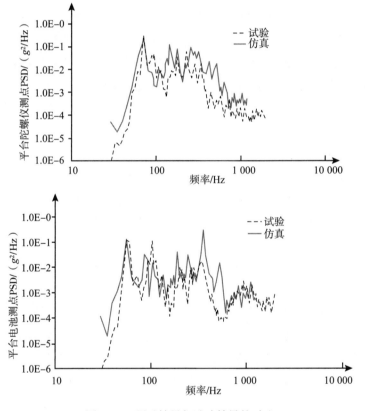

图 1-2 预示结果与试验结果的对比

2008 年，格伦研究中心[115]开展了基于混合 FE-SEA 方法的（Advanced Communications Technology Satellite，ACTS）数传天线噪声试验验证，ACTS 与天线模型如图 1-3 所示。考虑到载荷的频带非常宽（25～2 000 Hz），预示模型的外声场采用统计能量方法建模，天线采用有限元方法建模，混合模型及测点布置如图 1-4 所示。图 1-5 为预示结

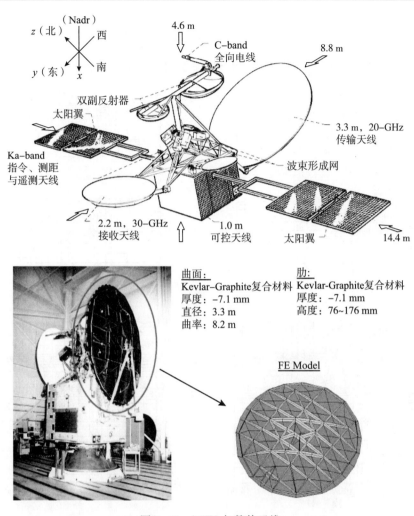

图 1-3　ACTS 与数传天线

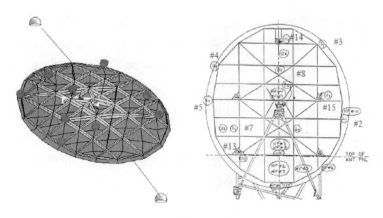

图 1-4　混合模型与测点位置

果与试验结果的对比曲线，对于大部分测点，其预示结果与试验结果总体上吻合；但是仍存在一部分测点（如测点13），预示值与试验值存在较大差异，文中分析这是由于天线在这些测点处的结构比较复杂，实际结构与分析模型的动力学差异较大导致的。

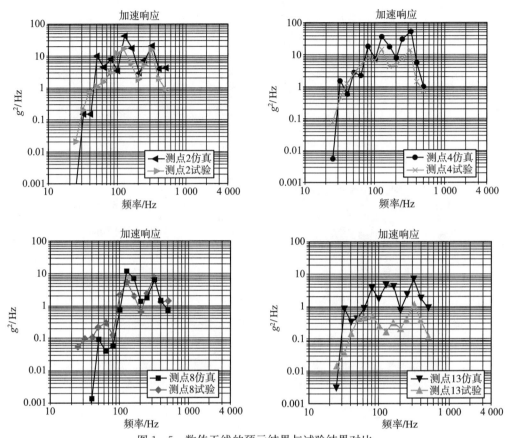

图1-5　数传天线的预示结果与试验结果对比

在国内，张瑾等[116]系统整理了基于波动理论的混合 FE-SEA 方法的完整分析流程，在此基础上研究了混合点连接的建模理论，并开发了具有自主知识产权的软件程序，进行了仿真和试验验证，取得了很好的验证结果。邹元杰等[117]利用 VA One 计算了整星结构在基础激励和混响声场作用下的动响应，分析时对结构紧凑、模态稀疏的卫星本体主结构采用有限元建模，而对大型的太阳翼结构采用统计能量子系统建模，计算中还考虑了声场硬边界条件和声压的空间相关性；随后邹元杰等[118]采用 VA One 软件的混合 FE-SEA 方法对某卫星天线在混响声场中的响应进行了分析，建模时对结构用有限元方法离散，而声场用统计能量方法建模，得到的结构响应在天线边缘处与试验结果的量级基本一致，但在压紧座处差异较大。

1.2.5　中频预示技术对比分析

改进的确定性方法通过改进传统低频方法的计算效率和收敛速度，将分析频率提高至中频。这类方法分析模型获得相对容易，可利用有限元、边界元模型，模型物理意义非常清晰。但是改进的确定性方法本质上是一种确定性分析方法，无法考虑参数和边界摄动对中高频响应的影响，需结合蒙特卡罗（Monte Carlo）仿真或随机过程对这种影响进行估计，计算量大，不适合工程应用。此外，这类方法分析复杂模型比较困难，如区域分解技术在处理复杂工程问题时频率范围仍有一定限制，复射线变分理论只能应用于简单的同类子结构，而 WBM 只能应用于凸域，因此采用改进的确定性方法对航天器结构进行中频预示存在一定的局限性。

改进的统计能量分析主要是改进传统的高频统计能量分析法，通过适当放松 SEA 的基本假设和完善其参数，降低分析频率下限以涵盖中频。这类方法建模简单、分析效率高，但是需要提供比 SEA 更详细的参数，如 PSEM 需提供模态概率密度函数，而 EFEM 目前无法建立复杂连接模型，对于更加复杂的结构形式，这类方法建模面临巨大的困难。

混合法根据中频动力学响应兼有高频和低频动力学特性的特点，对响应的高频行为和低频行为分别建模，最后耦合求解获得整个结构的中频动力学响应。混合方法符合中频动力学的特点，统计能量模型可有效控制系统模型的规模，关键部件采用低频方法进行精确建模能够获得较为准确的预示结果，非常适用于航天工程应用。从近 10 年来的研究和工程应用来看，混合法已成为中频力学环境预示技术发展的趋势，具有很好的工程应用潜力。文献调研表明，混合 FE - SEA 方法代表了国内外中频预示技术的最新研究成果，其理论提出以后，国外航天领域一直在参与该方法的应用研究与相关的试验验证工作，国内也结合航天工程的实际需求开展了一些相关的理论与工程应用研究。该方法适用范围广，与现有的低频和高频分析技术都能很好地兼容且能满足能量的双向传递，更加符合实际的能量传递机理，具有非常好的航天器工程应用前景，是一种比较理想的航天器中频力学环境预示技术。

混合 FE - SEA 方法经过近 10 年时间的发展与完善，应用范围逐渐扩大，其工程应用前景毋庸置疑。但是就目前应用及研究现状来看，国内针对混合方法的理论基础研究及航天工程应用研究与国外还存在一定的差距，主要表现在：

1）缺乏深入的理论方法研究。目前混合 FE - SEA 方法应用受到理论、软件及试验验证等各个方面的限制，在工程应用中具有一定的局限性。查阅国内外相关文献，系统讲述混合方法基础理论的资料非常少，尤其是混合连接建模理论。混合方法的应用现状基本上依赖于目前唯一具有混合求解模块的商用软件，导致了知其然而不知其所以然的现状，这严重制约了混合方法在航天工程中的应用及完善。深入研究混合 FE - SEA 方法的基础理论，不仅有助于认识能量在不同模型中的传播机理，指导和服务于航天工程应用，更能深入剖析现有理论的缺陷和局限性，提出改进与完善方法，结合型号实际需求开发相关混合 FE - SEA 预示软件，提高我国航天器的设计水平。

2）混合 FE - SEA 方法的航天工程应用尚处于起步阶段，缺乏相关工程分析经验与试验验证。从航天工程的应用研究方面来看，国外航天领域在混合 FE - SEA 方法的工程应用方面积累了丰富的经验和大量的试验数据，典型的如整星级的 CALIPSO 卫星混合方法验证和部件级的 ACTS 天线的混合方法验证；而国内则以部组件或者简化模型的应用验证为主，针对整星级或者系统级航天器的混合 FE‑SEA 方法的应用验证非常少，经验与数据的积累非常匮乏，限制了该方法在航天工程中的进一步推广和应用。

1.3　本书内容构架

我国航天工业部门在"十一五"初期启动了混合 FE‑SEA 方法的基础理论和航天工程应用研究，历经"十一五"和"十二五"的 10 年时间。本书以这 10 年间的理论研究成果为基础，结合航天工程需求与应用，详细阐述了混合 FE‑SEA 方法的背景、基础理论、建模理论与在航天工程中的应用等内容。全书共分为 9 章，具体内容安排如下：

第 1 章介绍了本书相关内容的背景、研究目的和意义。着重对目前的中频预示方法进行调研、对比和总结，在此基础上确定解决航天器中频力学环境预示问题的核心技术途径，并确定本书的研究内容和框架。

第 2 章阐述了混合 FE‑SEA 方法的基本理论和分析流程。首先介绍了混合 FE‑SEA 方法中涉及的基本概念，详细推导了有限元与统计能量模型的耦合关系：互易关系，对关键的假设条件进行了归纳和初步分析，随后基于互易关系建立了系统动力学方程，最后对混合 FE‑SEA 方法的系统求解流程进行了梳理。

第 3 章着重介绍了本书采用的一种仿真验证方法：基于有限元的能量流分析方法。该方法通过对有限元求解格式进行修改，建立了有限元模型与统计能量模型的关联，并对典型板结构的能量模型进行了推导，分析了面内能量与面外能量的影响，本章是后续章节开展混合建模原理仿真验证的基础。

第 4 章阐述了混合 FE‑SEA 点连接建模方法，主要介绍了无界板结构的混合点连接建模的理论。针对目前理论只能针对无界板结构建立混合点连接模型的局限性，给出基于波长理论的混合点连接修正模型，从而有效提高点连接建模的精度。

第 5 章建立了混合 FE‑SEA 线连接建模方法。首先基于波动理论给出了波数空间下的线连接模型，然后构造线连接位移形函数，通过 Fourier 变换将波数空间下的连接模型转换为节点坐标系下的线连接模型。为了建立准确和简单的线连接模型，分别介绍了模态线性插值、三角波及基于 Shannon 小波的三种线连接位移形函数构造方法，最后通过典型算例的分析对基于三种形函数的混合线连接模型的有效性进行了验证。

第 6 章系统论述了混合 FE‑SEA 面连接的建模方法。采用二维 Fourier 变换方法与 Jinc 形函数，针对不同边界分别建立了受挡边界、非受挡边界、多边界的声场混合面连接模型，并针对典型结构进行了应用验证。

第 7 章阐述了混响声场载荷建模方法及相关问题。基于互易关系和 Rayleigh 积分建立了混响载荷模型，并给出了可考虑声腔几何边界的混响载荷建模方法，然后根据声腔边界和混响场载荷的空间相关性对预示结果的影响进行了评估。最后将该方法应用于太阳翼噪声响应分析中，并与试验结果进行了对比。

第 8 章基于典型点连接组合结构的试验开展了混合 FE‐SEA 方法的试验验证。首先，依次对梁及薄板的内损耗因子（Damping Loss Factor，DLF）和模态密度进行了测量，并将其作为输入参数代入混合 FE‐SEA 程序中求出组合结构的响应；然后，通过试验获得了 20 个蒙特卡罗仿真样本及其集合平均值，将混合 FE‐SEA 方法的分析结果与试验的集合平均值进行比较，完成混合 FE‐SEA 的试验验证。最后，基于该典型混合点连接结构的试验数据研究了完全混响假设的合理性及其影响。

第 9 章介绍了近年来混合 FE‐SEA 方法在航天工程中的应用研究。首先在太阳翼、整星和卫星‐整流罩‐组合体混响试验的基础上，基于混合 FE‐SEA 的基本理论和混合连接建模理论建立了混合预示模型，完成了声振预示和试验验证，取得了比较理想的预示结果；基于混合 FE‐SEA 方法开展了声‐随机基础组合激励下航天器的力学环境预示、支架车结构对航天器噪声响应的影响研究和卫星部组件随机振动试验条件确定方法研究，相关结论可为后续航天工程应用提供借鉴。

1.4 混合 FE‐SEA 方法的后续研究展望

本书系统深入地介绍了混合 FE‐SEA 方法的建模原理及其在航天工程中的应用，但是相关理论研究和工程应用还需要进一步探索和不断完善。综合当前混合方法的研究现状，今后需在以下几个方面开展相关研究：

1）进一步深入完善混合 FE‐SEA 的建模理论。本书中的混合连接模型均是针对比较典型的结构，这些连接模型是否满足复杂航天器力学环境预示的要求是一个需要考虑的问题。后续可进一步开展针对特殊材料和特殊结构的混合连接建模理论研究，如各向异性材料、复合材料及复杂加强筋结构的连接模型的建模方法研究与试验验证，进一步增强混合方法的建模分析能力，从而提高混合 FE‐SEA 方法的航天工程适用性和预示精度。

2）相关工程应用分析软件的开发与完善。目前具有混合 FE‐SEA 方法建模与分析能力的软件比较单一，具有一定的局限性，存在如无法准确地对内损耗因子进行建模等问题。本书主要致力于建模理论研究与方法验证而非针对航天工程应用的软件开发，后续应结合航天工程的实际需求，针对目前分析工具的局限性进行软件开发。

3）加强混合 FE‐SEA 方法的航天器工程化研究。混合 FE‐SEA 方法是一种解决中频力学环境预示的方法，提出时间也就十年左右，在本书中进行的相关验证也不是很充分，要将该方法在航天工程中广泛应用还需进一步开展大量的试验验证工作；同时积累数据处理方法、建模及误差分析等经验，使其成为一种航天器中频力学环境预示的有力工具，从而提高我国航天器的设计水平。综合考虑当前混合 FE‐SEA 方法的应用现状，建议从以下两个方面开展工作：一是进一步考核和检验混合方法的建模能力和预示精度；二是混合 FE‐SEA 方法涉及 FE 方法和 SEA 方法的成熟度问题，因此也应当进一步加强 SEA 方法的工程化应用研究，尤其是其中 4 类参数的建模与确定。

第 2 章　混合 FE‑SEA 方法的基本理论

混合 FE‑SEA 方法综合了模糊结构理论、波动理论、有限元理论及统计能量分析的思想，实现了有限元模型与统计能量模型的耦合建模及求解，统计能量模型的引入可以大幅提高求解效率，有限元模型可以对复杂模型进行精确建模并获得子系统的响应分布，因此该方法在大型航天器力学环境预示中具有非常好的应用前景，能够满足航天器工程的苛刻需求。

本章首先简要介绍了混合 FE‑SEA 方法中涉及的基本概念；然后分别基于波动理论和模态理论研究了 FE 模型与 SEA 模型的耦合关系——互易关系，归纳了混合 FE‑SEA 方法中涉及的基本假设条件，为后续研究完全混响假设对不同连接预示结果的影响奠定了理论基础；最后基于互易关系给出了混合 FE‑SEA 方法的系统方程并归纳了分析流程。上述工作是本书相关建模理论基础，也确定了本书的技术难点与内容框架。

2.1　直接场与混响场的定义

在实际系统中，不考虑外载荷的子系统响应可分为两部分：第一部分是由连接边界导致的结构响应，这部分能量由连接处向子结构传递，这种未经过反射（到达边界前）的初始传播波导致的响应，被定义为直接场；第二部分为能量在子结构其他边界处产生的反射（一次或多次）导致的响应，被定义为混响场。子系统的响应通常是这两种能量场共同作用的结果，如图 2‑1 所示。这里做一点说明：本书中定义的混响场可以认为是一种广义混响场，类似于声场中混响场，认为在场中相关变量大小均匀，方向分布的随机性相同。

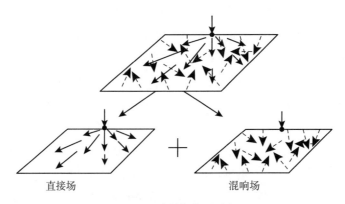

直接场　　　　　　　　混响场

图 2‑1　直接场与混响场

　　子系统能量传递的本质就是通过连接边界将能量传递到其他子系统，或者其他子系统通过连接边界将能量传递给自身的一个过程。边界依据信息的完备程度可分为两类：一类为确定性边界，这类边界的所有物理信息、几何信息及载荷信息已经明确（如 FE 模型）；另一类为随机边界，这类边界的信息不完善或者完全无法确定（如 SEA 模型）。直接场仅仅考虑从确定性边界传递到子系统内的能量，不考虑其他边界的反射，只需满足确定性边界的位移条件 $u_{\mathrm{p}} = u_{\mathrm{d}}^{(1)}$，此时随机边界的边界条件并不满足，记为 $\varPhi_{\mathrm{r}}^{(1)}$。为了精确描述子系统的响应，随机边界上的边界条件需通过构建混响场来补充满足，混响场的构造分为两步：首先，混响场在确定性边界上满足固支边界条件，这样可保证直接场与混响场叠加后确定性边界的位移条件得到满足；然后，此混响场在随机边界上的位移为 $\varPhi_{\mathrm{r}}^{(2)}$，满足 $\varPhi_{\mathrm{p}} = \varPhi_{\mathrm{r}}^{(1)} + \varPhi_{\mathrm{r}}^{(2)}$。混响场与直接场叠加后，同时满足所有边界条件，如当随机边界为固支时，混响场在随机边界上位移可取为 $\varPhi_{\mathrm{r}}^{(1)} = -\varPhi_{\mathrm{r}}^{(2)}$，如图 2‐2 所示。

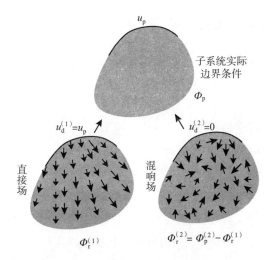

图 2‐2　直接场与混响场的边界条件

　　为了同时满足随机边界和确定性边界上的边界条件，混响场在确定性边界上固支后会产生相应的反力，其被定义为受挡混响力，一般记为 f_{rev}。受挡混响力也可以被定义为混响场满足随机边界的位移条件时，保证确定性边界为固支所需要的力，也可以认为是一种混响场在连接处的作用力。

　　为了避免混淆，这里对阻抗、动刚度和导纳矩阵的概念做一个简要阐述。阻抗（Impedance）根据选取的运动量可分为位移阻抗 $\boldsymbol{Z}_{\mathrm{d}}$（又称动刚度 $\boldsymbol{D}$，dynamic stiffness）、速度阻抗 $\boldsymbol{Z}_{\mathrm{v}}$ 和加速度阻抗 $\boldsymbol{Z}_{\mathrm{a}}$（又称有效质量）。阻抗矩阵中对角元素表示同一点的力与响应的比，称为原点阻抗；非对角元素表示不同点的力与响应的比，称为跨点阻抗。阻抗的倒数为导纳（Receptance），又可以分为位移导纳 $\boldsymbol{H}_{\mathrm{d}}$（又称动柔度，dynamic mobility）、速度导纳 $\boldsymbol{H}_{\mathrm{v}}$ 和加速度导纳 $\boldsymbol{H}_{\mathrm{a}}$，也可以采用 $\boldsymbol{R}$ 表示。直接场动刚度矩阵是只考虑混合连接向子系统输入能量而不考虑能量反射得到的动刚度矩阵，因此又称辐射阻抗或者辐射动刚度矩阵，后续将不再对上述概念进行详细解释。

2.2　互易原理

2.1 节给出了直接场和混响场的定义，在混合方法中，直接场能够精确描述混合连接处节点位移与节点力的相互关系，而混响场一般通过能量描述整个子系统由于直接场输入能量经过多次反射后的响应，两种场之间的耦合关系需要通过直接场与混响场的互易关系建立。互易关系给出了混响场在确定性边界上产生的反力（受挡混响力）与混响场能量的关系，进而建立起统计能量模型与有限元模型的耦合关系。下面详细介绍基于波动理论和基于模态理论的互易关系，两种互易关系均引入了假设条件，本节对其进行了归纳总结和初步的分析，后续章节将针对这些假设的合理性和对预示结果的影响进行定量研究。

2.2.1　基于波动理论的互易原理

（1）直接场的自然坐标

直接场的辐射可由以下特征值问题给出

$$\mathrm{Im}\{\boldsymbol{D}_{\mathrm{dir}}\}\boldsymbol{P}=\boldsymbol{P}\boldsymbol{\lambda} \tag{2-1}$$

式中　$\boldsymbol{D}_{\mathrm{dir}}$——直接场动刚度矩阵（辐射位移阻抗）；

　　　$\boldsymbol{\lambda}$——特征值对角阵；

　　　$\mathrm{Im}\{\,\boldsymbol{\cdot}\,\}$——取虚部；

　　　$\boldsymbol{P}$——实特征矢量，并且是正规化的，即 $\boldsymbol{P}^{\mathrm{T}}\boldsymbol{P}=\boldsymbol{I}$。

则有

$$\begin{cases} \mathrm{Im}\{\boldsymbol{D}_{\mathrm{dir}}\}=\boldsymbol{P}\boldsymbol{\lambda}\boldsymbol{P}^{\mathrm{T}} \\ \boldsymbol{P}^{\mathrm{T}}\boldsymbol{\lambda}\boldsymbol{P}=\mathrm{Im}\{\boldsymbol{D}_{\mathrm{dir}}\} \end{cases} \tag{2-2}$$

令

$$\boldsymbol{a}=\boldsymbol{P}^{\mathrm{T}}\boldsymbol{q} \tag{2-3}$$

直接场在 x 处的位移响应为

$$\boldsymbol{u}_{\mathrm{dir}}(x)=\sum_{k}\boldsymbol{\Phi}_{k}^{\mathrm{dir}}(x)a_{k} \tag{2-4}$$

式中　$\boldsymbol{\Phi}_{k}^{\mathrm{dir}}$——与 k 阶直接场辐射基相关的位移场。位移场 $\boldsymbol{\Phi}_{k}^{\mathrm{dir}}(x)$ 在确定性边界上是实数，但是在子系统区域内部一般为复数。

直接场的能量输入为

$$\begin{aligned} \boldsymbol{P}_{\mathrm{dir}} &=\frac{1}{2}\mathrm{Re}\{(\mathrm{i}\omega\boldsymbol{q})^{\mathrm{H}}\boldsymbol{D}_{\mathrm{dir}}\boldsymbol{q}\} \\ &=\frac{\omega}{2}\mathrm{Re}\{\boldsymbol{q}^{\mathrm{H}}(\boldsymbol{D}_{\mathrm{dir}})\boldsymbol{q}\} \\ &=\frac{\omega}{2}\mathrm{Re}\Big\{\sum_{j,k}\boldsymbol{q}_{j}^{\mathrm{H}}\,\boldsymbol{q}_{k}(-\mathrm{i}\boldsymbol{D}_{\mathrm{dir}})_{j,k}\Big\} \end{aligned} \tag{2-5}$$

考虑到 $\boldsymbol{D}_{\mathrm{dir}}$ 为复对称矩阵，有

$$
\begin{aligned}
&\mathrm{Re}\{\boldsymbol{q}_j^{\mathrm{H}}\boldsymbol{q}_k(-\mathrm{i}\boldsymbol{D}_{\mathrm{dir}})_{j,k}+\boldsymbol{q}_k^{\mathrm{H}}\boldsymbol{q}_j(-\mathrm{i}\boldsymbol{D}_{\mathrm{dir}})_{k,j}\}\\
&=(\boldsymbol{q}_j^{\mathrm{H}}\boldsymbol{q}_k+\boldsymbol{q}_k^{\mathrm{H}}\boldsymbol{q}_j)\mathrm{Re}\{(-\mathrm{i}\boldsymbol{D}_{\mathrm{dir}})_{j,k}\}\\
&=(\boldsymbol{q}_j^{\mathrm{H}}\boldsymbol{q}_k+\boldsymbol{q}_k^{\mathrm{H}}\boldsymbol{q}_j)\mathrm{Im}\{(\boldsymbol{D}_{\mathrm{dir}})_{j,k}\}
\end{aligned}
\tag{2-6}
$$

式（2-6）表明，辐射功率与连接处直接场动刚度矩阵的虚部相关，所以式（2-1）研究的是虚部的特征值问题，因此式（2-5）变为

$$
\begin{aligned}
\boldsymbol{P}_{\mathrm{dir}}&=\frac{\omega}{2}\mathrm{Re}\Big\{\sum_{j,k}\boldsymbol{q}_j^{\mathrm{H}}\boldsymbol{q}_k(-\mathrm{i}\boldsymbol{D}_{\mathrm{dir}})_{j,k}\Big\}\\
&=\frac{\omega}{2}\sum_{j,k}\boldsymbol{q}_j^{\mathrm{H}}\boldsymbol{q}_k\,\mathrm{Im}\{\boldsymbol{D}_{\mathrm{dir}}\}_{j,k}
\end{aligned}
\tag{2-7}
$$

如果 $\boldsymbol{q}=\boldsymbol{Pa}$，则直接场的输入能量可改写为

$$
\begin{aligned}
\boldsymbol{P}_{\mathrm{dir}}&=\frac{1}{2}\mathrm{Re}\{(\mathrm{i}\omega\boldsymbol{Pa})^{\mathrm{H}}\boldsymbol{D}_{\mathrm{dir}}\boldsymbol{Pa}\}\\
&=\frac{\omega}{2}\mathrm{Re}\{\boldsymbol{a}^{\mathrm{H}}(-\mathrm{i}\boldsymbol{P}^{\mathrm{H}}\boldsymbol{D}_{\mathrm{dir}}\boldsymbol{P})\boldsymbol{a}\}\\
&=\frac{\omega}{2}\mathrm{Re}\{\boldsymbol{a}^{\mathrm{H}}(-\mathrm{i}\boldsymbol{P}^{\mathrm{H}}(\mathrm{Re}\{\boldsymbol{D}_{\mathrm{dir}}\}+\mathrm{i}\mathrm{Im}\{\boldsymbol{D}_{\mathrm{dir}}\})\boldsymbol{P})\boldsymbol{a}\}\\
&=\frac{\omega}{2}\mathrm{Re}\{\boldsymbol{a}^{\mathrm{H}}(\boldsymbol{P}^{\mathrm{H}}\mathrm{Im}\{\boldsymbol{D}_{\mathrm{dir}}\}\boldsymbol{P})\boldsymbol{a}\}\\
&=\frac{\omega}{2}\boldsymbol{a}^{\mathrm{H}}(\mathrm{diag}(\lambda_1,\cdots,\lambda_n))\boldsymbol{a}\\
&=\frac{\omega}{2}\sum_k\lambda_k|\boldsymbol{a}_k|^2
\end{aligned}
\tag{2-8}
$$

对于无源系统，直接场动刚度矩阵的辐射分量（虚部）为半正定的，特征值 λ 大于或等于零。辐射部分的零特征值表示确定性边界产生局部的消散场（evanescent field），并不传递能量（只在连接处的局部邻域产生能量振荡）；而非零特征值则表征确定性边界向子系统的直接场辐射或者传递能量。

（2）混响场的自然坐标

波到达受挡的确定性边界后反射，并再次以直接场的形式进行辐射。直接场辐射部分的正交性导致了每个入射波都会以单个直接场辐射基的形式进行散射，混响场可以认为是第 k 个入射波和第 k 个直接场相互叠加组成的。

基于广义基描述的混响场可表示为

$$
\boldsymbol{u}_{\mathrm{rev}}(x)=\sum_k\boldsymbol{\varPhi}_k^{\mathrm{rev}}(x)b_k
\tag{2-9}
$$

式中　b_k——第 k 阶混响场基的幅值。

与 k 阶混响场相关的位移场定义为[94]

$$
\begin{aligned}
\boldsymbol{\varPhi}_k^{\mathrm{rev}}(x)&=\boldsymbol{\varPhi}_k^{\mathrm{dir},*}(x)-\boldsymbol{\varPhi}_k^{\mathrm{dir}}(x)\\
&=-2\mathrm{i}\mathrm{Im}\{\boldsymbol{\varPhi}_k^{\mathrm{dir}}(x)\}
\end{aligned}
\tag{2-10}
$$

注意，$\boldsymbol{\varPhi}_k^{\mathrm{rev}}(x)$ 在确定性边界上为零，满足确定性边界上位移为零的边界条件。辐射

基 a 在确定性边界上的反力为

$$f = D_{dir}q = D_{dir}Pa \tag{2-11}$$

受挡混响力可以理解为由传播和输入辐射基而产生的反力的叠加

$$f_{rev} = \left[(D_{dir}P)^* - (D_{dir}P) \right]b$$

$$= (D_{dir}^* - D_{dir})Pb$$

$$= -2i\text{Im}\{D_{dir}\}Pb \tag{2-12}$$

简化后有

$$f_{rev} = -2iP\lambda b \tag{2-13}$$

受挡力的互谱可以表示为

$$f_{rev}f_{rev}^H = 4P\lambda bb^H\lambda P^T \tag{2-14}$$

（3）边界条件

直接场和混响场的幅值并不是完全独立的，而是必须满足随机边界上的边界条件

$$C_1 a + C_2 b = 0 \tag{2-15}$$

约束矩阵 C_1 和 C_2 可通过多种方法获得。对于无源的随机边界，混响场的响应可完全由直接场确定

$$\begin{cases} b = T_0 a \\ T_0 = -C_2^{-1}C_1 \end{cases} \tag{2-16}$$

散射矩阵 T_0 为复数，用于描述直接场在随机边界的散射。如果随机边界的位置不确定，则直接场可散射到多种可能的混响场中。令

则有

$$\begin{cases} c_k = a_k\sqrt{\lambda_k} \\ d_k = b_k\sqrt{\lambda_k} \end{cases} \tag{2-17}$$

$$d = Tc$$

$$T = -\lambda^{1/2}C_2^{-1}C_1\lambda^{-1/2} \tag{2-18}$$

对于简单的随机边界曲线，直接场辐射基和混响场辐射基的幅值完全相干。如果随机边界存在不确定性，则矩阵 T 为随机变量。当边界曲线有摄动时，矩阵 T 也会摄动。

（4）最大熵和漫混响场

考虑通过不同基对辐射矩阵的影响建立辐射矩阵的统计特性，采用另外一组正交基描述直接场和混响场，则不同基下直接场与混响场的幅值可表示为

$$\begin{cases} \hat{c} = R_1 c \\ \hat{d} = R_2 d \end{cases} \tag{2-19}$$

其中 R_1 和 R_2 为转换矩阵。为了保证直接场和混响场的总能量守恒，转换矩阵必须满足下面约束条件

$$\begin{cases} R_1^H R_1 = I \\ R_2^H R_2 = I \end{cases} \tag{2-20}$$

转换矩阵可写为

$$\hat{d} = R_2 T R_1^H \hat{c} \tag{2-21}$$

$$\hat{T} = R_2 T R_1^H \tag{2-22}$$

辐射矩阵在新基上的均值为

$$E[\hat{T}] = R_2 E[T] R_1^H \tag{2-23}$$

式中　$E[\cdot]$——求数学期望。

如果辐射矩阵的均值非零，则辐射的统计特性和边界的基选取相关。若基的摄动不会对辐射矩阵 T 产生影响，则认为随机边界具有最少量的信息（称为最大的不确定性或者最大熵），则辐射矩阵的均值为零

$$E[T_{mn}] = 0 \tag{2-24}$$

将式（2-23）改写为

$$\begin{cases} \hat{T}_{jk} = \sum_m \sum_n R_{2,jm} \, T_{mn} \, R_{1,kn}^* \\ \hat{T}_{rs}^* = \sum_p \sum_q R_{2,rp}^* \, T_{pq}^* \, R_{1,sq} \end{cases} \tag{2-25}$$

新辐射矩阵的二阶统计特性为

$$E[\hat{T}_{jk} \, \hat{T}_{rs}^*] = \sum_m \sum_n \sum_p \sum_q R_{2,jm} R_{2,rp}^* R_{1,sq} R_{1,kn}^* E[T_{mn} T_{pq}^*] \tag{2-26}$$

要使得式（2-26）与矩阵 R_1 和 R_2 的选取无关，由式（2-20）可得辐射矩阵必须满足如下条件[94]

$$E[T_{mn} T_{pq}^*] = C' \delta_{mp} \delta_{nq} \tag{2-27}$$

式中　C'——常值。

只有当辐射矩阵二阶统计矩阵具有式（2-27）形式时，辐射矩阵与基的选取才无关。综上所述，最大熵的条件可以表述为辐射矩阵与基不相关，结合式（2-18）有

$$\begin{cases} d_m = \sum_i T_{mi} \, c_i \\ d_n^* = \sum_i T_{ni}^* \, c_i^* \\ d_m d_n^* = \sum_{i,j} T_{mi} \, T_{nj}^* \, c_i \, c_j^* \end{cases} \tag{2-28}$$

将式（2-24）和式（2-27）代入式（2-28）有

$$\begin{cases} E[d_m] = \sum_i E[T_{mi}] c_i = 0 \\ E[d_m c_n^*] = \sum_i E[T_{mi}] c_i c_n^* = 0 \\ E[d_m d_n^*] = \sum_{i,j} E[T_{mi} T_{nj}^*] c_i c_j^* = C\delta_{mn} \end{cases} \tag{2-29}$$

式中　C——和直接场的入射功率相关的常数。

最大熵状态也可描述为混响场的各个基的幅值 d 不相关（相互不相关且与直接场的辐射基的幅值不相关），各个混响场的基具有相同的幅值和随机相位，将式（2-17）代入方程（2-29）中

$$\begin{cases} E[b_m]=0 \\ E[a_m b_n^*]=0 \\ E[b_m b_n^*]=\dfrac{C}{\lambda_m}\delta_{mn} \end{cases} \qquad (2\text{-}30)$$

由式（2-30）定义的混响场称为"漫场"或者完全混响场。漫场中混响场的每个基为独立非相干的，并且对确定性边界的输入功率相等。上述结果是基于直接场辐射输入能量的混响场具有大量分量的假设得到的。当子结构具有有限的混响场分量时不可能出现漫混响场，上述结论不成立。

（5）受挡混响力的统计特性

将式（2-30）代入式（2-12）有

$$E[\boldsymbol{f}_{\mathrm{rev}}]=-2\mathrm{i}\boldsymbol{P}\lambda E[\boldsymbol{b}]=0 \qquad (2\text{-}31)$$

将式（2-2）和式（2-30）代入式（2-14）有

$$E[\boldsymbol{f}_{\mathrm{rev}}\boldsymbol{f}_{\mathrm{rev}}^{\mathrm{H}}]=4\boldsymbol{P}\lambda E[\boldsymbol{b}\boldsymbol{b}^{\mathrm{H}}]\lambda\boldsymbol{P}^{\mathrm{T}}=4C\boldsymbol{P}\lambda\boldsymbol{P}^{\mathrm{T}}=\beta\mathrm{Im}\{\boldsymbol{D}_{\mathrm{dir}}\} \qquad (2\text{-}32)$$

比例常数 β 通常是由混响场的幅值 $\boldsymbol{b}$ 决定的。

（6）漫混响场的入射功率

比例常数与漫混响场的幅值相关，可以通过多种方法定义该比例常数，如通过考虑漫混响场的能量密度定义。在漫混响场中，由于混响场每个分量采用正交的基描述，因此可以认为每个分量的能量和功率是独立不相关的，每个混响场分量可以单独考虑。第 k 阶混响场分量可以认为是第 k 阶直接场辐射分量产生的两种波的叠加。每个直接场分量的位移场是已知的，可以计算每个直接场分量的能量密度和局部强度场。假设已计算得到这些信息，定义远场能量流动的闭合曲面 R，曲面的法向与局部强度场的方向相同，如图 2-3 所示。

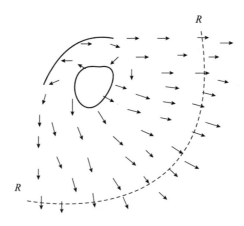

图 2-3　闭合曲面与局部强度场的关系

与 k 阶混响场分量相关的两个直接场分量流入和流出确定性边界能量相等（流过 R 的净能量为零）。有效群速度 $c_{\mathrm{g},k}$ 定义为入射到表面的功率与总表面能量密度的比值。总表面

能量密度 $e_{\text{tot},k}$ 给出了表面 R 单位法向宽度所包含的总能量

$$c_{\text{g},k} = \frac{P_{\text{inc},k}}{\dfrac{1}{2} e_{\text{tot},k}} \tag{2-33}$$

式 (2-33) 中，系数 1/2 是因总表面能量密度是由两个直接场能量产生的。表面 R 的净入射功率对于每个直接场是相等的。能量密度小的混响场分量的群速度大，反之亦然。但是式 (2-33) 在结构与声系统中应用很少。

由式 (2-8) 和式 (2-30) 有

$$P_{\text{inc},k} = \frac{\omega}{2} C \tag{2-34}$$

将式 (2-34) 代入 (2-33) 中，有

$$C = \frac{e_{\text{tot},k} c_{\text{g},k}}{\omega} \tag{2-35}$$

表面 R 单位法向宽度所包含的总漫场能量为

$$E_{\text{tot,unit}} = \sum_k e_{\text{tot},k} = \sum_k \frac{C\omega}{c_{\text{g},k}} \tag{2-36}$$

第 k 阶混响场分量的模态密度为

$$n_{k,\text{unit}} = \frac{1}{\pi c_{\text{g},k}} \tag{2-37}$$

式 (2-36) 可进一步写为

$$E_{\text{tot,unit}} = \pi C\omega \sum_k n_{k,\text{unit}} = \pi C\omega n_{\text{tot,unit}} \tag{2-38}$$

则

$$C = \frac{E_{\text{tot,unit}}}{\pi\omega\, n_{\text{tot,unit}}} \tag{2-39}$$

式 (2-39) 是在单位宽度的基础上建立起来的，将式 (2-39) 应用总能量和总模态密度表示

$$C = \frac{E_{\text{tot}}}{\pi\omega n_{\text{tot}}} \tag{2-40}$$

许多结构和声子系统的模态密度可获得解析解，将式 (2-40) 代入式 (2-32) 中有

$$\begin{cases} E[\boldsymbol{f}_{\text{rev}} \boldsymbol{f}_{\text{rev}}^{\text{H}}] = \dfrac{4\, E_{\text{tot}}}{\pi\omega n_{\text{tot}}} \text{Im}\{\boldsymbol{D}_{\text{dir}}\} \\ \beta = \dfrac{4 E_{\text{tot}}}{\pi\omega\, n_{\text{tot}}} \end{cases} \tag{2-41}$$

在很多情况下，混响场分量可以归为数个在随机边界上解耦的分量（如对平板子系统而言，可以分为弯曲混响场分量和面内混响场分量）。在这种情况下，式 (2-41) 可以用来求解每个分量的混响载荷。式 (2-31) 和式 (2-41) 为漫场激励和无反射空间的辐射阻抗（直接场动刚度矩阵）之间的互易关系。

通过前述推导可以看出，基于波动理论的互易原理中采用了两个重要假设：

1) 在随机边界上具有极大的不确定性（最少的信息量或者最大熵），这是保证子系统的辐射矩阵与直接场和混响场的基不相关的基本条件，即保证 $E[T_{mn}] = 0$ 和 $E[T_{mn}T_{pq}^*] = C'\delta_{mp}\delta_{nq}$；

2) 混响场中具有大量的基以满足完全混响条件，对于有限基的混响场，采用上述互易原理是会引入一定的误差的。

下面介绍一种基于模态理论的互易关系，在这种互易关系中可以建立混响场有限基的影响，实现非完全混响场建模。

2.2.2　基于模态理论的互易原理

2.2.1 节基于波动理论给出了直接场和混响场的互易关系，本质上混响场的描述是基于无限直接场叠加原理的，而在随机边界上混响场和直接场必须满足随机边界上的边界条件。通过对随机边界散射均值和二阶矩的分析，提出"当直接场和随机场基的改变不会对随机边界上的散射矩阵产生影响时，系统具有最大不确定性（熵）"，从而进一步获得混响场的幅值的均值和二阶矩。基于波动理论的互易关系推导复杂，下面介绍一种基于模态理论的互易原理[119]，该方法的特点是可以描述非完全混响场对互易原理的影响。

（1）随机系统描述

假设系统的自由度为 q，根据有限元的基本理论，其动力学方程可写为

$$Dq = f \qquad\qquad (2-42)$$

式中　D——动刚度矩阵。

假设模型具有不确定性，则式（2-42）可改写为

$$D_\infty q = f + f_{rev} \qquad\qquad (2-43)$$

式中　D_∞——确定性模型的动刚度矩阵；

　　　f_{rev}——不确定性引入系统的随机载荷矢量。

如何构造 D_∞ 是非常关键的问题，将式（2-42）改写为

$$q = Hf \qquad\qquad (2-44)$$

而式（2-43）可改写为

$$q = D_\infty^{-1} f + D_\infty^{-1} f_{rev} \qquad\qquad (2-45)$$

其中 $H = D^{-1}$ 为位移导纳矩阵。若随机载荷的均值为零，即 $E[f_{rev}] = 0$，对比式（2-44）和式（2-45）有

$$D_\infty = E[H]^{-1} \qquad\qquad (2-46)$$

如果采用模态坐标系描述系统响应，则基于模态描述的结构动力学响应为

$$\Lambda u = g \qquad\qquad (2-47)$$

$$\Lambda_{jk} = \delta_{jk}[\omega_j^2(1+i\eta) - \omega^2] \qquad\qquad (2-48)$$

式中　η——损耗因子；

　　　g——广义载荷矢量。

边界自由度 q 可表示为模态幅值的线性函数

$$q = Au \qquad (2-49)$$

$$g = A^{\mathrm{T}} f \qquad (2-50)$$

则

$$g = Hf = A\Lambda^{-1}A^{\mathrm{T}}f \qquad (2-51)$$

$$H = A\Lambda^{-1}A^{\mathrm{T}} \qquad (2-52)$$

结合上面各式有

$$H_{rs} = \sum_j \frac{A_{rj} A_{sj}}{\omega_j^2(1+\mathrm{i}\eta) - \omega^2} \qquad (2-53)$$

式中 H_{rs}——导纳矩阵 H 中的第 rs 项。

考虑随机子系统中存在不确定性因素，固有频率 ω_j 在频率轴上可视为一系列随机点，根据随机点过程理论有[120]

$$E[H_{rs}] = H_{rs,\infty} \approx \left(\frac{-\mathrm{i}\pi n}{2\omega}\right) E[A_{rj}A_{sj}] \qquad (2-54)$$

（2）混响载荷的互谱

由式（2-43）、式（2-44）有

$$f_{\mathrm{rev}} = D_\infty Hf - f = D_\infty(H - H_\infty)f \qquad (2-55)$$

其中

$$D_\infty = E[H]^{-1} = H_\infty^{-1}$$

由式（2-55）可得到

$$E[f_{\mathrm{rev}}] = 0 \qquad (2-56)$$

考虑到对称性，受挡混响力的互谱可以表示为

$$
\begin{aligned}
E[f_{\mathrm{rev}}f_{\mathrm{rev}}^{\mathrm{H}}] &= E[D_\infty(H - H_\infty)(ff^{*\mathrm{T}})(H - H_\infty)^{*\mathrm{T}}D_\infty^*] \\
&= E[D_\infty(H - E[H])(ff^{*\mathrm{T}})(H^* - E[H^*])D_\infty^*]
\end{aligned} \qquad (2-57)
$$

$$
\begin{aligned}
E[f_{\mathrm{rev},r}f_{\mathrm{rev},s}^*] &= E\left[\sum_{k,l,\alpha,\beta} D_{\infty,rk}D_{\infty,sl}^*(H_{k\alpha} - E[H_{k\alpha}])(H_{l\beta}^* - E[H_{l\beta}^*])f_\alpha f_\beta^*\right] \\
&= \sum_{k,l,\alpha,\beta} D_{\infty,rk}D_{\infty,sl}^* E[(H_{k\alpha} - E[H_{k\alpha}])(H_{l\beta}^* - E[H_{l\beta}^*])]E[f_\alpha f_\beta^*] \\
&= \sum_{k,l,\alpha,\beta} D_{\infty,rk}D_{\infty,sl}^* Cov[H_{k\alpha}, H_{l\beta}^*]E[f_\alpha f_\beta^*]
\end{aligned} \qquad (2-58)
$$

其中

$$H_{k\alpha} = \sum_j \frac{A_{kj} A_{\alpha j}}{\omega_j^2(1+\mathrm{i}\eta) - \omega^2} \qquad (2-59)$$

$$H_{l\beta} = \sum_j \frac{A_{lj} A_{\beta j}}{\omega_j^2(1+\mathrm{i}\eta) - \omega^2} \qquad (2-60)$$

$$Cov[H_{k\alpha}, H_{l\beta}^*] = \frac{\pi n}{2\eta\omega^3}\{E[A_{kj}A_{\alpha j}A_{lj}A_{\beta j}] + E[A_{kj}A_{\alpha j}]E[A_{lj}A_{\beta j}]q(m)\} \qquad (2-61)$$

式中 $Cov[\cdot]$——协方差。

对于高斯分布，由式（2-54）得

$$E[A_{kj}A_{\alpha j}A_{lj}A_{\beta j}]$$

$$= E[A_{kj}A_{\alpha j}]E[A_{lj}A_{\beta j}] +$$

$$E[A_{kj}A_{lj}]E[A_{\alpha j}A_{\beta j}] +$$

$$E[A_{kj}A_{\beta j}]E[A_{\alpha j}A_{lj}]$$

$$= -\frac{4}{\pi^2}\frac{\omega^2}{n^2}(H_{k\alpha}H_{l\beta} + H_{kl}H_{\alpha\beta} + H_{k\beta}H_{\alpha l}) \qquad (2-62)$$

$$E[A_{kj}A_{\alpha j}]E[A_{lj}A_{\beta j}] = -\frac{4}{\pi^2}\frac{\omega^2}{n^2}E[H_{k\alpha}]E[H_{l\beta}] \qquad (2-63)$$

$$E[f_{\mathrm{rev},r}\,f_{\mathrm{rev},s}^*] = \sum_{k,l,\alpha,\beta} D_{\infty,rk}\,D_{\infty,sl}^*\,Cov[H_{k\alpha},H_{l\beta}^*]E[f_\alpha f_\beta^*]$$

$$= \frac{-2}{\pi\omega\eta n}\sum_{k,l,\alpha,\beta} D_{\infty,rk}\,D_{\infty,sl}^*[H_{k\alpha}\,H_{l\beta} + H_{kl}\,H_{\alpha\beta} + H_{k\beta}\,H_{\alpha l} +$$

$$E[H_{k\alpha}]E[H_{l\beta}]q(m)]E[f_\alpha f_\beta^*] \qquad (2-64)$$

混响力互谱可进一步表示为

$$E[\boldsymbol{f}_{\mathrm{rev}}\boldsymbol{f}_{\mathrm{rev}}^{\mathrm{H}}] = \frac{2}{\pi m}\begin{pmatrix} \boldsymbol{D}_\infty\,\mathrm{Im}\{\boldsymbol{H}_\infty\}(\boldsymbol{S}_{\mathrm{ff}} + \boldsymbol{S}_{\mathrm{ff}}^*)\,\mathrm{Im}\{\boldsymbol{H}_\infty\}\boldsymbol{D}_\infty^* + \\ \boldsymbol{D}_\infty\,\mathrm{Im}\{\boldsymbol{H}_\infty\}\boldsymbol{D}_\infty^*\,\mathrm{Trace}\,[\mathrm{Im}\{\boldsymbol{H}_\infty\}\boldsymbol{S}_{\mathrm{ff}}]^{\mathrm{T}} + \\ q(m)\boldsymbol{D}_\infty\,\mathrm{Im}\{\boldsymbol{H}_\infty\}\boldsymbol{S}_{\mathrm{ff}}\mathrm{Im}\{\boldsymbol{H}_\infty\}\boldsymbol{D}_\infty^* \end{pmatrix} \qquad (2-65)$$

其中 $\qquad\qquad \boldsymbol{S}_{\mathrm{ff}} = E[\boldsymbol{f}\boldsymbol{f}^{\mathrm{H}}], \quad \boldsymbol{S}_{\mathrm{ff}}^* = E[\boldsymbol{f}^*\boldsymbol{f}^{\mathrm{T}}]$

若动刚度矩阵和导纳矩阵均为对称矩阵，则有

$$\boldsymbol{D}_\infty\,\mathrm{Im}\{\boldsymbol{H}_\infty\}\boldsymbol{D}_\infty = -\mathrm{Im}\{\boldsymbol{D}_\infty\} \qquad (2-66)$$

辐射功率为

$$P = \frac{\omega}{2}E[\mathrm{Re}\{\mathrm{i}\boldsymbol{f}^{\mathrm{H}}\boldsymbol{H}\boldsymbol{f}\}] = -\frac{\omega}{2}\mathrm{Trace}[\mathrm{Im}\{\boldsymbol{H}_\infty\}\boldsymbol{S}_{\mathrm{ff}}] \qquad (2-67)$$

由 $P = \omega\eta E$ 有

$$\mathrm{Trace}\,[\mathrm{Im}\{\boldsymbol{H}_\infty\}\boldsymbol{S}_{\mathrm{ff}}]^{\mathrm{T}} = -2\eta E \qquad (2-68)$$

将式（2-68）和式（2-66）代入式（2-65）得

$$E[\boldsymbol{f}_{\mathrm{rev}}\boldsymbol{f}_{\mathrm{rev}}^{\mathrm{H}}] = \frac{2}{\pi m}\begin{pmatrix} \boldsymbol{D}_\infty\,\mathrm{Im}\{\boldsymbol{H}_\infty\}2\mathrm{Re}\{\boldsymbol{S}_{\mathrm{ff}}\}\mathrm{Im}\{\boldsymbol{H}_\infty\}\boldsymbol{D}_\infty^* + 2E\eta\mathrm{Im}\{\boldsymbol{D}_\infty\} + \\ q(m)\boldsymbol{D}_\infty\,\mathrm{Im}\{\boldsymbol{H}_\infty\}\boldsymbol{S}_{\mathrm{ff}}\mathrm{Im}\{\boldsymbol{H}_\infty\}\boldsymbol{D}_\infty^* \end{pmatrix} \qquad (2-69)$$

其中 $m = \omega n\eta$ 为模态重叠因子，对于泊松分布 $q(m) = 0$，对于高斯分布，则[121]

$$q(m) = -1 + \left(\frac{1}{2\pi m}\right)(1 - \mathrm{e}^{-2\pi m}) + E_1(\pi m)\left[\cosh(\pi m) - \left(\frac{1}{\pi m}\right)\sinh(\pi m)\right] \qquad (2-70)$$

E_1 为指数积分，具体形式为

$$E_1 = \int_x^\infty \exp(-t)/t\,\mathrm{d}t \qquad (2-71)$$

令

$$\hat{\boldsymbol{f}} = \mathrm{i}\boldsymbol{D}_\infty\,\mathrm{Im}\{\boldsymbol{H}_\infty\}\boldsymbol{f} \qquad (2-72)$$

$$\boldsymbol{S}_{\hat{\mathrm{f}}\hat{\mathrm{f}}} = E[\hat{\boldsymbol{f}}\hat{\boldsymbol{f}}^{\mathrm{H}}] \qquad (2-73)$$

则受挡混响力可以表示为

$$E[f_{\mathrm{rev}}f_{\mathrm{rev}}^{\mathrm{H}}] = \frac{4E}{\pi\omega n}\mathrm{Im}\{\boldsymbol{D}_\infty\} + \frac{2}{\pi m}(2\mathrm{Re}\{\boldsymbol{S}_{\hat{f}\hat{f}}\} + q(m)\boldsymbol{S}_{\hat{f}\hat{f}}) \qquad (2-74)$$

基于模态理论的互易关系引用了一个重要假设：模态密度与频率不相关，且对于不同的 j，$\omega_j^2(1+\mathrm{i}\eta) - \omega^2$ 统计上不相关且均有相同的期望。相比较于基于波动理论的互易关系，基于模态的互易关系能建立不完全混响场的耦合关系。

如边界只由一个自由度（点）组成，则不难推出

$$\boldsymbol{S}_{\hat{f}\hat{f}} = 2\eta E\mathrm{Im}\{\boldsymbol{D}_\infty\} \qquad (2-75)$$

则此时互易关系为

$$E[f_{\mathrm{rev}}f_{\mathrm{rev}}^{\mathrm{H}}] = \frac{4E}{\pi\omega n}\mathrm{Im}\{\boldsymbol{D}_\infty\}[3 + q(m)] \qquad (2-76)$$

若边界具有 N 个自由度，即辐射基的数目为 N，此时互易关系为

$$E[f_{\mathrm{rev}}f_{\mathrm{rev}}^{\mathrm{H}}] = \frac{4E}{\pi\omega n}\mathrm{Im}\{\boldsymbol{D}_\infty\}\{1 + [2 + q(m)]/N\} \qquad (2-77)$$

当 $N\to\infty$ 时，即辐射基为无穷时，式（2-77）与基于波动理论的互易关系吻合。这里为了便于与基于波动理论的互易关系比较，记为

$$E[f_{\mathrm{rev}}f_{\mathrm{rev}}^{\mathrm{H}}] = \beta\mathrm{Im}\{\boldsymbol{D}_\infty\} \qquad (2-78)$$

其中

$$\beta = \frac{4E}{\pi\omega n}\{1 + [2 + q(m)]/N\} \qquad (2-79)$$

对比式（2-41）和式（2-79），定义

$$\beta = \frac{\alpha E}{\pi\omega n} \qquad (2-80)$$

因此对于完全混响和非完全混响有

$$\begin{cases} \alpha_{\mathrm{perfect}} = 4 \\ \alpha_{\mathrm{Imperfect}} = 4\{1 + [2 + q(m)]/N\} \end{cases} \qquad (2-81)$$

若结构模态满足高斯分布，结合式（2-70）很容易得到对于非完全混响模型

$$\lim_{N\to\infty}\alpha = 4 \qquad (2-82)$$

$$\lim_{m\to\infty}\alpha = 4(1 + 1/N) \qquad (2-83)$$

即混合连接的自由度越大、混响子系统的模态重叠因子越大，系统就越接近于完全混响状态。

图 2-4 表明完全混响条件不仅与混合连接处的基数目相关，也与结构自身的模态重叠因子相关：辐射维数越大，模态重叠因子越大，就越接近于完全混响条件。图 2-5 给出了模态密度 $n=0.05$，损耗因子为 $\eta=1\%$ 的板结构在不同维数的辐射基下计算得到的相应 α 值。该曲线族表明随着辐射基数目增加，α 逐渐接近于完全混响场的值；也就是说，辐射基数目越多，越近似于完全混响条件。图 2-6 分别为内损耗因子和模态密度对 α 的影响。通过图 2-6 所示分析表明：内损耗因子越小，频率越低，模态密度越小，系统越不容易混响；换句话说，系统的模态重叠因子增加，系统则越

接近于完全混响条件。式（2-83）说明对于有限维的辐射基而言（实际结构大多数为有限维），完全混响场只是一种理想条件，α 在不同参数变化的条件下，只能无限接近于 4。后续将针对具体的连接形式，基于本章的非完全混响建模方法研究完全混响假设的合理性与影响。

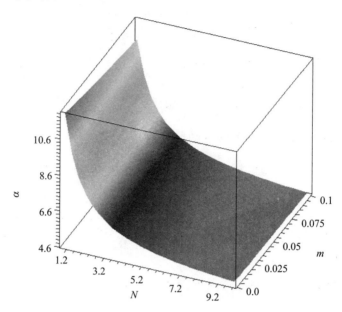

图 2-4　模态重叠因子与辐射基维数对 α 的影响

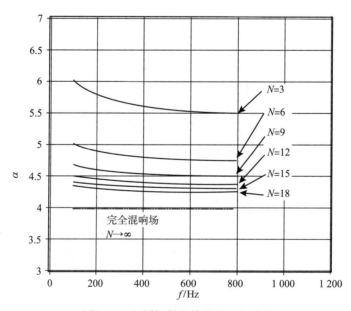

图 2-5　不同辐射基维数对 α 的影响

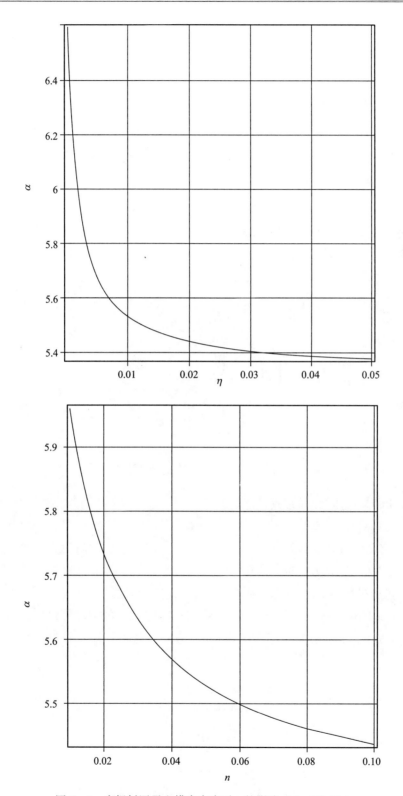

图 2-6　内损耗因子和模态密度对 α 的影响（$f=600$ Hz）

2.3　耦合系统方程

2.3.1　边界的划分与动力学特征

如图 2-7 所示，子系统 m 由区域 Ω 和边界 Γ 组成。假设子系统的激励作用在边界上。如果子系统自由场格林函数已知，则子系统的响应可通过边界积分求得。用离散广义坐标表示边界的响应

$$\boldsymbol{u}(x \in \Gamma) = \sum_k \boldsymbol{\Phi}_k(x) q_k \tag{2-84}$$

式中　$\boldsymbol{u}(x \in \Gamma)$ ——边界 x 位置的响应；

$\boldsymbol{\Phi}_k$——边界上的基函数；

q_k——第 k 个自由度的幅值。

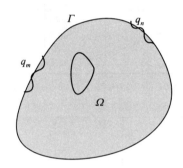

图 2-7　子系统区域 Ω 和边界 Γ

广义力和广义位移之间的关系为

$$\boldsymbol{Hq} = \boldsymbol{Gf} \tag{2-85}$$

式中　$\boldsymbol{q}$——广义的边界位移矢量；

$\boldsymbol{f}$——广义的边界力矢量。

$\boldsymbol{H}$ 和 $\boldsymbol{G}$ 可通过数值方法获得，例如直接边界元法。

假设子系统的边界分为两部分，其中一部分信息已知（确定性边界），另一部分信息缺失（随机边界），如图 2-8 所示。

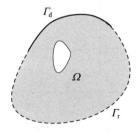

图 2-8　确定性边界 Γ_{d} 和随机边界 Γ_{r}

假设所有载荷和连接（允许能量流入或者流出）均出现在确定性边界上，确定性边界可以是不连续或者连续的。整个边界自由度可以分为确定性边界自由度$\boldsymbol{q}_{\mathrm{d}}$及随机边界自由度$\boldsymbol{q}_{\mathrm{r}}$。根据边界将子系统运动方程进行分块重组，则子系统的运动方程可以写为

$$\begin{bmatrix} \boldsymbol{H}_{\mathrm{dd}} & \boldsymbol{H}_{\mathrm{dr}} \\ \boldsymbol{H}_{\mathrm{rd}} & \boldsymbol{H}_{\mathrm{rr}} \end{bmatrix}\begin{bmatrix} \boldsymbol{q}_{\mathrm{d}} \\ \boldsymbol{q}_{\mathrm{r}} \end{bmatrix} = \begin{bmatrix} \boldsymbol{G}_{\mathrm{dd}} & \boldsymbol{G}_{\mathrm{dr}} \\ \boldsymbol{G}_{\mathrm{rd}} & \boldsymbol{G}_{\mathrm{rr}} \end{bmatrix}\begin{bmatrix} \boldsymbol{f}_{\mathrm{d}} \\ \boldsymbol{f}_{\mathrm{r}} \end{bmatrix} \tag{2-86}$$

随机边界的属性不确定，将式（2-86）的第一行中的随机边界约去，进行化简得

$$\boldsymbol{G}_{\mathrm{dd}}^{-1}\boldsymbol{H}_{\mathrm{dd}}\boldsymbol{q}_{\mathrm{d}} = \boldsymbol{f}_{\mathrm{d}} + \boldsymbol{G}_{\mathrm{dd}}^{-1}(\boldsymbol{G}_{\mathrm{dr}}\boldsymbol{f}_{\mathrm{r}} - \boldsymbol{H}_{\mathrm{dr}}\boldsymbol{q}_{\mathrm{r}}) \tag{2-87}$$

令

$$\boldsymbol{D}_{\mathrm{dir}} = \boldsymbol{G}_{\mathrm{dd}}^{-1}\boldsymbol{H}_{\mathrm{dd}} \tag{2-88}$$

$$\boldsymbol{f}_{\mathrm{rev}} = \boldsymbol{G}_{\mathrm{dd}}^{-1}(\boldsymbol{G}_{\mathrm{dr}}\boldsymbol{f}_{\mathrm{r}} - \boldsymbol{H}_{\mathrm{dr}}\boldsymbol{q}_{\mathrm{r}}) \tag{2-89}$$

代入式（2-87）有

$$\boldsymbol{D}_{\mathrm{dir}}\boldsymbol{q}_{\mathrm{d}} = \boldsymbol{f}_{\mathrm{d}} + \boldsymbol{f}_{\mathrm{rev}} \tag{2-90}$$

定义$\boldsymbol{D}_{\mathrm{dir}}$为确定性边界的直接场动刚度矩阵，一般直接场动刚度矩阵为复矩阵且对称。直接场动刚度矩阵为当随机边界消失后，确定性边界自由度的动刚度矩阵，也可以认为是直接场在无限子系统中辐射的动刚度矩阵。而随机边界的影响可通过受挡混响力$\boldsymbol{f}_{\mathrm{rev}}$表示，描述为直接场反射进入混响场后作用在确定性边界上的力，大小与随机边界的边界条件相关。

如对于固支随机边界条件，$\boldsymbol{q}_{\mathrm{r}}=0$，由方程可解得随机边界载荷和受挡混响力

$$\boldsymbol{f}_{\mathrm{r}} = \boldsymbol{G}_{\mathrm{rr}}^{-1}(-\boldsymbol{G}_{\mathrm{rd}}\boldsymbol{f}_{\mathrm{d}} + \boldsymbol{H}_{\mathrm{rd}}\boldsymbol{q}_{\mathrm{d}}) \tag{2-91}$$

$$\boldsymbol{f}_{\mathrm{rev}} = (-\boldsymbol{G}_{\mathrm{dd}}^{-1}\boldsymbol{G}_{\mathrm{dr}}\boldsymbol{G}_{\mathrm{rr}}^{-1}\boldsymbol{G}_{\mathrm{rd}})\boldsymbol{f}_{\mathrm{d}} + (\boldsymbol{G}_{\mathrm{dd}}^{-1}\boldsymbol{G}_{\mathrm{dr}}\boldsymbol{G}_{\mathrm{rr}}^{-1}\boldsymbol{H}_{\mathrm{rd}})\boldsymbol{q}_{\mathrm{d}} \tag{2-92}$$

若随机边界为自由边界，即$\boldsymbol{f}_{\mathrm{r}}=0$，由方程可解得随机边界响应与受挡混响力

$$\boldsymbol{q}_{\mathrm{r}} = \boldsymbol{H}_{\mathrm{rr}}^{-1}(-\boldsymbol{H}_{\mathrm{rd}}\boldsymbol{q}_{\mathrm{d}} + \boldsymbol{G}_{\mathrm{rd}}\boldsymbol{f}_{\mathrm{d}}) \tag{2-93}$$

$$\boldsymbol{f}_{\mathrm{rev}} = (-\boldsymbol{G}_{\mathrm{dd}}^{-1}\boldsymbol{H}_{\mathrm{dr}}\boldsymbol{H}_{\mathrm{rr}}^{-1}\boldsymbol{G}_{\mathrm{rd}})\boldsymbol{f}_{\mathrm{d}} + (\boldsymbol{G}_{\mathrm{dd}}^{-1}\boldsymbol{H}_{\mathrm{dr}}\boldsymbol{H}_{\mathrm{rr}}^{-1}\boldsymbol{H}_{\mathrm{rd}})\boldsymbol{q}_{\mathrm{d}} \tag{2-94}$$

对于给定的随机边界，受挡混响力与直接场完全相关。

2.3.2　确定性子系统的系统方程

在基于波动理论的混合 FE - SEA 方法中，一个复杂系统通常可分为若干子系统。据子系统的特征尺寸与其系统中波长的关系可将子系统分为两类：若其特征尺寸与其系统中的波长相当，即该子系统的刚度很大、模态稀疏，系统中的一些不确定因素，如制造公差等，对其响应不产生影响，则该子系统为确定性子系统，可用 FEM 建模；若其特征尺寸大于其系统中的波长，即该子系统的柔性很大、模态密集，其响应对系统中不确定因素的变化很敏感，如相同设计同一批次的两个结构，由于制造公差等因素使两个结构的响应变化很大，则此类子系统为随机子系统，可用 SEA 建模，如图 2-9 所示。由于确定性子系统的响应与工艺等不确定性因素无关，通过已知信息可推导出确定的任意形式的结构响应，如节点位移、子系统能量等，因此可认为确定性子系统的信息全部

已知；而随机子系统对工艺等不确定性因素非常敏感，但这些不确定性因素的变化是随机的、无法确定的，因此只能应用随机理论得出响应的统计平均值，如子系统能量的统计平均值，则可认为随机子系统中的某些重要信息未知。如图 2 - 9 所示，可将随机子系统大致分为两类：与确定性子系统相连的随机子系统为第一类随机子系统，未与确定性子系统相连的随机子系统为第二类随机子系统。

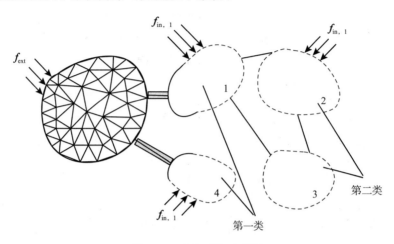

图 2 - 9　复杂系统示意图

注：确定性子系统：含网格；随机子系统：无网格；确定性边界：子系统的实线边界；随机边界：

子系统的虚线边界；混合连接：含阴影的连线；随机连接：无阴影的连线；

f_{ext} 为作用在确定性子系统上的外力，$f_{in,1}$ 为作用在随机子系统上的外力

　　每个子系统都占有一定的区域和边界，由 2.1 节可知，信息全部已知的边界定义为确定性边界，其余存在未知信息的边界定义为随机边界。如图 2 - 9 所示，对确定子系统，其边界均为确定性边界；而对于与确定性子系统相连的随机子系统，与确定性子系统相连的边界部分为确定性边界，其余边界均为随机边界，因此一个随机子系统内可既包含确定性边界又包含随机边界；任意两个随机子系统相连的边界均为随机边界。子系统相互连接的部分为连接区域。据边界的分类，子系统的连接区域可分为两类：确定性子系统与随机子系统间的连接称为混合连接，而随机子系统间的连接称为随机连接，如图 2 - 9 所示。通过以上连接关系可给出连接方式对子系统响应的影响。

　　借用有限元的思想，在数值上可将整体系统做离散化处理，系统响应可由一系列位移广义坐标 q 表示。综合子系统及边界的划分，可将 q 分为确定性广义坐标 q_d 和随机广义坐标 q_r。确定性广义坐标 q_d 包括确定性子系统及其边界上的广义坐标；随机广义坐标 q_r 包括随机子系统及其随机边界上的广义坐标。值得注意的是，由于混合连接的存在，实际上随机子系统确定性边界与确定性子系统的一部分边界重合，即随机子系统确定性边界上的响应可由相应的 q_d 内的元素表示。相应地将系统所受外力划分为作用在确定性子系统和随机子系统上的广义外力 f_{ext} 和 $f_{in,1}$。如图 2 - 9 所示，尽管 f_{ext} 和 $f_{in,1}$ 均为系统所受外力，但因其分别作用在不同类型的子系统上，在动力学方程中对这两类外力所采取的处理方法也有所不同，下文中将详

细阐述。

如图 2 - 10 所示，确定性子系统除承受外载荷 f_{ext}，还承受第一类随机子系统对其的反作用力，如随机子系统 1 和 4 作用在确定性子系统上的受挡力 $f_{\text{rev}}^{(1)}$ 和 $f_{\text{rev}}^{(4)}$。首先只考虑第一类随机子系统对确定性子系统产生的影响，对式（2 - 90）进行坐标变换，得

$$\sum_m \boldsymbol{D}_{\text{dir}}^{(m)} = f_{\text{d1}} + \sum_m \boldsymbol{f}_{\text{rev}}^{(m)} \tag{2 - 95}$$

其中，f_{d1} 为 f_{ext} 的一部分，随机子系统 m 为第一类随机子系统，如图 2 - 9 中的随机子系统 1 和 4。连接处的动刚度阵 $\boldsymbol{D}_{\text{dir}}^{(m)}$ 表示确定性子系统通过直接场向第一类随机子系统传递能量，以及第一类随机子系统之间的通过确定性子系统进行的间接能量传输；$\sum_m \boldsymbol{f}_{\text{rev}}^{(m)}$ 表示第一类随机子系统的通过混响场向确定性子系统传递能量。此外值得注意的是，若随机子系统 m 中存在多个连接边界，边界间存在一定距离且该距离大于该子系统中的结构波长，则可假设这几段边界间线性无关，$\boldsymbol{D}_{\text{dir}}^{(m)}$ 即为这几段连接处动刚度阵的线性叠加。仅考虑余下的确定性子系统的外力 f_{d2}（$f_{\text{ext}} = f_{\text{d1}} + f_{\text{d2}}$）对确定性子系统的作用，此时确定性子系统的动力学方程，即 FEM 的动力学方程

$$\boldsymbol{D}_{\text{d}} \boldsymbol{q}_{\text{d}} = f_{\text{d2}} \tag{2 - 96}$$

其中，确定性子系统的动刚度阵 $\boldsymbol{D}_{\text{d}}$ 可直接由 FEM 得到。由于确定性子系统为非保守系统，动刚度阵 $\boldsymbol{D}_{\text{d}}$ 为复数对称矩阵。对式（2 - 95）和式（2 - 96）进行线性叠加，得[56]

$$\boldsymbol{D}_{\text{tot}} \boldsymbol{q}_{\text{d}} = f_{\text{ext}} + \sum_m \boldsymbol{f}_{\text{rev}}^{(m)} \tag{2 - 97}$$

式中　$\boldsymbol{D}_{\text{tot}}$——系统的总动刚度阵，是确定性子系统的动刚度阵 $\boldsymbol{D}_{\text{d}}$ 与混合连接处动刚度阵 $\boldsymbol{D}_{\text{dir}}^{(m)}$ 的线性叠加，定义为

$$\boldsymbol{D}_{\text{tot}} = \boldsymbol{D}_{\text{d}} + \sum_m \boldsymbol{D}_{\text{dir}}^{(m)} \tag{2 - 98}$$

确定性广义坐标 $\boldsymbol{q}_{\text{d}}$ 既可取节点坐标也可取模态坐标作为广义坐标。

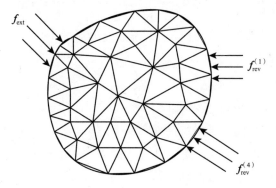

图 2 - 10　确定性子系统示意图

由于随机子系统中不确定性的存在，导致与直接场和混响场相关的某些参数无法确定，无法得出如位移等形式的系统响应。假设混合 FE - SEA 方法中的集合平均量是含有不确定性信息最多的集合平均，即系统具有的随机性最大，类比 SEA 中求集合平均的概

念，可将式（2-97）改写为互谱的形式并求集合平均，得

$$\langle \boldsymbol{S}_{\mathrm{d,qq}} \rangle = \boldsymbol{D}_{\mathrm{tot}}^{-1} \langle \boldsymbol{S}_{\mathrm{ff}} \rangle \boldsymbol{D}_{\mathrm{tot}}^{-\mathrm{H}} \tag{2-99}$$

式中　　〈·〉——表示集合平均；

符号 $\cdot^{-\mathrm{H}}$——表示矩阵的共轭转置并求逆的运算。

式（2-99）等号右边力的互谱为

$$\langle \boldsymbol{S}_{\mathrm{ff}} \rangle = \langle \boldsymbol{S}_{\mathrm{ff}}^{\mathrm{ext}} \rangle + \sum_m (\boldsymbol{f}_{\mathrm{ext}} \langle \boldsymbol{f}_{\mathrm{rev}}^{(m),\mathrm{H}} \rangle + \langle \boldsymbol{f}_{\mathrm{rev}}^{(m)} \rangle \boldsymbol{f}_{\mathrm{ext}}^{\mathrm{H}}) + \sum_{m,n} \langle \boldsymbol{f}_{\mathrm{rev}}^{(m)} \boldsymbol{f}_{\mathrm{rev}}^{(n),\mathrm{H}} \rangle \tag{2-100}$$

与混响场中的受挡力 $\boldsymbol{f}_{\mathrm{rev}}^{(m)}$ 相关的集合平均可由直接场与混响场的互易关系求得。由式（2-99）和式（2-100）可求得确定性子系统自由度 $\boldsymbol{q}_{\mathrm{d}}$ 的互谱矩阵。

上述求解过程仅得到了确定性子系统的响应，其中并未涉及作用于随机子系统的外力 $\boldsymbol{f}_{\mathrm{in,1}}$，未得出随机子系统相关的未知量，如随机子系统的能量、随机子系统间的耦合损耗因子等。

系统包含了确定性子系统和随机子系统，假设确定性子系统的动刚度矩阵为 $\boldsymbol{D}_{\mathrm{d}}$，由互易关系得非耦合的确定性系统的动力学方程为

$$\begin{cases} \langle \boldsymbol{f}_{\mathrm{rev}}^{(m)} \rangle = 0 \\ \langle \boldsymbol{f}_{\mathrm{rev}}^{(m)} \boldsymbol{f}_{\mathrm{rev}}^{(m)\mathrm{H}} \rangle = \boldsymbol{\alpha}_m \mathrm{Im}\{ \boldsymbol{D}_{\mathrm{dir}}^{(m)} \} \end{cases} \tag{2-101}$$

确定性边界上的响应可进一步表示为

$$\langle \boldsymbol{S}_{\mathrm{qq}} \rangle = \boldsymbol{D}_{\mathrm{tot}}^{-1} \langle \boldsymbol{S}_{\mathrm{f_{ext}f_{ext}}} \rangle \boldsymbol{D}_{\mathrm{tot}}^{-\mathrm{H}} + \frac{4}{\pi\omega} \boldsymbol{D}_{\mathrm{tot}}^{-1} \sum_m \frac{E_m}{n_m} \mathrm{Im}\{ \boldsymbol{D}_{\mathrm{dir}}^{(m)} \} \boldsymbol{D}_{\mathrm{tot}}^{-\mathrm{H}} \tag{2-102}$$

式（2-102）即为耦合后的确定性系统方程，该式表明，确定性系统的响应不仅与确定性系统的外载荷相关，同时也与随机子系统的响应相关。

2.3.3　随机子系统的系统能量平衡方程

（1）功率平衡方程

考虑如图 2-11 所示的第 m 个统计子系统的混响场的平均能量流，考虑第 m 个混响场的稳态响应的能量守恒，可得到功率流平衡方程

$$P_{\mathrm{in,dir}}^{(m)} + P_{\mathrm{in,1}}^{(m)} = P_{\mathrm{out,rev}}^{(m)} + P_{\mathrm{diss}}^{(m)} + P_{mn} \tag{2-103}$$

式中　　$P_{\mathrm{in,dir}}^{(m)}$——通过确定性边界直接场输入到随机子系统的输入功率；

$P_{\mathrm{in,1}}^{(m)}$——直接施加在随机子系统的输入功率；

$P_{\mathrm{out,rev}}^{(m)}$——由确定性边界通过受挡混响力输出的输出功率；

$P_{\mathrm{diss}}^{(m)}$——由内损耗因子耗散的功率；

P_{mn}——传递到其他统计能量子系统的功率。

与国外经典的混合 FE-SEA 理论相比，方程（2-103）完整地表达了复杂系统在各种连接状态下的随机子系统间功率平衡关系，使得方法的应用范围更广。特别是对于声振力学环境下大型复杂结构，随机子系统可能不直接与确定性子系统相连，但此类随机子系统与声场的耦合关系对整个系统响应的影响往往是极为显著的，如果不计这类载荷的影

响，分析结果固然是不可信的。下面针对上述各项分别进行研究。

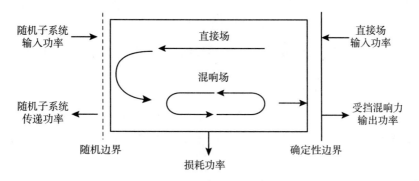

图 2 - 11 随机子系统的功率流平衡方程

(2) 直接场的输入功率

假设确定性系统的位移为 q，该位移输入到第 m 个统计子系统的直接场输入功率的时间集合平均值

$$P = \langle v^{\mathrm{H}} f \rangle = \frac{1}{2} \mathrm{Re}\{ v^{\mathrm{H}} f \} \tag{2-104}$$

混合连接处的载荷 f 包括施加的外载荷矢量 $f^{(m)}$ 和受挡混响力 $f_{\mathrm{rev}}^{(m)}$，则混合连接处的响应为

$$\boldsymbol{D}_{\mathrm{dir}}^{(m)} \boldsymbol{q} = \boldsymbol{f}^{(m)} + \boldsymbol{f}_{\mathrm{rev}}^{(m)} \tag{2-105}$$

$$P = \frac{1}{2} \mathrm{Re}\{ (\mathrm{i}\omega \boldsymbol{q})^{\mathrm{H}} \boldsymbol{D}_{\mathrm{dir}}^{(m)} \boldsymbol{q} \} \tag{2-106}$$

式中　　q——混合连接处的位移矢量；

速度矢量为 v，力矢量为 f，$\boldsymbol{D}_{\mathrm{dir}}^{(m)}$ 为直接场动刚度矩阵。将式(2-106)改写成如下形式

$$P_{\mathrm{in,dir}}^{(m)} = \frac{1}{2} \mathrm{Re}\Big\{ \sum_{jk} (\mathrm{i}\omega q_j)^* \, D_{\mathrm{dir},jk}^{(m)} \, q_k \Big\} \tag{2-107}$$

进一步化简有

$$P_{\mathrm{in,dir}}^{(m)} = \frac{\omega}{2} \sum_{jk} \mathrm{Im}\{ D_{\mathrm{dir},jk}^{(m)} \} (q_j^* q_k) \tag{2-108}$$

$q_j^* q_k$ 项一般由互谱给出

$$P_{\mathrm{in,dir}}^{(m)} = \frac{\omega}{2} \sum_{jk} \big[\mathrm{Im}\{ D_{\mathrm{dir},jk}^{(m)} \} \langle S_{\mathrm{qq},jk} \rangle \big] \tag{2-109}$$

通常互谱 $\boldsymbol{S}_{\mathrm{qq}}$ 和直接场动刚度矩阵均为复对称阵，式 (2-109) 得到的是实数。将式 (2-102) 代入式 (2-109) 中有

$$P_{\mathrm{in,dir}}^{(m)} = \frac{\omega}{2} \sum_{jk} \Big\{ \mathrm{Im}\{ D_{\mathrm{dir},jk}^{(m)} \} \big[\boldsymbol{D}_{\mathrm{tot}}^{-1} (\boldsymbol{S}_{\mathrm{ff}}^{\mathrm{ext}} + \frac{4}{\pi\omega} \boldsymbol{D}_{\mathrm{tot}}^{-1} \sum_m \frac{E_m}{n_m} \mathrm{Im}\{ \boldsymbol{D}_{\mathrm{dir}}^{(m)} \}) \boldsymbol{D}_{\mathrm{tot}}^{-\mathrm{H}} \big]_{jk} \Big\} \tag{2-110}$$

展开后可得

$$P_{\mathrm{in,dir}}^{(m)} = P_{\mathrm{in,0}}^{(m)} + \sum_n \frac{E_n}{n_n} h_{mn} \tag{2-111}$$

其中外载荷的输入功率为

$$P_{\text{in},0}^{(m)} = \frac{\omega}{2} \sum_{jk} \text{Im}\{D_{\text{dir},jk}^{(m)}\} (\boldsymbol{D}_{\text{tot}}^{-1} \boldsymbol{S}_{\text{ff}}^{\text{ext}} \boldsymbol{D}_{\text{tot}}^{-H})_{jk} \qquad (2\text{-}112)$$

式（2-111）第二项为其他随机子系统通过混合连接输入到子系统 m 的能量，其中

$$h_{mn} = \frac{2}{\pi} \sum_{jk} \text{Im}\{D_{\text{dir},jk}^{(m)}\} [\boldsymbol{D}_{\text{tot}}^{-1} \text{Im}\{\boldsymbol{D}_{\text{dir}}^{(n)}\} \boldsymbol{D}_{\text{tot}}^{-H}]_{jk} = h_{nm} \qquad (2\text{-}113)$$

式（2-112）和式（2-113）中，$P_{\text{in},0}^{(m)}$ 为确定子系统的外载荷输入到 SEA 子系统的输入功率。h_{mn} 与 SEA 系统中的耦合损耗因子 η_{nm} 有如下的等效关系

$$h_{mn} = \omega \, \eta_{nm} n_n \qquad (2\text{-}114)$$

代入式（2-113）有

$$\omega \eta_{nm} n_n = \frac{2}{\pi} \sum_{jk} \text{Im}\{D_{\text{dir},jk}^{(m)}\} [\boldsymbol{D}_{\text{tot}}^{-1} \text{Im}\{\boldsymbol{D}_{\text{dir}}^{(n)}\} \boldsymbol{D}_{\text{tot}}^{-H}]_{jk} \qquad (2\text{-}115)$$

子系统 m 的直接场的总体平均输入功率可以分为两部分：外激励的输入功率和每个统计子系统的混响场的混响载荷的输入功率。系数 h_{mn} 为子系统 n 的混响场的单位模态密度对子系统 m 的直接场的总体平均输入功率，该参数类似于 SEA 分析中的耦合损耗因子。

（3）混响场的输出功率

第 m 个子系统的随机子系统的混响场输出能量的总体均方值可由混响场在确定性边界的速度和位移矢量表示

$$P_{\text{out},\text{rev}}^{(m)} = \langle \boldsymbol{v}_{\text{rev}}^{(m)\text{H}} \boldsymbol{f}_{\text{rev}}^{(m)} \rangle = \frac{1}{2} \text{Re}\{\boldsymbol{v}_{\text{rev}}^{(m)\text{H}} \boldsymbol{f}_{\text{rev}}^{(m)}\} \qquad (2\text{-}116)$$

假设系统无外载荷，单独考虑混响场 m，由混响场 m 在确定性边界上产生的位移为 $\boldsymbol{q}_{\text{rev}}^{(m)}$，混合连接边界处的受挡混响力为 $\boldsymbol{f}_{\text{rev}}^{(m)}$，则有

$$\begin{cases} \boldsymbol{D}_{\text{dir}}^{(m)} \boldsymbol{q}_{\text{rev}}^{(m)} = \boldsymbol{f}_{\text{rev}}^{(m)} \\ \boldsymbol{q}_{\text{rev}}^{(m)} \equiv 0 \end{cases} \qquad (2\text{-}117)$$

结合确定性子系统的动力学方程有

$$\boldsymbol{D}_{\text{tot}} \boldsymbol{q} = \boldsymbol{D}_{\text{tot}} \boldsymbol{q}_{\text{rev}}^{(m)} = \boldsymbol{f}_{\text{rev}}^{(m)} \qquad (2\text{-}118)$$

则式（2-116）可写为

$$\begin{aligned} P_{\text{out},\text{rev}}^{(m)} &= \frac{1}{2} \text{Re}\{\boldsymbol{v}_{\text{rev}}^{(m)\text{H}} \boldsymbol{f}_{\text{rev}}^{(m)}\} \\ &= \frac{1}{2} \text{Re}\{(\text{i}\omega \boldsymbol{q}_{\text{rev}}^{(m)})^{\text{H}} \boldsymbol{D}_{\text{tot}} \boldsymbol{q}_{\text{rev}}^{(m)}\} \\ &= \frac{\omega}{2} \sum_{jk} (\text{Im}\{D_{\text{tot},jk}\} (q_{\text{rev},j}^{(m)})^* q_{\text{rev},k}^{(m)}) \\ &= \frac{\omega}{2} \sum_{jk} (S_{\text{qq},jk}^{(m);\text{rev}} \text{Im}\{D_{\text{tot},jk}\}) \end{aligned} \qquad (2\text{-}119)$$

式中　$S_{\text{qq},jk}^{(m);\text{rev}}$——第 m 个混响场由于混响载荷产生的响应，由式（2-102）可知

$$S_{qq}^{(m),\text{rev}} = \boldsymbol{D}_{\text{tot}}^{-1} \frac{4E_m}{\pi\omega\,n_m} \text{Im}\{\boldsymbol{D}_{\text{dir}}^{(m)}\} \boldsymbol{D}_{\text{tot}}^{-H}$$

$$= \frac{4E_m}{\pi\omega\,n_m} \boldsymbol{D}_{\text{tot}}^{-1} \text{Im}\{\boldsymbol{D}_{\text{dir}}^{(m)}\} \boldsymbol{D}_{\text{tot}}^{-H} \tag{2-120}$$

代入式（2-119）得

$$P_{\text{out,rev}}^{(m)} = \frac{2E_m}{\pi n_m} \sum_{jk} \left[(\boldsymbol{D}_{\text{tot}}^{-1} \text{Im}\{\boldsymbol{D}_{\text{dir}}^{(m)}\} \boldsymbol{D}_{\text{tot}}^{-H})_{jk} \text{Im}\{D_{\text{tot},jk}\} \right] \tag{2-121}$$

令

$$h_{\text{tot},m} = \frac{2}{\pi} \sum_{jk} \left[(\boldsymbol{D}_{\text{tot}}^{-1} \text{Im}\{\boldsymbol{D}_{\text{dir}}^{(m)}\} \boldsymbol{D}_{\text{tot}}^{-H})_{jk} \text{Im}\{D_{\text{tot},jk}\} \right] \tag{2-122}$$

则

$$P_{\text{out,rev}}^{(m)} = \frac{E_m}{n_m} h_{\text{tot},m} \tag{2-123}$$

式中 $h_{\text{tot},m}$——功率传递系数，为第 m 个混响场单位模态能量密度输出的总能量。

式（2-123）也可以表示为确定性子系统由于阻尼而导致的功率损耗。总体动刚度矩阵中的阻尼由各类随机子系统的直接场阻尼和确定性子系统的阻尼组成，即

$$\text{Im}\{\boldsymbol{D}_{\text{tot}}\}_{jk} = \text{Im}\{\boldsymbol{D}_{\text{d}}\}_{jk} + \sum_n \text{Im}\{\boldsymbol{D}_{\text{dir}}^{(n)}\}_{jk} \tag{2-124}$$

因此，式（2-123）可改写为

$$P_{\text{out,rev}}^{(m)} = \frac{E_m}{n_m} (h_m^{\text{d}} + \sum_n h_{mn}) \tag{2-125}$$

其中

$$h_m^{\text{d}} = \frac{2}{\pi} \sum_{jk} \left[(\boldsymbol{D}_{\text{tot}}^{-1} \text{Im}\{\boldsymbol{D}_{\text{dir}}^{(m)}\} \boldsymbol{D}_{\text{tot}}^{-H})_{jk} \text{Im}\{D_{\text{d},jk}\} \right] \tag{2-126}$$

即

$$h_{\text{tot},m} - h_m^{\text{d}} = \sum_n h_{mn} \tag{2-127}$$

式中 h_m^{d}——第 m 个混响场中，每单位模态能量密度由确定性子系统耗散的功率。第 m 个混响场的总体平均损耗功率可由阻尼损耗因子给出

$$P_{\text{diss},m} = \omega\,\eta_m E_m \tag{2-128}$$

写成模态能量密度的形式

$$P_{\text{diss},m} = \omega\,\eta_m n_m \frac{E_m}{n_m} = M_m \frac{E_m}{n_m} \tag{2-129}$$

式中 M_m——第 m 个混响场的半功率带宽下的模态重叠因子

$$M_m = \omega\,\eta_m n_m \tag{2-130}$$

（4）功率流平衡方程

① 基于广义功率流的平衡方程

基于耗散功率的功率流平衡方程表达式可写为（等号左边为输出，等号右边为输入且设作用于确定性系统的载荷为零）

$$\left(M_m + h_{\text{tot},m}\right)\frac{E_m}{n_m} - \sum_n h_{nm}\frac{E_n}{n_n} = P_{\text{in},0}^{(m)} + P_{\text{in},1}^{(m)} \tag{2-131}$$

将每个混响场的功率流平衡方程进行组装，得到整体混响场的平均响应方程

$$\begin{bmatrix} M_1 + h_{\text{tot},1} - h_{11} & \cdots & -h_{1N} \\ \vdots & \ddots & \vdots \\ -h_{N1} & \cdots & M_N + h_{\text{tot},N} - h_{NN} \end{bmatrix} \begin{bmatrix} \dfrac{E_1}{n_1} \\ \vdots \\ \dfrac{E_N}{n_N} \end{bmatrix} = \begin{bmatrix} P_{\text{in},0}^{(1)} + P_{\text{in},1}^{(1)} \\ \vdots \\ P_{\text{in},0}^{(N)} + P_{\text{in},1}^{(N)} \end{bmatrix} \tag{2-132}$$

又因为 $h_{\text{tot},m} - h_m^{\text{d}} = \sum_n h_{nm}$，式（2-132）也可写为

$$\begin{bmatrix} M_1 + h_1^{\text{d}} + \sum_{n\neq 1} h_{1n} & \cdots & -h_{1N} \\ \vdots & \ddots & \vdots \\ -h_{N1} & \cdots & M_N + h_N^{\text{d}} + \sum_{n\neq N} h_{Nn} \end{bmatrix} \begin{bmatrix} \dfrac{E_1}{n_1} \\ \vdots \\ \dfrac{E_N}{n_N} \end{bmatrix} = \begin{bmatrix} P_{\text{in},0}^{(1)} + P_{\text{in},1}^{(1)} \\ \vdots \\ P_{\text{in},0}^{(N)} + P_{\text{in},1}^{(N)} \end{bmatrix} \tag{2-133}$$

如果不存在确定性子系统，则对于所有的 m 子系统，$h_m^{\text{d}} = 0$，式（2-133）退化为传统 SEA 方程。

② 基于耦合损耗因子的功率流平衡方程

由式（2-126）定义的有限元模型在混合边界处的等效损耗因子为

$$\eta_{\text{d},j} = \frac{2}{\pi\omega n_j} \sum_{r,s} \text{Im}\{D_{\text{d},rs}\} \left[\boldsymbol{D}_{\text{tot}}^{-1} \text{Im}\{\boldsymbol{D}_{\text{dir}}^{(j)}\} \boldsymbol{D}_{\text{tot}}^{-\text{H}} \right]_{r,s} \tag{2-134}$$

由式（2-113）定义的随机子系统 j、k 通过混合连接产生的等效耦合损耗因子为

$$\eta_{j,k} = \frac{2}{\pi\omega n_j} \sum_{r,s} \text{Im}\{D_{\text{dir},rs}^{(j)}\} \left[\boldsymbol{D}_{\text{tot}}^{-1} \text{Im}\{\boldsymbol{D}_{\text{dir}}^{(k)}\} \boldsymbol{D}_{\text{tot}}^{-\text{H}} \right]_{r,s} \tag{2-135}$$

则系统的功率平衡方程可写为[122]

$$\begin{bmatrix} \omega n_1(\eta_1 + \eta_{\text{d},1} + \sum_{k\neq 1} h_{1k}) & -\omega n_1 \eta_{12} & \cdots & -\omega n_1 \eta_{1N} \\ -\omega n_1 \eta_{21} & \omega n_2(\eta_2 + \eta_{\text{d},2} + \sum_{k\neq 2} h_{2k}) & \cdots & -\omega n_2 \eta_{2N} \\ \vdots & \vdots & \ddots & \vdots \\ -\omega n_1 \eta_{N1} & -\omega n_1 \eta_{N2} & \cdots & \omega n_N(\eta_N + \eta_{\text{d},N} + \sum_{k\neq N} h_{Nk}) \end{bmatrix} \begin{bmatrix} \dfrac{E_1}{n_1} \\ \dfrac{E_2}{n_2} \\ \vdots \\ \dfrac{E_N}{n_N} \end{bmatrix} = \begin{bmatrix} P_{\text{in},0}^{(1)} + P_{\text{in},1}^{(1)} \\ P_{\text{in},0}^{(2)} + P_{\text{in},1}^{(2)} \\ \vdots \\ P_{\text{in},0}^{(N)} + P_{\text{in},1}^{(N)} \end{bmatrix}$$

$$\tag{2-136}$$

对于典型的子结构系统，其能量响应可表示为

$$E = M \langle v^2 \rangle \tag{2-137}$$

式中　M——子系统的质量；

　　　$\langle v^2 \rangle$——子系统的均方速度。

若子系统为声场，则其能量响应为

$$E = V \frac{\langle p^2 \rangle}{\rho c^2} \tag{2-138}$$

式中　V——声场子系统的体积；

　　　$\langle p^2 \rangle$——声腔的均方声压；

　　　ρ——密度；

　　　c——声速。

后续章节中统计能量子系统的响应均采用上述方法计算。

2.4　分析流程

混合 FE - SEA 方法的分析流程可归纳为如下 14 步，包括系统的划分 [1)～3)]、组装确定性子系统方程 [4)～6)]、组装随机子系统的能量平衡方程 [7)～11)] 及系统的响应求解 [12)～14)]。

1）首先将系统划分为确定性子系统和随机子系统。子系统的划分主要依据结构特征尺寸与结构中波长的相互关系确定，同时也应当考虑实际工程的特殊需求。

2）定义不同子系统间的连接边界及连接方式。连接边界分为确定性连接边界、随机性连接边界及混合边界，连接方式依据实际结构的连接方式确定。

3）定义系统的自由度。确定性系统方程中的自由度包括确定性子系统自由度、确定性连接边界自由度和混合连接边界自由度，随机性子系统的自由度则由随机子系统的数目决定。

4）确定性子系统的动刚度矩阵 $\boldsymbol{D}_d$ 与频率相关，一般可通过有限元或边界元法分析得到，外载荷由与频率相关的互谱矩阵 $\boldsymbol{S}_{ff}^{ext}$ 给出。

5）计算每个混合连接处的直接场动刚度矩阵 $\boldsymbol{D}_{dir}^{(m)}$。该矩阵可由混合连接处的边界元分析得到，但是对于典型的点、线、面等连接通常可以得到该矩阵的解析解。

6）组装得到确定性子系统的系统方程。

7）计算确定性子系统上的外载荷输入到随机子系统的输入功率 $P_{in,0}^{(m)}$。

8）计算随机子系统间的功率传递系数 h_{mn}。

9）计算总功率传递系数 $h_{tot,m}$。

10）计算随机子系统的模态重叠因子 M_m。

11）组装得到随机子系统的能量平衡方程。

12）求解随机子系统的能量平衡方程，得到每个随机子系统的能量响应。

13）将随机子系统的能量响应代入确定性子系统的方程中求得确定性子系统的响应 $\langle \boldsymbol{S}_{qq} \rangle$。该响应考虑了所有确定性边界上的外载荷和每个随机子系统的混响载荷的作用。

14）在频率上循环 4)～13) 步，得到整个系统在分析频域上的响应。

上述 14 步可用图 2 - 12 的流程概括[116]，β 由式 （2 - 80） 确定。

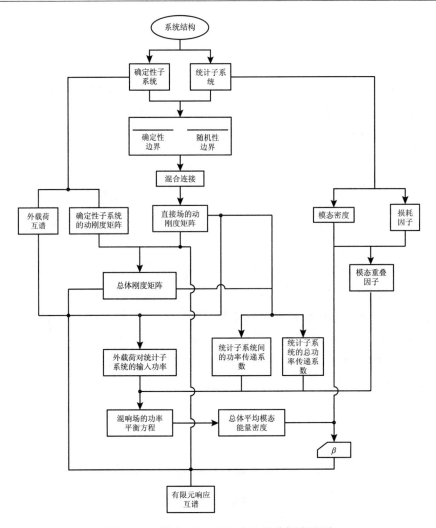

图 2-12　混合 FE-SEA 方法的分析流程图

2.5　混合 FE-SEA 方法的程序设计

类比 FEM 中的直接法和模态法，在混合 FE-SEA 方法中也可分为应用节点坐标的直接法及应用模态坐标的模态法。混合FE-SEA方法中的直接法和模态法都包括三大部分：前处理模块、核心求解模块和后处理模块。程序的开发可具体参考图 2-12 中的流程。

对于直接法，前处理模块用于建立混合 FE-SEA 模型，主要包括几何模型、外载荷模型和耦合连接的参数化输入。其中，对确定性子系统的几何模型，其质量阵和刚度阵可通过导入 FE 商用软件的结果实现，如 Nastran 等 FE 商用软件，在此基础上在程序中完成对确定性子系统的 FE 建模。核心求解模块包括随机子系统功率平衡方程的求解模块和系统动力学方程的求解模块。后处理模块将随机子系统功率平衡方程的解转化为相应随机子系统的能量等，将系统动力学方程的解转化为确定性子系统上节点的位移、速度或加速度的自谱及节点间的互谱，而后通过数据表格、曲线绘制等方式将结果进行输出。

与直接法相比，模态法的前处理模块中可通过对导入的质量阵和刚度阵求解获得确定性子系统的各阶模态，或是直接导入 FE 商用软件中确定性子系统的各阶模态，从而实现程序确定性子系统的 FE 建模，且前处理模块中混合 FE - SEA 模型中的其他物理量还需依据确定性子系统的模态投影到模态坐标下。核心求解模块继承了直接法的求解模块。后处理模块中，随机子系统功率平衡方程的解转化为相应随机子系统的能量和 EIC 等，其程序继承了直接法程序中相应的部分，而系统动力学方程的解需依据确定性子系统的模态从模态坐标下转化到节点坐标下后进行输出。

混合 FE - SEA 方法中直接法与模态法的程序模块虽有所区别，但两类方法的程序流程大致相同，如图 2 - 13 所示。

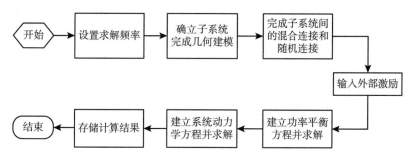

图 2 - 13　混合 FE - SEA 程序大致流程

2.6　小结

本章首先介绍了混合 FE - SEA 方法中直接场与混响场的基本概念，随后分别基于波动理论和基于模态理论建立了有限元与统计能量模型的耦合关系/互易关系，归纳了其中涉及的假设条件，最后基于互易关系建立了混合 FE - SEA 方法的系统方程，给出了详细的分析流程。

1）混合 FE - SEA 方法的基本理论表明，该方法能够准确描述子系统之间的能量传递特性，是一种理论完备的中频力学环境预示方法。在混合 FE - SEA 方法中，有限元模型与统计能量模型相互耦合，这种耦合关系是双向的。对于有限元模型，直接场的动刚度矩阵增加了有限元的阻抗，耗散了其能量；而混响场在连接处产生的受挡混响力增加了有限元模型的外部激励，表征的是统计能量模型向有限元模型的能量输入。与有限元模型相反，对于统计能量子系统，直接场动刚度矩阵对其输入能量，表征的是有限元结构对统计能量模型的能量输入，而受挡混响力耗散了统计能量子系统的能量。相比于其他的中频方法，这种能量的双向流动更加符合实际工程，也能够获得更加准确的预示结果。

2）混合 FE - SEA 方法的核心与难点是如何对混合连接进行建模。从其分析过程可以看出，两种模型之间的能量传递主要是通过混合连接处直接场动刚度矩阵描述（受挡混响力可由互易关系与直接场动刚度矩阵建立联系），混合连接的直接场动刚度矩阵贯穿于整个建模与求解过程。换句话说，混合连接的建模关键在于如何建立混合连接处的直接场动刚度矩阵 $\boldsymbol{D}_{dir}$，在此基础上才能准确建立耦合后的系统方程进而获得可靠的预示结果，这是混合 FE - SEA 方法的核心所在，也是难点所在，本书将详细针对各种典型混合连接的建模方法进行介绍。

3）混合 FE - SEA 方法中互易关系假设的合理性及其影响需展开进一步研究。互易关系中主要有两点假设：一是假设随机边界具有最大的不确定性；二是假设混响场为完全混响场。通过对比基于波动理论和基于模态理论的互易关系发现，两种理论均对系统的随机性做了假设，但是模态理论中没有对混响场是否完全进行假设，查阅目前相关文献，尚无关于完全混响假设的合理性及其影响研究。初步分析表明，混响场的完全性与混合连接的辐射基、随机子系统的模态密度、内损耗因子和分析频率相关：辐射基维数越大、模态密度越大、内损耗因子越大、分析频率越高，则系统越接近完全混响状态。后续将基于模态理论建立非完全混响的混合分析模型，进一步量化研究完全混响假设的合理性。

第 3 章　基于有限元的能量流分析

混合连接建模原理的推导和仿真验证是本书的主要内容，其中验证方法采用的是基于有限元的能量流分析与蒙特卡罗仿真相结合的方法。蒙特卡罗仿真方法的引入是为了描述参数摄动对系统中高频响应的影响，本章重要介绍基于有限元的能量流分析方法。

区别于传统的统计能量分析，通过对有限元方法的数据进行后处理同样能建立各子系统间的能量流关系，实现子系统间的能量流分析。在低频段，FEM 是常规的动力学分析方法，即将结构进行离散差分后求解结构的动力学响应；而在高频段，SEA 是很有效的方法，即通过对各子系统间的能量流分析来完成系统的高频环境预示。但有时 SEA 中的假设，如弱耦合假设，可能与结构的实际状态差异较大，从而导致 SEA 分析结果出现偏差。相比而言，FEM 并未使用大量假设，因此可利用基于有限元的能量流分析方法作为 SEA 的补充，同时也可以该方法的结果为依据对 SEA 或中频预示方法进行研究和改进。为实现基于有限元的能量流分析，可利用商用有限元分析软件获得数据并对软件进行二次开发来完成数据的后处理，以实现子系统的能量流分析。此外，通过对有限元计算过程重新进行整理推导，可将数据后处理中某些频率相关项的计算进行简化，将后处理中大量的矩阵运算用几个简单的频率积分代替。这不但保证了原有的计算精度，同时也显著提高了计算效率。基于有限元的能量流分析不但适用于简单的算例，同样也适用于实际工程。

本章简要阐述了基于有限元能量流分析方法的建模过程，包括节点坐标下的能量流模型和模态坐标下的能量流模型，重新建立了大面质比板结构的面内能量与面外能量模型，并构建了基于有限元能量流分析模型与统计能量分析模型之间的关系，最后通过仿真算例对本章推导的模型的有效性进行了验证。

3.1　系统的能量流模型

基于有限元的能量流模型就是利用有限元求得与能量相关的各个变量。但在建模之初需要依据 SEA 将系统划分成若干子系统，而后利用有限元中响应与能量的关系求得系统的能量、输入功率及子系统的能量等。

系统的能量流模型的建立及分析可大致分为 4 步[123]：

1）将系统划分为子系统，确定每个子系统的质量阵和刚度阵；

2）根据节点坐标下的系统响应，分别求解系统的能量、输入功率及子系统的能量等；

3）根据模态分析，推导出分布式谐波激励下的系统的能量、输入功率及子系统的能量等；

4）重复步骤 3）推导出每一频段内的结果。

此外，在本章的能量流模型分析过程中，系统阻尼采用结构阻尼。而实际上，对任意形式的阻尼，基于有限元的能量流模型都是适用的，唯一不同的是需对系统进行复模态分析。

3.1.1 节点坐标下的能量流模型

在不考虑阻尼的情况下，系统的动力学方程为

$$M\ddot{u}+Ku=f \tag{3-1}$$

式中　矢量 u——系统的节点位移坐标；

矢量 $\ddot{u}$——位移 u 的时间二次导数，即系统的加速度；

f——系统的节点所受的外力矢量；

M 和 K——分别为系统的质量阵和刚度阵。

当 M、K 和 f 均为已知时，系统的势能 V、动能 T 及输入功率 P_{in} 分别为

$$\begin{cases} V=\dfrac{1}{2}u^{T}Ku \\[2mm] T=\dfrac{1}{2}\dot{u}^{T}M\dot{u} \\[2mm] P_{in}=f^{T}\dot{u} \end{cases} \tag{3-2}$$

式中　矢量 $\dot{u}$——位移 u 的时间一次导数，即系统的速度；

$(\cdot)^{T}$——表示矢量的转置运算。

对任意子系统 r，子系统 r 的局部坐标与系统全局坐标的关系可由坐标转换矩阵 T_r 表示，则局部坐标子系统 r 的位移 u_r 与系统位移 u 及子系统的节点力 f_r 与系统节点力 f 之间的关系分别为

$$\begin{cases} u_r=T_r u \\[1mm] f_r=T_r f \end{cases} \tag{3-3}$$

在局部坐标下，当子系统 r 的质量阵 m_r 和刚度阵 k_r 为已知时，子系统 r 的势能和动能分别为

$$\begin{cases} V_r=\dfrac{1}{2}u_r^{T}k_r u_r \\[2mm] T_r=\dfrac{1}{2}\dot{u}_r^{T}m_r\dot{u}_r \end{cases} \tag{3-4}$$

外载荷对子系统 r 的输入功率为

$$P_{in}^{r}=f_r^{T}\dot{u}_r \tag{3-5}$$

同时，其他系统对子系统 r 有能量输入，则子系统 q 对子系统 r 的输入功率 P_{qr} 为

$$P_{qr}=f_{qr}^{T}\dot{u}_{qr} \tag{3-6}$$

式中　矢量 f_{qr} 和 u_{qr}——分别为两子系统相连处节点的内力和相对位移。

3.1.2　模态坐标下的能量流模型

若系统所受外载荷为简谐激励，即 $f = F\exp(i\omega t)$，则系统的位移响应也可表示为谐波的形式，即 $u = U\exp(i\omega t)$，其中矢量 F 和 U 分别为节点力的幅值和位移的幅值。考虑系统的结构阻尼 η，系统的动力学方程改写为

$$[-\omega^2 M + K(1 + i\eta)]U = F \tag{3-7}$$

则系统的势能、动能及输入功率在一个时间周期内的平均值为

$$\begin{cases} V = \dfrac{1}{2}\mathrm{Re}\left\{\dfrac{1}{2}U^{\mathrm{H}}KU\right\} = \dfrac{1}{4}U^{\mathrm{H}}KU \\[2mm] T = \dfrac{1}{2}\mathrm{Re}\left\{\dfrac{1}{2}(i\omega U)^{\mathrm{H}}M(i\omega U)\right\} = \dfrac{1}{4}\omega^2 U^{\mathrm{H}}MU \\[2mm] P_{\mathrm{in}} = \dfrac{1}{2}\mathrm{Re}\{F^{\mathrm{H}}(i\omega U)\} \end{cases} \tag{3-8}$$

根据式（3-3），外载荷为谐波激励时，子系统 r 的位移幅值与系统的位移幅值关系为

$$U_r = T_r U \tag{3-9}$$

子系统 r 的势能与动能分别为

$$\begin{cases} V_r = \dfrac{1}{4}U_r^{\mathrm{H}}k_r U_r \\[2mm] T_r = \dfrac{1}{4}\omega^2 U_r^{\mathrm{H}}m_r U_r \end{cases} \tag{3-10}$$

由于内损耗，子系统 r 损失的功率为

$$P_{\mathrm{diss},r} = \omega\eta E_r \tag{3-11}$$

式中　E_r——子系统 r 的总能量，即 $E_r = V_r + T_r$。

对系统进行模态分析，则每阶共振频率 ω_m 都对应一阶模态 ϕ_m。为提高计算效率，可首先进行系统模态分析，并对模态进行截断仅保留前 m 阶模态。令前 m 阶模态满足质量阵归一，则系统的正交条件为

$$\phi^{\mathrm{T}}M\phi = I$$
$$\phi^{\mathrm{T}}K\phi = \mathrm{diag}(\omega_m^2)$$
$$\phi = [\phi_1 \quad \phi_2 \quad \cdots \quad \phi_m] \tag{3-12}$$

应用系统模态，将系统的动力学分析转换到模态坐标下，两类求解坐标之间的关系为

$$U = \phi Y \tag{3-13}$$

式中　Y——模态坐标下的广义坐标矢量。

矢量 Y 中的每一个元素表示对应模态对系统位移变形的贡献，换言之，系统中各节点的位移幅值可由系统的各阶模态线性叠加而得到。对系统动力学方程（3-7）进行坐标变换，可得

$$[-\omega^2 I + (1 + i\eta)\mathrm{diag}(\omega_m^2)]Y = F^y \tag{3-14}$$

式中 $\boldsymbol{I}$——单位方阵；

$\boldsymbol{F}^y$——频域下的外力的广义矢量，它与时域下节点力幅值的关系为

$$F_m^y = \boldsymbol{\phi}_m^{\mathrm{T}} \boldsymbol{F} \qquad (3-15)$$

据式（3-14）和式（3-15）可得模态下的广义坐标 $\boldsymbol{Y}$ 为

$$Y_m = \alpha_m F_m^y \quad j=1,2,\cdots,m \qquad (3-16)$$

式中 α_m——第 m 阶模态对应的导纳，即

$$\alpha_m = \frac{1}{\omega_m^2(1+\mathrm{i}\eta) - \omega^2} \qquad (3-17)$$

据式（3-8）和式（3-13），系统的势能、动能和输入功率分别转化为[81]

$$\begin{cases} V = \dfrac{1}{4}\boldsymbol{Y}^{\mathrm{H}}\mathrm{diag}(\omega_m^2)\boldsymbol{Y} = \dfrac{1}{4}\sum_m \omega_m^2 Y_m^* Y_m = \dfrac{1}{4}\sum_m \omega_m^2 |Y_m|^2 \\[2mm] T = \dfrac{1}{4}\omega^2 \boldsymbol{Y}^{\mathrm{H}}\boldsymbol{Y} = \dfrac{1}{4}\omega^2 \sum_m Y_m^* Y_m = \dfrac{1}{4}\omega^2 \sum_m |Y_m|^2 \\[2mm] P_{\mathrm{in}} = \dfrac{1}{2}\mathrm{Re}\{\mathrm{i}\omega \boldsymbol{F}_y^{\mathrm{H}}\boldsymbol{Y}\} = \dfrac{1}{2}\mathrm{Re}\{\mathrm{i}\omega \sum_m F_m^{y*} Y_m\} \end{cases} \qquad (3-18)$$

由于模态坐标的使用，使上述三类可简单地表示为各阶模态所具有的能量的线性叠加。同时，对子系统 r 也要转换到模态坐标下进行分析。由于使用的模态为系统的正交模态并不是子系统 r 的正交模态，因此其 r 势能和动能分别变为

$$\begin{cases} V_r = \dfrac{1}{4}\boldsymbol{Y}^{\mathrm{H}}\boldsymbol{\kappa}_r\boldsymbol{Y} = \dfrac{1}{4}\sum_{m,p} Y_m^* \kappa_{r,mp} Y_p \\[2mm] T_r = \dfrac{1}{4}\boldsymbol{Y}^{\mathrm{H}}\boldsymbol{\mu}_r\boldsymbol{Y} = \dfrac{1}{4}\omega^2 \sum_{m,p} Y_m^* \mu_{r,mp} Y_p \end{cases} \qquad (3-19)$$

式中 $\boldsymbol{\mu}_r$ 和 $\boldsymbol{\kappa}_r$——分别为子系统 r 模态坐标下的广义的质量阵和刚度阵，具体形式为

$$\begin{cases} \boldsymbol{\kappa}_r = \boldsymbol{\phi}^{\mathrm{T}}\boldsymbol{T}_r^{\mathrm{T}}\boldsymbol{k}_r\boldsymbol{T}_r\boldsymbol{\phi} \\[2mm] \boldsymbol{\mu}_r = \boldsymbol{\phi}^{\mathrm{T}}\boldsymbol{T}_r^{\mathrm{T}}\boldsymbol{m}_r\boldsymbol{T}_r\boldsymbol{\phi} \end{cases} \qquad (3-20)$$

3.1.3 计算方法的讨论

对子系统 r 的势能 V_r 的计算公式［式（3-19）的第一式］中的各项重新排列组合及进一步推导，可大大简化势能的中间推导过程，从公式推导这一方面最大程度地提高计算效率。将 $\boldsymbol{Y}^{\mathrm{H}}\boldsymbol{\kappa}_r\boldsymbol{Y}$ 的矩阵乘法改用代数的形式表示，则 V_r 的计算公式变为

$$V_r = \frac{1}{4}\boldsymbol{Y}^{\mathrm{H}}\boldsymbol{\kappa}_r\boldsymbol{Y} = \frac{1}{4}\sum_{m,p}\kappa_{r,mp} Y_m^* Y_p \qquad (3-21)$$

对 Y_m 做进一步推导，将式（3-15）代入式（3-16），得

$$Y_m = \alpha_m F_m^y = \alpha_m \sum_k \phi_{km} F_k \qquad (3-22)$$

然后将式（3-22）代入式（3-21）中，对 V_r 的计算公式重新整理得

$$V_r = \frac{1}{4}\sum_{m,p} Q_{\mathrm{f},mp}\kappa_{r,mp}\alpha_m^* \alpha_p \qquad (3-23)$$

其中，$Q_{\mathrm{f},mp}$ 的具体形式为

$$Q_{\mathrm{f},mp} = \sum_{j,k} \phi_{jm} \phi_{mp} F_j^* F_k \tag{3-24}$$

实际上，$Q_{\mathrm{f},mp}$ 为与外力 $\boldsymbol{F}$ 相关的矩阵 $\boldsymbol{Q}_{\mathrm{f}}$ 中的第 m 行第 p 列的元素，$\boldsymbol{Q}_{\mathrm{f}}$ 为

$$\boldsymbol{Q}_{\mathrm{f}} = \boldsymbol{\phi}^{\mathrm{T}} (\boldsymbol{F}\boldsymbol{F}^{\mathrm{H}}) \boldsymbol{\phi} \tag{3-25}$$

即表示外力 $\boldsymbol{F}\boldsymbol{F}^{\mathrm{H}}$ 在模态坐标下的投影。通过进一步的推导，直接建立了 V_r 与外力 $\boldsymbol{F}\boldsymbol{F}^{\mathrm{H}}$ 之间的联系，省去了很多中间计算环节；同子系统 r 的刚度阵 $\boldsymbol{\kappa}_r$ 为子系统的固有物理特性，计算过程中不会改变，因此只需要计算一次即可，无需针对每个计算频段进行计算。对公式形式的重新排列组合不但提高了计算效率，同时也为某些特殊载荷作用下的能量流模型的进一步简化奠定了基础。

3.2　特定载荷作用下的能量流模型

一般情况下，外载荷 $\boldsymbol{F}$ 都是空间分布力的形式且为频率的函数，但 $\boldsymbol{F}\boldsymbol{F}^{\mathrm{H}}$ 并不一定是频率的函数，且有可能与频率无关。此时，矩阵 $\boldsymbol{Q}_{\mathrm{f}}$ 只需计算一次而不需要在每个计算频段内重新计算，因此计算效率又一次得到了大幅度的提高。本节分别介绍了与空间位置相关和不相关的外载荷的能量流模型，同时对后一种模型的计算进行了进一步的推导和简化。

3.2.1　与空间位置相关的外载荷的模型

若外载荷为宽频激励且为与空间位置相关的分布力的形式，则矩阵 $\boldsymbol{F}\boldsymbol{F}^{\mathrm{H}}$ 和 $\boldsymbol{Q}_{\mathrm{f}}$ 均为满秩的正定矩阵。若外载荷的相位为常值，此时 $\boldsymbol{F}\boldsymbol{F}^{\mathrm{H}}$ 和 $\boldsymbol{Q}_{\mathrm{f}}$ 则为实对称阵，系统的势能、动能及输入功率分别变为

$$\begin{cases} V = \dfrac{1}{4} \sum_m Q_{\mathrm{f},mn} \omega_m^2 |\alpha_m|^2 \\ T = \dfrac{1}{4} \omega^2 \sum_m Q_{\mathrm{f},mn} |\alpha_m|^2 \\ P_{\mathrm{in}} = \dfrac{1}{2} \mathrm{Re}\{\mathrm{i}\omega \sum_m Q_{\mathrm{f},mn}\alpha_m\} \end{cases} \tag{3-26}$$

其中，矩阵 $\boldsymbol{Q}_{\mathrm{f}}$ 中的对角线元素 $Q_{\mathrm{f},mn}$ 表示系统第 m 阶模态被激励的情况；同时，$Q_{\mathrm{f},mn}$ 还与被外载荷激励的子系统的模态及外载荷的分布形式有关。子系统 r 的势能和动能分别为

$$\begin{aligned} V_r &= \sum_m Q_{\mathrm{f},mp} \kappa_{r,mp} \Gamma_{mp} \\ T_r &= \omega^2 \sum_m Q_{\mathrm{f},mp} \mu_{r,mp} \Gamma_{mp} \end{aligned} \tag{3-27}$$

式中　Γ_{mp}——频率的函数，其具体形式为

$$\Gamma_{mp} = \frac{1}{4} \alpha_m^* \alpha_p \tag{3-28}$$

子系统 r 的能量不但取决于各阶系统模态的受激励情况，同时还取决于各阶系统模态对子系统 r 响应的贡献大小。$\boldsymbol{Q}_{\mathrm{f}}$、$\boldsymbol{\kappa}_r$ 及 $\boldsymbol{\mu}_r$ 均与频率无关只需计算一次，该性质为计算效率

的提高提供了便利。

3.2.2　与空间位置不相关的外载荷的模型

若外载荷为宽频激励且为与空间位置不相关的分布力的形式，则外载荷可表示为 δ 函数的形式。此时，系统的能量可简单地表示为分布力中每一个单点激励产生的响应的线性叠加。

在与空间位置不相关的外载荷中，存在一种特殊的激励形式，可形象地描述为"雨滴落在房顶上"（Rain-on-the-roof）的形式。假设将此种载荷加载在四边形单元上，如图 3-1 所示，单元上四个节点 1～4 的形函数分别为 $N_1 \sim N_4$，单元上任意点 j 的位置为 $\boldsymbol{x}_j = \begin{bmatrix} x_j & y_j & z_j \end{bmatrix}^{\mathrm{T}}$，则 $\boldsymbol{x}_0$ 上的激励可表示为 $r(\boldsymbol{x})\delta(\boldsymbol{x} - \boldsymbol{x}_0)$，其中 $r(\boldsymbol{x}) = \begin{bmatrix} r_x(\boldsymbol{x}) & r_y(\boldsymbol{x}) & r_z(\boldsymbol{x}) \end{bmatrix}^{\mathrm{T}}$。此时，将 $\boldsymbol{x}_0$ 上的外载荷等效到单元的四个节点上，可得单元节点的外力矢量 $\boldsymbol{F}_e$ 为

$$\boldsymbol{F}_e = \int_{\Omega} \boldsymbol{N}_e^{\mathrm{T}} r(\boldsymbol{x})\delta(\boldsymbol{x} - \boldsymbol{x}_0)\mathrm{d}\boldsymbol{x} = \boldsymbol{N}_e^{\mathrm{T}} r(\boldsymbol{x}_0) \tag{3-29}$$

式中　$\boldsymbol{N}_e$——由形函数 $N_1 \sim N_4$ 组成的四边形单元的形函数矩阵。

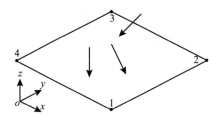

图 3-1　承受与空间位置不相关的外载荷作用的四边形单元

由式（3-29）可得

$$\begin{bmatrix} F_{e,x}^1 \\ F_{e,y}^1 \\ F_{e,z}^1 \\ F_{e,x}^2 \\ \vdots \\ F_{e,z}^4 \end{bmatrix} = \begin{bmatrix} N_1 & 0 & 0 \\ 0 & N_1 & 0 \\ 0 & 0 & N_1 \\ N_2 & 0 & 0 \\ \vdots & \vdots & \vdots \\ 0 & 0 & N_4 \end{bmatrix} \begin{bmatrix} r_x(\boldsymbol{x}_0) \\ r_y(\boldsymbol{x}_0) \\ r_z(\boldsymbol{x}_0) \end{bmatrix} \tag{3-30}$$

其中，等号左边为 12×1 的单元节点的外力矢量 $\boldsymbol{F}_e$，等号右边第一项为 12×3 的矩阵 $\boldsymbol{N}_e$ 的转置。由式（3-29）可得 $\boldsymbol{F}_e \boldsymbol{F}_e^{\mathrm{H}}$ 为

$$\boldsymbol{F}_e \boldsymbol{F}_e^{\mathrm{H}} = \boldsymbol{N}_e^{\mathrm{T}} r(\boldsymbol{x}_0) [r(\boldsymbol{x}_0)]^{\mathrm{H}} \boldsymbol{N}_e \tag{3-31}$$

假设集中力矢量 $r(\boldsymbol{x}_0)$ 中的各项均互不相关，每个方向的分量都相等且为 $|r(\boldsymbol{x}_0)|$，则 $\boldsymbol{F}_e \boldsymbol{F}_e^{\mathrm{H}}$ 可化简为

$$\boldsymbol{F}_e \boldsymbol{F}_e^{\mathrm{H}} = \boldsymbol{N}_e^{\mathrm{T}} |r(\boldsymbol{x}_0)|^2 \boldsymbol{N}_e \tag{3-32}$$

则四边形单元完整的受力情况为对单元内所有的外载荷作用点进行积分，即

$$\boldsymbol{F}_e \boldsymbol{F}_e^H = \int_\Omega \boldsymbol{N}_e^T \boldsymbol{N}_e \left| r(\boldsymbol{x}) \right|^2 \mathrm{d}\boldsymbol{x} \tag{3-33}$$

若 $\left| r(\boldsymbol{x}) \right|^2 = R^2 \rho(\boldsymbol{x})$，其中 R^2 为与空间位置无关的常数、$\rho(\boldsymbol{x})$ 为单元的材料密度，则四边形的单元节点力矩阵 $\boldsymbol{F}_e \boldsymbol{F}_e^H$ 与单元一致质量阵成正比。将系统中所有的单元进行组装有系统的力矩阵 $\boldsymbol{F}\boldsymbol{F}^H = R^2 \boldsymbol{M}$，即 $\boldsymbol{F}\boldsymbol{F}^H$ 与系统的一致质量阵 $\boldsymbol{M}$ 成正比，R^2 为两者的比例系数。此时，与空间位置不相关的外载荷转化为系统的节点力矩阵。若将一致质量阵用集中质量阵替代，并假设各节点力之间互不相关且节点力与节点上的集中质量成正比，则此时引入的计算误差非常小，因此在实际应用中可直接使用集中质量阵。

在上述对与空间位置不相关的外载荷讨论的基础上，能量流模型中的外力矩阵 $\boldsymbol{F}\boldsymbol{F}^H$ 简化为对角阵，即只考虑节点力的自相关而不考虑节点力之间的互相关。$\boldsymbol{F}\boldsymbol{F}^H$ 的对角化在保证计算精度的前提下，进一步降低了模型的计算量，同时提高了计算效率。

3.2.3 能量流模型中的频段平均

通常在能量流模型中，宽频激励下模型的频段平均响应为关注的焦点。若激励为空间分布力形式且与频率不相关，但激励的幅值可能仍与频率相关，则此时 $\boldsymbol{F}\boldsymbol{F}^H$ 可表示为

$$\boldsymbol{F}\boldsymbol{F}^H = \boldsymbol{S}_{ff} \delta\omega \tag{3-34}$$

式中 $\boldsymbol{S}_{ff}$——节点力的功率谱矩阵，其对角线上的元素表示每个节点力的自谱而非对角线元素表示节点力之间的互谱。

此时，矩阵 $\boldsymbol{Q}_f$ 可转化为

$$\boldsymbol{Q}_f = \boldsymbol{\phi}^T \boldsymbol{S}_{ff} \boldsymbol{\phi} \delta\omega = \boldsymbol{Q}_f' \delta\omega \tag{3-35}$$

其中，$\boldsymbol{Q}_f' = \boldsymbol{\phi}^T \boldsymbol{S}_{ff} \boldsymbol{\phi}$，即将矩阵 $\boldsymbol{S}_{ff}$ 投影到模态坐标下。若计算频段 Ω 为 (ω_1, ω_2) 且带宽为 $B = \omega_2 - \omega_1$，则将能量流模型中的各变量继续进行推导，可得各变量频段的平均值为[124]

$$\begin{cases} \bar{V} = \left(\dfrac{1}{4B}\right) \sum_m \omega_m^2 Q'_{f,mn} J_{1,m}, \quad J_{1,m} = \int_\Omega \left| \alpha_m \right|^2 \mathrm{d}\omega \\[2mm] \bar{T} = \left(\dfrac{1}{4B}\right) \sum_m Q'_{f,mn} J_{2,m}, \quad J_{2,m} = \int_\Omega \omega^2 \left| \alpha_m \right|^2 \mathrm{d}\omega \\[2mm] \bar{P}_{in} = \left(\dfrac{1}{2B}\right) \sum_m Q'_{f,mn} J_{3,m}, \quad J_{3,m} = \int_\Omega \mathrm{Re}\{i\omega \alpha_m\} \mathrm{d}\omega \\[2mm] \bar{V}_r = \left(\dfrac{1}{4B}\right) \sum_{m,p} Q'_{f,mp} \kappa_{r,mp} J_{4,mp}, \quad J_{4,mp} = \int_\Omega \alpha_m^* \alpha_p \mathrm{d}\omega \\[2mm] \bar{T}_r = \left(\dfrac{1}{4B}\right) \sum_{m,p} Q'_{f,mp} \mu_{r,mp} J_{5,mp}, \quad J_{5,mp} = \int_\Omega \omega^2 \alpha_m^* \alpha_p \mathrm{d}\omega \end{cases} \tag{3-36}$$

为提高计算效率，可对式（3-36）中的各积分 J_i 继续推导进行化简。

假设 $z_m = \omega_m^2 (1 - i\eta)$，$z_p = \omega_p^2 (1 + i\eta)$，以 $J_{4,mp}$ 为例说明具体的推导过程。

首先对 $\alpha_m^* \alpha_p$ 展开并对形式进行必要的变换，为下一步的积分做准备，即

$$\alpha_m^* \alpha_p = \frac{1}{\omega_m^2 (1 - i\eta) - \omega^2} \frac{1}{\omega_p^2 (1 + i\eta) - \omega^2}$$

$$= \frac{1}{z_m - z_p} \left[\frac{1}{\omega_p^2(1+i\eta) - \omega^2} \frac{1}{\omega_m^2(1-i\eta) - \omega^2} \right] \tag{3-37}$$

对式（3-37）中的 $\dfrac{1}{\omega_p^2(1+i\eta) - \omega^2}$ 进行积分，得

$$\int_{\omega_1}^{\omega_2} \frac{1}{\omega_p^2(1+i\eta) - \omega^2} d\omega = -\frac{1}{\sqrt{-z_p}} \arctan\left(\frac{\omega}{\sqrt{-z_p}} \right) \Bigg|_{\omega_1}^{\omega_2}$$

$$= -\frac{1}{\sqrt{-z_p}} \arctan\left[\frac{\dfrac{\omega_2}{\sqrt{-z_p}} - \dfrac{\omega_1}{\sqrt{-z_p}}}{1 + \left(\dfrac{\omega_2}{\sqrt{-z_p}} \right)\left(\dfrac{\omega_1}{\sqrt{-z_p}} \right)} \right]$$

$$= -\frac{1}{\sqrt{-z_p}} \arctan\left(\frac{B\sqrt{-z_p}}{\omega_1\omega_2 - z_p} \right) \tag{3-38}$$

同理，对 $\dfrac{1}{\omega_m^2(1-i\eta) - \omega^2}$ 进行积分，得

$$\int_{\omega_1}^{\omega_2} \frac{1}{\omega_m^2(1-i\eta) - \omega^2} d\omega$$

$$= \frac{1}{\sqrt{-z_m}} \arctan\left(\frac{B\sqrt{-z_m}}{\omega_1\omega_2 - z_m} \right) \tag{3-39}$$

然后，整理可得

$$J_{4,mp} = \frac{1}{(z_m - z_p)\sqrt{-z_m}} \arctan\left(\frac{B\sqrt{-z_m}}{\omega_1\omega_2 - z_m} \right) +$$

$$\frac{1}{(z_p - z_m)\sqrt{-z_p}} \arctan\left(\frac{B\sqrt{-z_p}}{\omega_1\omega_2 - z_p} \right) \tag{3-40}$$

参考 $J_{4,mp}$ 的推导，可依次推导出 J_i 中其他的积分，即

$$\begin{cases} J_{1,m} = 2\mathrm{Re}\left\{ \dfrac{1}{(z_m - z_m^*)\sqrt{-z_m}} \arctan\left(\dfrac{B\sqrt{-z_m}}{\omega_1\omega_2 - z_m} \right) \right\} \\[3mm] J_{2,m} = 2\mathrm{Re}\left\{ \dfrac{\sqrt{-z_m}}{(z_m - z_m^*)} \arctan\left(\dfrac{B\sqrt{-z_m}}{\omega_1\omega_2 - z_m} \right) \right\} \\[3mm] J_{3,m} = \dfrac{1}{2} \arctan\left[\dfrac{\omega_m^2\eta(\omega_2^2 - \omega_1^2)}{(\omega_m^2\eta)^2 + (\omega_2^2 - \omega_m^2)(\omega_1^2 - \omega_m^2)} \right] \\[3mm] J_{5,mp} = \dfrac{\sqrt{-z_m}}{z_p - z_m} \arctan\left(\dfrac{B\sqrt{-z_m}}{\omega_1\omega_2 - z_m} \right) + \dfrac{\sqrt{-z_p}}{z_m - z_p} \arctan\left(\dfrac{B\sqrt{-z_p}}{\omega_1\omega_2 - z_p} \right) \end{cases} \tag{3-41}$$

由于式（3-36）中各积分涉及到复数反三角函数的积分，因此一定要注意计算 $J_{3,m}$ 时使用的是四象限的反正切函数而不是其他四个积分使用的只包含一和四象限的反正切函数。推导后的各积分如式（3-41）所示。上述的推导过程只适用于共振频率非零的模态，刚体模态对响应的影响在上述推导中并未考虑。

在实际问题的分析过程中，对每个计算频段，由于该频段内中心频率的响应主要由该中心

频率附近的模态贡献构成，因此在求解过程中式（3-36）中对所有 m 阶模态的求和可简化为仅对中心频率附近的模态进行求和，这些模态不仅包含频段 Ω 内的模态，同时也包含一部分 Ω 外的模态。具体模态数的选取因结构的分析频段的不同和结构形式的不同而有所差别。

此外，当结构阻尼非常小时，即 $\eta^2 \ll 1$，$\alpha_j(\omega)$ 及式（3-40）和式（3-41）中的被积函数主要由计算频段内的模态主导，该模态附近结构的响应远远大于其他频率处的响应。此时，计算频段内的积分可近似为对被积函数在 $(0, \infty)$ 内进行积分，则对 $J_1 \sim J_3$ 可得

$$\begin{cases} J_{1,m} \approx \dfrac{\pi}{2\omega_m^3\eta_m} \\[2mm] J_{2,m} \approx \dfrac{\pi}{2\omega_m\eta_m} \\[2mm] J_{3,m} \approx \dfrac{\pi}{2}\omega_m \end{cases} \tag{3-42}$$

计算频段外的模态 $m(\omega_m \notin \Omega)$ 对积分的贡献接近于零，即这些模态对该频段内的响应基本没有影响。同理，J_4 和 J_5 的近似值为

$$\begin{cases} J_{4,mp} \approx \dfrac{\pi(\omega_m+\omega_p)^2\left[\eta_m(2\omega_m-\omega_p)+\eta_p(2\omega_p-\omega_m)\right]}{4\omega_m\omega_p\left[(\omega_m^2-\omega_p^2)^2+(\omega_m^2\eta_m+\omega_p^2\eta_p)^2\right]} \\[3mm] J_{5,mp} \approx \dfrac{\pi(\omega_m+\omega_p)^2(\omega_m\eta_m+\omega_p\eta_p)}{4\left[(\omega_m^2-\omega_p^2)^2+(\omega_m^2\eta_m+\omega_p^2\eta_p)^2\right]} \end{cases} \quad \omega_m, \omega_p \in \Omega \tag{3-43}$$

值得关注的是，若频段内的模态 m 与 p 之间的差值 $|\omega_m-\omega_p|$ 小于平均的模态带宽 $\Delta = (\eta_m\omega_m+\eta_p\omega_p)$，即出现了重频，则频段内不同模态间的耦合对响应会产生很大的影响。

对响应中与模态导纳相关的各积分进行简化又一次提高了模型的计算效率。系统的势能、动能和输入功率可由计算频段内模态的自相关性求得，而对于子系统内的势能和动能，模态的自相关性及模态间的互相关性对势能和动能均产生很大的影响，计算时这二者缺一不可。

3.2.4　应用子结构法的能量流模型

对于能量流模型，可应用有限元中的子结构法将系统划分为各个子系统，从而达到对矩阵降阶、提高计算效率的目的。为便于计算能量流模型中各子系统的能量，可将该子系统的划分直接应用到子结构法中。因此，系统的模态可先由计算每个子系统开始，接着将子系统组装得到降阶后的系统的动力学方程，在此基础上进行系统的模态分析，最后推导出相关的能量参数。本节选用子结构法中的固定界面模态综合法进行推导。

应用固定界面模态综合法，首先须将系统划分为子系统，相应地根据子系统的划分将系统的节点位移 u 进行重新排列，即

$$u = [u_1^T, \ u_2^T, \ \cdots, \ u_n^T]^T \tag{3-44}$$

式中　u_r——子系统 r 在全局坐标下的位移矢量。

可将 u_r 分为子系统 r 的内部节点位移 u_i 和界面节点位移 u_b，即

$$u_r^T = [u_i^T, \ u_b^T]^T \tag{3-45}$$

若子系统 q 与 r 间的连接处设定为固定界面，则子系统 q 与 r 中部分界面节点是公

用的，即 u_q 与 u_r 中存在重合部分、系统的节点位移 u 中有重复的部分，此时 u 可称为非耦合节点位移，区别于式（3-1）中的节点位移 u［式（3-1）中的 u 无重复部分，其可称为耦合节点位移］。

对于无阻尼系统，子系统的动力学方程为

$$m_r \ddot{u}_r + k_r u = f_r \tag{3-46}$$

根据式（3-45）中 u_r 的划分，将子系统的质量阵 m_r、刚度阵 k_r 及节点力矢量 f_r 重新排列组合，则子系统的动力学方程变为

$$\begin{bmatrix} m_{ii} & m_{ib} \\ m_{bi} & m_{bb} \end{bmatrix} \begin{bmatrix} \ddot{u}_i \\ \ddot{u}_b \end{bmatrix} + \begin{bmatrix} k_{ii} & k_{ib} \\ k_{bi} & k_{bb} \end{bmatrix} \begin{bmatrix} u_i \\ u_b \end{bmatrix} = \begin{bmatrix} f_i \\ f_b \end{bmatrix} \tag{3-47}$$

对子系统 r 进行模态分析，则子系统 r 的模态为

$$\boldsymbol{\varphi}_r = \begin{bmatrix} \boldsymbol{\varphi}_N & \boldsymbol{\varphi}_c \\ 0 & I \end{bmatrix} \tag{3-48}$$

其中，$\boldsymbol{\varphi}_N$ 为子系统的主模态，若 $\boldsymbol{\varphi}_N$ 满足质量归一的条件，则 $\boldsymbol{\varphi}_N^T m_{ii} \boldsymbol{\varphi}_N = I$，$\boldsymbol{\varphi}_N^T k_{ii} \boldsymbol{\varphi}_N = \mathrm{diag}(\omega_N^2)$；$\boldsymbol{\varphi}_c$ 为子系统的约束模态且 $\boldsymbol{\varphi}_c = -k_{ii}^{-1} k_{ib}$。约束模态相当于某些界面的节点位移为单位位移、而其他界面位移为零时所得的静模态。约束模态的数目等于子系统界面节点的数目。将子系统由节点坐标变换到模态坐标下，即

$$u_r = \boldsymbol{\varphi}_r p_r \tag{3-49}$$

同理，利用坐标变换将子系统的动力学方程（3-46）变换到模态坐标下，得

$$\overline{m}_r \ddot{p}_r + \overline{k}_r p_r = g_r \tag{3-50}$$

其中

$$\begin{cases} \overline{m}_r = \boldsymbol{\varphi}_r^T m_r \boldsymbol{\varphi}_r \\ \overline{k}_r = \boldsymbol{\varphi}_r^T k_r \boldsymbol{\varphi}_r \\ g_r = \boldsymbol{\varphi}_r^T f_r \end{cases} \tag{3-51}$$

类比子系统的坐标变换，系统的节点坐标到模态坐标的变换为

$$u = \boldsymbol{\varphi} p \tag{3-52}$$

式中　p——模态下的非耦合广义坐标矢量；

　　　$\boldsymbol{\varphi}$——对应的系统模态。

系统的非耦合广义坐标 p 与耦合广义坐标 q 间的变换关系为

$$p = \boldsymbol{\beta} q \tag{3-53}$$

式中　$\boldsymbol{\beta}$——这两类坐标间的系统坐标变换矩阵。

对子系统 r，p_r 与 q 间的坐标变换关系为

$$p_r = \boldsymbol{\beta}_r q \tag{3-54}$$

式中　$\boldsymbol{\beta}_r$——这两类坐标间的子系统坐标变换矩阵。

应用坐标变换矩阵 $\boldsymbol{\beta}_r$ 对子系统的动力学方程（3-50）进行坐标变换，得

$$\overline{m}_r^q \ddot{q} + \overline{k}_r^q q = f_r^q \tag{3-55}$$

坐标变换后，子系统 r 的 $\overline{m}_r^q$、$\overline{k}_r^q$ 及 f_r^q 分别为

$$\begin{cases} \overline{m}_r^q = \boldsymbol{\beta}_r^{\mathrm{T}} \overline{m}_r \boldsymbol{\beta}_r \\ \overline{k}_r^q = \boldsymbol{\beta}_r^{\mathrm{T}} \overline{k}_r \boldsymbol{\beta}_r \\ f_r^q = \boldsymbol{\beta}_r^{\mathrm{T}} \boldsymbol{g}_r \end{cases} \tag{3-56}$$

将所有子系统的动力学方程进行线性叠加可得系统的动力学方程为

$$\boldsymbol{M}^q \ddot{\boldsymbol{q}} + \boldsymbol{K}^q \boldsymbol{q} = \boldsymbol{f}^q \tag{3-57}$$

其中 $\boldsymbol{M}^q = \sum_n \overline{m}_n^q, \ \overline{\boldsymbol{K}}^q = \sum_n \overline{k}_n^q, \ \boldsymbol{f}^q = \sum_n \boldsymbol{f}_n^q$

若作用在系统上的外载荷为时域谐波激励且考虑系统的结构阻尼，则系统的动力学方程变为

$$\left[-\omega^2 \boldsymbol{M}^q + \boldsymbol{K}^q (1 + \mathrm{i}\eta) \right] \boldsymbol{Q} = \boldsymbol{F}^q \tag{3-58}$$

式中 $\boldsymbol{Q}$ 和 $\boldsymbol{F}^q$——分别为广义坐标 q 和广义力 f^q 的幅值矢量。

此时，利用降阶后的动力学方程（3-50）对系统进行模态分析，若此时的系统模态 $\boldsymbol{\phi}$ 满足质量阵归一，则系统的正交条件为

$$\begin{cases} \boldsymbol{\phi}^{\mathrm{T}} \boldsymbol{M}_q \boldsymbol{\phi} = \boldsymbol{I} \\ \boldsymbol{\phi}^{\mathrm{T}} \boldsymbol{K}_q \boldsymbol{\phi} = \mathrm{diag}(\omega_m^2) \\ \boldsymbol{\phi} = [\boldsymbol{\phi}_1, \ \boldsymbol{\phi}_2, \ \cdots, \ \boldsymbol{\phi}_m] \end{cases} \tag{3-59}$$

应用系统模态，则能量或功率的响应在时间周期内的平均值为

$$\begin{cases} V_r = \dfrac{1}{4} \boldsymbol{P}_r^{\mathrm{H}} \overline{k}_r \boldsymbol{P}_r \\ T_r = \dfrac{1}{4} \omega^2 \boldsymbol{P}_r^{\mathrm{H}} \overline{m}_r \boldsymbol{P}_r \\ P_{\mathrm{in}} = \dfrac{1}{2} \mathrm{Re}\{\mathrm{i}\omega (\boldsymbol{F}^q)^{\mathrm{H}} \boldsymbol{Q}\} \end{cases} \tag{3-60}$$

式中 $\boldsymbol{P}_r$ 为 p_r 的幅值矢量。由式（3-54）可得 $\boldsymbol{P}_r$ 与 $\boldsymbol{Q}$ 之间的关系为

$$\boldsymbol{P}_r = \boldsymbol{\beta}_r \boldsymbol{Q} \tag{3-61}$$

此外，应用系统模态 $\boldsymbol{Q}$ 与 $\boldsymbol{F}^q$ 的关系可表示为

$$\boldsymbol{Q} = \boldsymbol{\phi} \, \mathrm{diag}(\alpha_m) \, \boldsymbol{\phi}^{\mathrm{T}} \boldsymbol{F}^q \tag{3-62}$$

据式（3-61）及式（3-62），子系统 r 的势能也可表示为

$$V_r = \frac{1}{4} \sum_{m,p} Q_{\mathrm{f},mp} \kappa_{r,mp} \alpha_m^* \alpha_p \tag{3-63}$$

此时，子系统 r 的广义刚度阵 $\boldsymbol{\kappa}_r$ 为

$$\boldsymbol{\kappa}_r = \boldsymbol{\phi}^{\mathrm{T}} \boldsymbol{\beta}^{\mathrm{T}} \overline{k}_r \boldsymbol{\beta} \boldsymbol{\phi} \tag{3-64}$$

而矩阵 $\boldsymbol{Q}_{\mathrm{f}}$ 为

$$\boldsymbol{Q}_{\mathrm{f}} = \boldsymbol{\phi}^{\mathrm{T}} (\boldsymbol{F}_q \boldsymbol{F}_q^{\mathrm{H}}) \boldsymbol{\phi} = \boldsymbol{\phi}^{\mathrm{T}} \boldsymbol{\beta}^{\mathrm{T}} \boldsymbol{\varphi}^{\mathrm{T}} (\boldsymbol{F} \boldsymbol{F}^{\mathrm{H}}) \boldsymbol{\varphi} \boldsymbol{\beta} \boldsymbol{\phi} \tag{3-65}$$

同理，子系统 r 的动能变换为

$$T_r = \frac{1}{4} \omega^2 \sum_{m,p} Q_{\mathrm{a},mm} \mu_{r,mp} \alpha_m^* \alpha_p \quad \boldsymbol{\mu}_r = \boldsymbol{\phi}^{\mathrm{T}} \boldsymbol{\beta}^{\mathrm{T}} \overline{m}_r \boldsymbol{\phi} \boldsymbol{\beta} \tag{3-66}$$

系统的输入功率则为

$$P_{\mathrm{in}} = \frac{1}{2}\mathrm{Re}\left\{\mathrm{i}\omega\sum_m Q_{a,mn}\,\alpha_m\right\} \qquad (3-67)$$

然后,可依照前述章节推导出能量流模型中各响应的频段平均值。

3.3　大面质比板结构的能量流模型

目前基于有限元的能量流分析方法只能以子结构为研究对象,无法计算子系统内不同类型的波引起的能量。板结构的运动通常由面内运动和面外运动组成,通常拉伸波和剪切波的尺度远大于弯曲波的尺度,在能量流分析中面内运动能量予以忽略,但这种处理方法在一些情况下并不合理[125]。本节根据薄板的经典理论,建立了面内运动和面外运动的能量求解格式,并通过能量影响系数建立了能量流模型和 SEA 模型的联系。最后数值算例分析表明,本节介绍的方法能够准确计算面内运动能量与面外运动能量,可为后续的能量影响系数分析和耦合损耗因子计算提供更加准确的数据。

3.3.1　板结构面内运动与面外运动的能量流模型

设板结构 b 位于 xy 平面,板内每个节点有 6 个自由度,其中 $[w\quad r_x\quad r_y]^{\mathrm{T}}$ 为面外运动自由度,而 $[u\quad v\quad r_z]^{\mathrm{T}}$ 为面内运动自由度。

根据经典薄板理论,板的面内运动与面外运动是解耦的,由弯曲波产生的面外自由运动控制方程为

$$D\,\nabla^4 w + \rho h\,\ddot{w} = 0 \qquad (3-68)$$

式中　w——面外位移。

面外运动是由剪切波和拉伸波相互耦合产生的,其控制方程为

$$A(1+\gamma)\frac{\partial^2 u}{\partial x^2} + A\frac{\partial^2 u}{\partial y^2} + A\gamma\frac{\partial^2 v}{\partial x\partial y} - h\rho\frac{\partial^2 u}{\partial t^2} = 0 \qquad (3-69)$$

其中　　　　　$A(1+\gamma)\dfrac{\partial^2 v}{\partial y^2} + A\dfrac{\partial^2 v}{\partial x^2} + A\gamma\dfrac{\partial^2 u}{\partial x\partial y} - h\rho\dfrac{\partial^2 v}{\partial t^2} = 0 \qquad (3-70)$

式中　D——弯曲刚度;

∇^4——$\left(\dfrac{\partial^4}{\partial x^4} + 2\dfrac{\partial^4}{\partial x^2\partial y^2} + \dfrac{\partial^4}{\partial y^4}\right)$算子;

ρ——密度;

h——厚度

$$A = Eh/2(1+v_0),\ \gamma = (1+v_0)(1-v_0)$$

E——弹性模量;

v_0——泊松比;

u,v——面内位移。

应用有限元格式求解上述控制方程,离散后得到板的子系统的刚度矩阵 $\boldsymbol{K}_b$ 和质量矩阵

M_b，因此板的动能和势能可表示为

$$T_b = \frac{1}{4} \omega^2 \boldsymbol{u}_b^H \boldsymbol{M}_b \boldsymbol{u}_b \tag{3-71}$$

$$V_b = \frac{1}{4} \boldsymbol{u}_b^H \boldsymbol{K}_b \boldsymbol{u}_b \tag{3-72}$$

根据板的面内运动与面外运动解耦的特性，质量矩阵和刚度矩阵可以表示为面内分量与面外分量的和，式（3-71）和式（3-72）进一步写为

$$T_b = \frac{1}{4} \omega^2 \boldsymbol{u}_b^H \boldsymbol{M}_{b,out} \boldsymbol{u}_b + \frac{1}{4} \omega^2 \boldsymbol{u}_b^H \boldsymbol{M}_{b,in} \boldsymbol{u}_b \tag{3-73}$$

$$V_b = \frac{1}{4} \boldsymbol{u}_b^H \boldsymbol{K}_{b,out} \boldsymbol{u}_b + \frac{1}{4} \boldsymbol{u}_b^H \boldsymbol{K}_{b,in} \boldsymbol{u}_b \tag{3-74}$$

将式（3-73）和式（3-74）中关于面内运动和面外运动的能量分别合并，可得到板的子系统的面内能量和面外能量

$$E_{b,in} = T_{b,in} + V_{b,in} \tag{3-75}$$

$$E_{b,out} = T_{b,out} + V_{b,out} \tag{3-76}$$

其中

$$T_{b,in} = \frac{1}{4} \omega^2 \boldsymbol{u}_b^H \boldsymbol{M}_{b,in} \boldsymbol{u}_b; \quad V_{b,in} = \frac{1}{4} \boldsymbol{u}_b^H \boldsymbol{K}_{b,in} \boldsymbol{u}_b \tag{3-77}$$

$$T_{b,out} = \frac{1}{4} \omega^2 \boldsymbol{u}_b^H \boldsymbol{M}_{b,out} \boldsymbol{u}_b; \quad V_{b,out} = \frac{1}{4} \boldsymbol{u}_b^H \boldsymbol{K}_{b,out} \boldsymbol{u}_b \tag{3-78}$$

在模态坐标系下，面内能量和面外能量可表示为

$$E_{in} = \frac{1}{4} \sum_{m,p} \psi_{b,mp} (\omega^2 \mu_{b,in,mp} + \kappa_{b,in,mp}) \alpha_m^* \alpha_p \tag{3-79}$$

$$E_{out} = \frac{1}{4} \sum_{m,p} \psi_{b,mp} (\omega^2 \mu_{b,out,mp} + \kappa_{b,out,mp}) \alpha_m^* \alpha_p \tag{3-80}$$

其中

$$\psi_{b,mp} = \boldsymbol{\phi}_p^T \boldsymbol{F}^{u*} \boldsymbol{F}^{uT} \boldsymbol{\phi}_m \tag{3-81}$$

$$\boldsymbol{\mu}_{b,out} = \boldsymbol{\Phi}^T \boldsymbol{S}_b^T \boldsymbol{M}_{b,out} \boldsymbol{S}_b \boldsymbol{\Phi}; \quad \boldsymbol{\mu}_{b,in} = \boldsymbol{\Phi}^T \boldsymbol{S}_b^T \boldsymbol{M}_{b,in} \boldsymbol{S}_b \boldsymbol{\Phi} \tag{3-82}$$

$$\boldsymbol{\kappa}_{b,out} = \boldsymbol{\Phi}^T \boldsymbol{S}_b^T \boldsymbol{K}_{b,out} \boldsymbol{S}_b \boldsymbol{\Phi}; \quad \boldsymbol{\kappa}_{b,in} = \boldsymbol{\Phi}^T \boldsymbol{S}_b^T \boldsymbol{K}_{b,in} \boldsymbol{S}_b \boldsymbol{\Phi} \tag{3-83}$$

式中　S_b——系统自由度到子系统 b 自由度的转换矩阵；

　　　$\boldsymbol{\mu}_{b,out}$、$\boldsymbol{\kappa}_{b,out}$（$\boldsymbol{\mu}_{b,in}$、$\boldsymbol{\kappa}_{b,in}$）——子系统面外（面内）质量分布矩阵和面外（面内）刚度分布矩阵。

3.3.2　能量影响系数与耦合损耗因子

有限元能量分析可给出不同子结构的能量与输入能量，两者满足线性关系

$$\boldsymbol{E} = \boldsymbol{A}\boldsymbol{P} \tag{3-84}$$

$\boldsymbol{A}$ 为能量影响系数（Energy Influence Coefficients），A_{ij} 代表当 j 子系统受激励时 i 子系统所具有的能量。考虑具有两个子系统的系统，能量流模型可表示为

$$\begin{bmatrix} E_1 \\ E_2 \end{bmatrix} = \begin{bmatrix} A_{11} & A_{12} \\ A_{21} & A_{22} \end{bmatrix} \begin{bmatrix} P_{\text{in},1} \\ P_{\text{in},2} \end{bmatrix} \tag{3-85}$$

当 $P_{\text{in},1} \neq 0$，$P_{\text{in},2} = 0$ 时

$$\begin{cases} A_{11} = \dfrac{E_1}{P_{\text{in},1}} \\ A_{21} = \dfrac{E_2}{P_{\text{in},1}} \end{cases} \tag{3-86}$$

当 $P_{\text{in},1} = 0$，$P_{\text{in},2} \neq 0$ 时

$$\begin{cases} A_{12} = \dfrac{E_1}{P_{\text{in},2}} \\ A_{22} = \dfrac{E_2}{P_{\text{in},2}} \end{cases} \tag{3-87}$$

通过有限元能量流模型可分别计算获得能量影响系数，对式（3-84）两边求逆，则有

$$\boldsymbol{B} \begin{bmatrix} E_1 \\ E_2 \end{bmatrix} = \begin{bmatrix} P_{\text{in},1} \\ P_{\text{in},2} \end{bmatrix} \tag{3-88}$$

$\boldsymbol{B} = \boldsymbol{A}^{-1}$，各项具体表达式为

$$\boldsymbol{B} = \begin{bmatrix} \dfrac{A_{11}}{A_{11}A_{22} - A_{12}A_{21}} & -\dfrac{A_{12}}{A_{11}A_{22} - A_{12}A_{21}} \\ -\dfrac{A_{21}}{A_{11}A_{22} - A_{12}A_{21}} & \dfrac{A_{22}}{A_{11}A_{22} - A_{12}A_{21}} \end{bmatrix} \tag{3-89}$$

统计能量分析系统矩阵一般可写为

$$\begin{bmatrix} \omega(\eta_1 + \eta_{12}) & -\omega\eta_{21} \\ -\omega\eta_{12} & \omega(\eta_2 + \eta_{21}) \end{bmatrix} \begin{bmatrix} \langle E_1 \rangle \\ \langle E_2 \rangle \end{bmatrix} = \begin{bmatrix} \Pi_{\text{in},1} \\ \Pi_{\text{in},2} \end{bmatrix} \tag{3-90}$$

对比式（3-89）和式（3-90），可以给出耦合损耗因子的表达式

$$\eta_{21} = \frac{1}{\omega} \frac{A_{12}}{A_{11}A_{22} - A_{12}A_{21}} \tag{3-91}$$

$$\eta_{12} = \frac{1}{\omega} \frac{A_{21}}{A_{11}A_{22} - A_{12}A_{21}} \tag{3-92}$$

3.4　算例分析及应用

3.4.1　L型板结构的能量流分析

（1）分析程序及模型

根据上述基于有限元法的能量流分析理论，编写了基于节点坐标和模态坐标的能量流分析的计算程序。在计算精度相同时，由于节点坐标的自由度数远大于模态坐标，因此选用系统模态坐标进行计算。如图3-2所示L型板结构，两薄板通过线连接相连，该结构的材料和几何参数如表3-1所示。板1面外弯曲方向与面内拉伸和剪切方向的模态密度

如图 3-3 所示，其中面内两个方向的模态密度至少比面外弯曲方向的小两个数量级，因此在计算频段内可忽略板 1 的面内变形对能量的影响，只考虑弯曲方向的变形对能量的贡献。同理，如图 3-4 所示，对板 2 在计算频段内也只考虑弯曲方向的位移。由图 3-3 和图 3-4 可知，板 1 和 2 弯曲方向的模态密度分别为 26.78 和 30.61（modes/kHz）。选用 Quad4 的壳单元对两平板进行建模，其中板 1 和 2 上分别有 840 个和 960 个单元。利用 Nastran 提取两薄板各自的质量矩阵和刚度矩阵，对 L 型结构进行模态分析并提取 3 500 Hz 内的 231 个系统模态（不计刚体模态）。随后将这些矩阵作为能量流分析的已知条件。

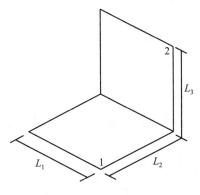

图 3-2　L 型板结构

表 3-1　L 型板结构的参数

弹性模量	71 GPa
材料密度	2 700 kg/m³
泊松比	0.33
阻尼损耗因子	0.01
板厚	0.001 m
$L_1/L_2/L_3$	0.3/0.28/0.32 m

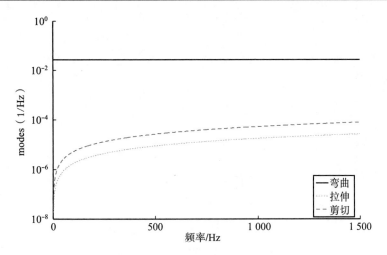

图 3-3　板 1 弯曲、拉伸和剪切方向的模态密度

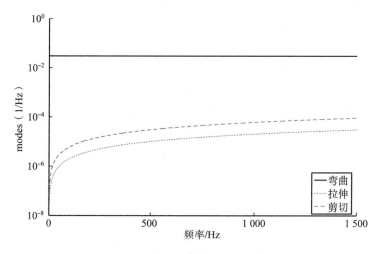

图 3-4　板 2 弯曲、拉伸和剪切方向的模态密度

图 3-5 显示了由有限元得出的组合结构的系统模态数（不计刚体模态）。应用系统的模态坐标，将两板的质量矩阵分别投影到模态坐标下，得到板 1 和 2 的广义质量矩阵 $\boldsymbol{\mu}_1$ 和 $\boldsymbol{\mu}_2$。图 3-6 和图 3-7 分别显示了广义质量矩阵 $\boldsymbol{\mu}_1$ 和 $\boldsymbol{\mu}_2$ 中对应前 30 阶系统模态（不计刚体模态）的各项，其中对角线上的各项说明子系统的质量在系统的模态质量中所占的比例。对角线上各项的变化主要取决于在模态坐标下实际质量在子系统上的分布情况。由图 3-8 所示的组合结构的第 22 阶系统模态可知，此时系统模态主要集中在板 2 上，说明随频率的增加系统模态有逐步趋近于局部模态的趋势而不是在各个子系统中均匀分布。此外，子系统广义质量矩阵非对角线上的各项说明系统的各阶模态在该子系统中的正交情况。

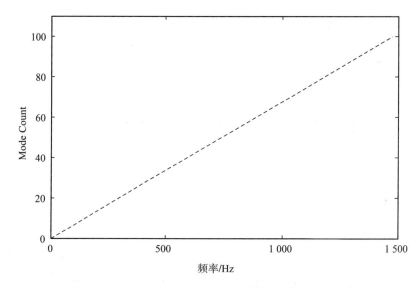

图 3-5　L 型板结构的系统模态数

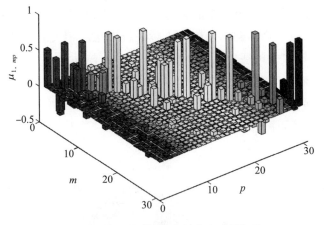

图 3-6　对应前 30 阶模态的广义质量矩阵 $\boldsymbol{\mu}_1$

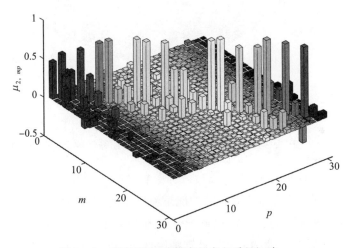

图 3-7　对应前 30 阶模态的广义质量矩阵 $\boldsymbol{\mu}_2$

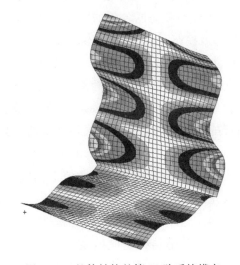

图 3-8　整体结构的第 22 阶系统模态

在整个能量流模型的计算过程中需对每个计算频段进行计算，从而得到整个频段内子系统的能量。对双板组合结构选取前 231 阶系统模态对相关的能量响应进行计算，则式（3-28）中的矩阵 $\boldsymbol{\Gamma}$ 也可通过系统模态计算得出。与动能相关的矩阵 $\omega^2\boldsymbol{\Gamma}$，在频率为 300 Hz 时，对应系统前 30 阶模态的各项如图 3-9 所示。由图 3-9 可知，300 Hz 附近的模态及模态间的耦合对子系统动能的贡献最大；而偏离 300 Hz 越多，则模态本身及模态间的耦合对动能的贡献越小。

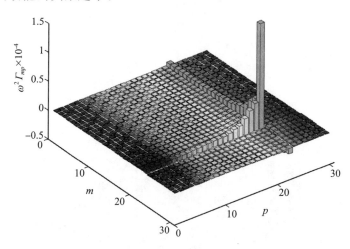

图 3-9　中心频率为 300 Hz 时，对应前 30 阶系统模态的矩阵 $\omega^2\boldsymbol{\Gamma}$

当计算频段为 1 Hz 时，式（3-84）矩阵 $\boldsymbol{A}$ 中的各项在 1~1 500 Hz 的变化如图 3-10 所示，图中还同时给出基于有限元的能量流模型的结果与传统 SEA 结果的比较。从基于有限元的能量流模型中可以看出在系统模态附近 A_{ij} 的变化，而 SEA 则只能给出统计平均的结果无法给出 A_{ij} 变化的细节。当计算频段增至 100 Hz 时，矩阵 $\boldsymbol{A}$ 中各项的变化及两类结果的比较如图 3-11 所示。此时，当中心频率为 300 Hz 时，与子系统动能相关的模态导纳的积分 $\boldsymbol{J}_5$ 对应系统前 30 阶模态的各项如图 3-12 所示。由图 3-12 可知，在该中心频率的计算带宽内的模态及模态间的耦合对子系统动能的贡献最大；而距中心频率较远的模态及模态间的耦合对动能的贡献不大。图 3-13 给出了频段增至 200 Hz 时矩阵 $\boldsymbol{A}$ 中各项的变化及两类结果的比较。从图 3-10、图 3-11 及图 3-13 可以看出，基于有限元的能量流模型结果的总体趋势与传统的 SEA 一致。当计算频段很窄时，能量流模型可给出结果在系统模态附近的变化，但随着计算频段变宽曲线越来越平缓，曲线的变化趋势趋近于 SEA 的曲线。但与 SEA 相比，矩阵 $\boldsymbol{A}$ 中对角线上各项的值均大于 SEA 的结果，而非对角线上的项均小于 SEA 的结果。这些数值上的差异是由 SEA 中弱耦合关系的假设造成的，而基于有限元的能量流分析中未使用该假设。因此，SEA 中的弱耦合假设与结构的真实状态存在差别。此外，考虑结构的随机性将基于有限元的能量流分析方法与蒙特卡罗仿真相结合，从而获得结构响应的集合平均值，该响应结果可为 SEA 及混合 FE-SEA 等中高频动力学方法的改进提供更准确的参考依据。

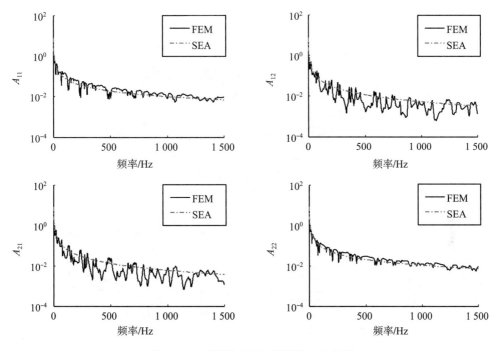

图 3 - 10　带宽为 1 Hz 时矩阵 A 中各项

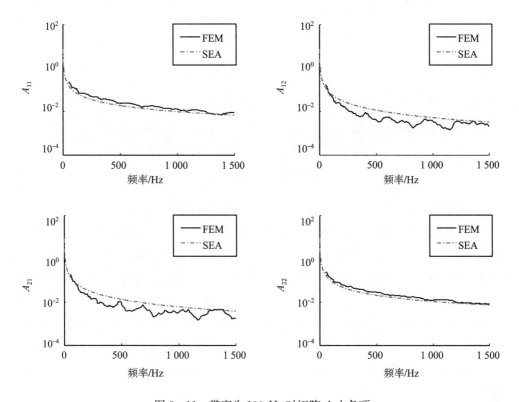

图 3 - 11　带宽为 100 Hz 时矩阵 A 中各项

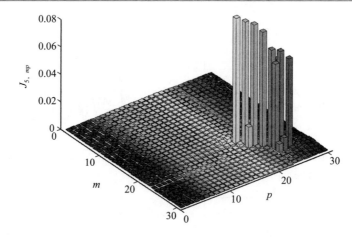

图 3-12　中心频率为 300 Hz、频段为 100 Hz 时对应前 30 阶系统模态的 J_5

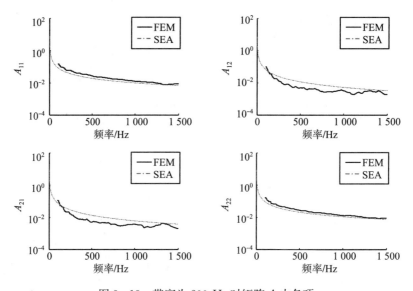

图 3-13　带宽为 200 Hz 时矩阵 A 中各项

（2）能量流分析方法的改进及验证

由图 3-9 和图 3-12 可知，对每个计算频段，该频段内中心频率的响应主要由该中心频率附近的模态贡献构成，因此在求解过程中对每个计算频段也可应用模态截断，即仅选用中心频率附近的模态去掉其他模态进行响应求解。对 L 型板求解时，仅使用中心频率附近的 50 阶模态。如图 3-14 所示，当计算频段为 1 Hz 时，使用中心频率附近的 50 阶模态和使用所有 231 阶模态求得的 A_{21} 完全一致。因此，在实际求解过程中可仅使用中心频率附近的模态进行求解，在保证计算精度的同时进一步提高了计算效率。对不同结构，选取的模态数量是不同的；而对同一结构，由于模态密度随频率增大，低频时实际使用的模态数量可小于高频时的模态数量（对本章中的 L 型板，只以高频时所需模态数为准，对低频只是定性研究，未进行具体的定量研究）。应用中心频率附近的模态截断进一步改进了能量流分析方法，同时也再次提高了方法的计算效率。

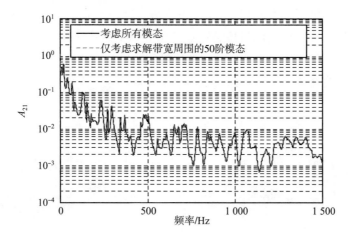

图 3-14 带宽为 1 Hz 时，A_{21} 与模态的关系

3.4.2 面内能量的影响分析

本节主要对板结构的面内能量的影响进行分析。为了验证相关的能量流模型及耦合损耗因子求解方法，应考虑如图 3-15 所示系统。两块板结构通过复杂的刚性连接结构连接，板结构的材料属性和具体尺寸如表 3-2 所示。连接结构为钢，弹性模量为 210 GPa，密度为 7 800 kg/m³，泊松比为 0.3，尺寸为 0.1 mm×0.1 mm×0.4 mm。

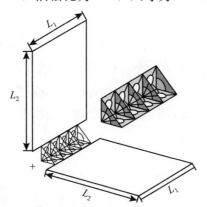

图 3-15 复杂连接的板结构系统

表 3-2 板结构参数

板弹性模量/GPa	71
板材料密度/kg·m⁻³	2 700
泊松比	0.33
阻尼损耗因子	0.01
板厚/m	0.001
L_1/m	0.6
L_2/m	0.7

该系统中，由于连接结构复杂，两块板之间的耦合损耗因子理论解析解获得困难。同时连接结构由于模态稀疏，不能用 SEA 建模分析，此时连接的建模就非常困难。利用能量流模型可以分析连接结构的能量传递特性。图 3-16 给出了板 1 分析带宽中 30 阶模态的质量与刚度分布矩阵。分析表明，面内的质量和刚度分布矩阵均小于面外的质量和刚度分布矩阵；这也表明在该系统中，面外运动占主导地位。

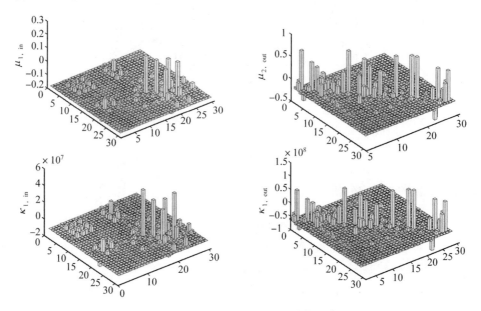

图 3-16　板 1 的质量与刚度分布矩阵

采用 Monte Carlo 分析预示中高频参数摄动对分析结果的影响。在板结构上随机布置质量块，每块板上的质量块数目为 20 个，总质量为板结构总质量的 15%。

图 3-17 为系统 484 阶固有频率在 20 次 Monte Carlo 样本中的摄动，由图可以看出，随着分析频率的提高，结构的动力学特性对摄动越来越敏感，这也是有限元法无法准确分析中高频结构动力学响应的原因。

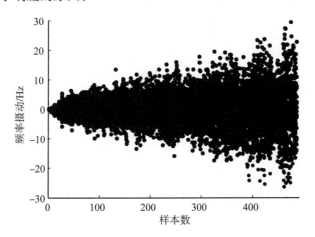

图 3-17　共振频率的 20 次 Monte Carlo 摄动

　　图 3-18 给出了采用能量流模型 20 次 Monte Carlo 仿真和 SEA 仿真得到的 EIC。分析结果表明，在低频和中频，SEA 过高地计算了面内运动的能量，这时由于板结构面内模态密度稀疏，SEA 基本假设无法满足，因此用 SEA 对面内运动进行建模是不合理的。但是随着分析频率的提高，拉伸波和剪切波变为小尺度波，逐渐满足 SEA 的基本假设，因此两种分析方法在高频处趋于吻合，而有限元能量流模型能够比较准确地计算面内与面外能量。

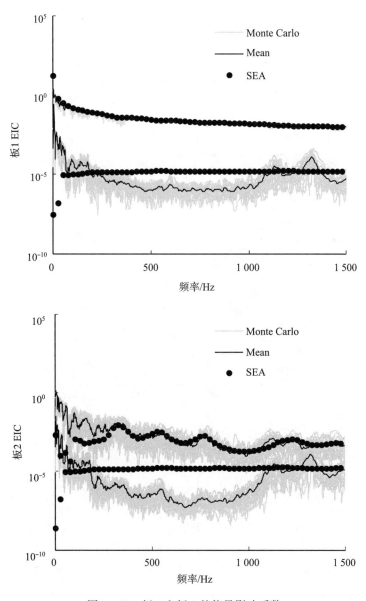

图 3-18　板 1 和板 2 的能量影响系数

　　图 3-19 给出了采用能量流有限元模型计算的板 2 子系统面内运动与面外运动的能量比值。图 3-19（a）中表示的是 20 次 Monte Carlo 仿真面外能量和面内能量的均值及

比值，分析结果显示，在1 000 Hz以后，面内能量与面外能量的比值已经超过1%。图3-19（b）中给出了20次 Monte Carlo仿真样本中面外能量的下包络和面内能量的上包络及其比值，分析结果显示，在1 000 Hz以后，单次样本中面内能量占到面外能量的10%以上，最大可达8倍左右。因此，在1 000 Hz以后，面内能量对整个系统的能量贡献已经不可忽略，在分析时必须考虑。

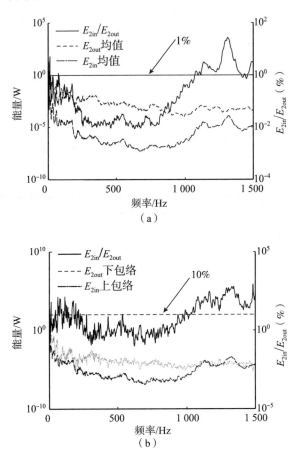

图3-19　采用能量流有限元模型计算的板2系统面内运动与面外运动的能量比值（见彩插）

3.5　小结

基于有限元的能量流模型的建模流程可概括为应用有限元获得系统的模态、子系统的质量矩阵和刚度矩阵等，然后通过对这些有限元的数据进行后处理得到系统或子系统的能量等响应。通过L型板结构能量流分析的结果与传统 SEA 结果的比较可以得出，由于具体考虑了结构的模态及模态间的耦合对响应的影响，基于有限元的结果不仅能描述子系统能量的变化趋势，还能够描述结构主模态附近响应的变化；同时由于有限元中未对耦合关系作任何假设，因此当网格密度足够大时，与传统 SEA 相比其结果更为准确。当计算频段逐渐加宽时，通过对有限元数据的频段平均也可得到类似 SEA 的集合平均的结果。此外，本章针对大面质比结构建立了面内运动与面外运动能量流模型。分析表明，对于大多数结构，在较低的分析频段，面内能量对整体结构能量的影响很小，但是在较高的分析频率处忽略面内能量对系统能量的贡献，可能会对预示结果的精度产生影响。

此外，基于有限元的能量流分析在保证计算精度的前提下，通过一系列解析推导大大提高了计算效率，这主要体现在：1）由于对计算过程中某些特定矩阵进行讨论或重新的排列组合，如矩阵 Q_f，因此此类矩阵在整个分析频段中仅需要计算一次。2）对与频率相关的项，可通过推导将矩阵运算变换为基本的代数运算，如积分 J_i；同时可直接求得频段内 J_i 的解析解，并且对具体问题还可以只选取中心频率附近的模态进行求解，甚至是极值条件下利用更简单的计算公式从而提高计算效率。

在后续章节中，本书将考虑结构的随机性，将基于有限元的能量流分析方法与蒙特卡罗仿真结合，为 SEA 及混合 FE‐SEA 建模理论的验证提供准确可靠的参考依据，具体应用实例可参考相关文献。

第 4 章　混合 FE - SEA 点连接建模方法

第 2 章系统阐述了混合 FE - SEA 方法的系统方程及求解流程，其中混合连接处的直接场动刚度矩阵模型是耦合有限元模型和统计能量模型的关键。该模型建立起了统计能量模型的能量响应和其在混合连接处的反力之间的关系，从而将能量变量和力变量相互关联。从能量流动角度来看，对于有限元模型，直接场动刚度矩阵增加了系统的阻抗，耗散了系统的能量，而受挡混响力增加了有限元模型的载荷，向有限元输入了能量；而对于统计能量模型而言，直接场动刚度矩阵向其输入了能量，而受挡混响力则耗散了该系统的能量。综上所述，混合 FE - SEA 方法的建模核心与关键在于混合连接的建模，即混合连接的直接场动刚度矩阵建模。混合连接的建模是本书的主要内容，后续第 4 章～第 6 章将重点针对点、线和面等三类典型混合连接开展建模理论研究和仿真验证工作。

点连接在航天器结构中是比较典型的一种连接形式，如太阳翼或天线面板与压紧座之间的连接等。本章将简要介绍梁结构的混合点连接模型，重点介绍航天器结构中较为常见的板结构混合点连接建模。值得注意的是，板结构的混合点连接的建模可通过无界板壳结构的波动理论直接导出，然而实际的航天器结构并非无限大。目前混合点连接建模方法具有一定的局限性，无界结构引入的分析误差如何评估、如何建立实际结构的混合点连接模型是一个必须深入研究的问题。本章系统推导了无界板结构的混合点连接建模，在此基础上提出了一种基于波长的混合点连接修正因子，实现了混合点连接边界影响的评估，完善了混合点连接的建模理论，提高了混合点连接的预示精度。

4.1　梁结构的混合点连接模型

本节主要推导了半无界梁和无界板上的点连接动刚度阵。对含有 N 个组件的结构（如梁或板），组件间仅通过一点组装在一起，即各组件可通过点连接完成组装，如图 4 - 1 所示。对组件 j，假设在其结构上嵌有一无质量的刚性圆面，通过该圆面组件 j 与其他组件对接相连，该圆面在组件 j 的局部坐标中具有六个自由度，即 $w_j = [w_{j1} \quad w_{j2} \quad w_{j3} \quad w_{j4} \quad w_{j5} \quad w_{j6}]^T$，其中前三个为平移自由度，后三个为转动自由度。点连接动刚度阵的推导可大致分为三步：连接处位移协调条件的建立，连接处力与波的关系的建立，以及连接处动力学方程的建立。通过这三步可推导出点连接处直接场的动刚度阵[126]。

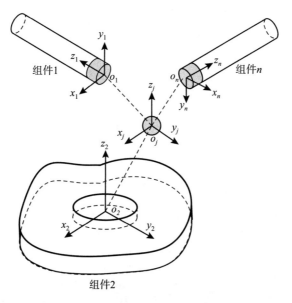

图 4‐1　结构的点连接示意图

4.1.1　连接处的位移协调条件

假设组件 j 为半无界的欧拉梁（Euler‐Bernoulli Beam），点连接区域位于梁的端部（$z=0$），梁的局部坐标如图 4‐2 所示。梁 j 中可包含 6 种波：沿 z 轴拉伸方向的传播波、绕 z 轴扭转方向的传播波、分别绕 y 轴和绕 x 轴的弯曲方向的传播波，以及这两个弯曲方向的消散波。梁 j 端部连接处的位移为前述 6 类波的线性叠加。尽管梁上点连接的动刚度矩阵推导以欧拉梁为前提，即以梁的剪切中心与其中性轴重合的假设为前提，但该推导也可推广到梁的剪切中心与其中性轴存在偏移的问题中。

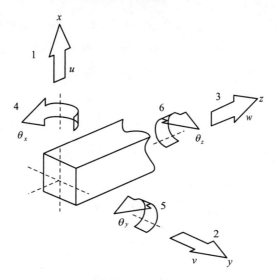

图 4‐2　梁的局部坐标及其位移矢量 w_j

梁 j 上连接处位移与 6 类波的波幅之间的关系如式（4-1）所示

$$w = Q_1 a = \begin{bmatrix} 1 & 0 & 0 & 0 & 1 & 0 \\ 0 & 1 & 0 & 0 & 0 & 1 \\ 0 & 0 & 1 & 0 & 0 & 0 \\ 0 & ik_{by} & 0 & 0 & 0 & k_{by} \\ -ik_{bx} & 0 & 0 & 0 & -k_{bx} & 0 \\ 0 & 0 & 0 & 1 & 0 & 0 \end{bmatrix} \begin{bmatrix} a_{bx} \\ a_{by} \\ a_{e} \\ a_{t} \\ a_{bxn} \\ a_{byn} \end{bmatrix} \tag{4-1}$$

其中

$$k_{t}^{2} = \omega^{2} \frac{\rho J}{GQ}$$

$$k_{e}^{2} = \omega^{2} \frac{\rho}{E}$$

$$k_{bx}^{4} = \omega^{2} \frac{m}{B_x} \tag{4-2}$$

$$k_{by}^{4} = \omega^{2} \frac{m}{B_y}$$

式中　G——剪切模量；

　　　E——弹性模量；

　　　ρ——材料密度；

　　　m——梁的单位长度的质量；

　　　J——极惯性矩；

　　　GQ——扭转常数；

　　　B_y 和 B_x——分别为关于 x 轴和 y 轴的抗弯刚度。

式（4-1）中的下标 $bx(by)$ 表示在 $x(y)$ 轴弯曲方向上的传播波；下标 $bxn(byn)$ 表示在 $x(y)$ 轴弯曲方向上的消散波；下标 e 和 t 分别表示拉伸和扭转方向的波。

由于在梁中无需附加约束矩阵 Q_2，令 $P = Q_1^{-1}$，即

$$P = \begin{bmatrix} (1+i)/2 & 0 & 0 & 0 & (1+i)/2k_{bx} & 0 \\ 0 & (1+i)/2 & 0 & -(1+i)/2k_{by} & 0 & 1 \\ 0 & 0 & 1 & 0 & 0 & 0 \\ 0 & 0 & 0 & 0 & 0 & 1 \\ (1-i)/2 & 0 & 0 & 0 & -(1+i)/2k_{bx} & 0 \\ 0 & (1-i)/2 & 0 & (1+i)2k_{by} & 0 & 0 \end{bmatrix} \tag{4-3}$$

4.1.2　连接处力与波的关系

对于欧拉梁，如图 4-3 所示，若只考虑 xz 平面内梁沿 z 轴垂直方向的位移，而忽略轴向位移及截面绕中性轴的转动，则与位移 u 相关的梁的变形方程为

$$\begin{cases} M=-B\,\dfrac{\partial^2 u}{\partial z^2} \\[2mm] F=B\,\dfrac{\partial^3 u}{\partial z^3} \end{cases} \tag{4-4}$$

其中，弯矩 M 和剪力 F 在 xz 平面的正方向如图 4 - 3 所示，则梁 j 上点连接处力与波的关系为[70]

$$\begin{bmatrix} f_u \\ f_v \\ f_w \\ M_{\theta_z} \\ M_{\theta_z} \\ M_{\theta_z} \end{bmatrix} = \boldsymbol{S}\,\boldsymbol{a} = \begin{bmatrix} \mathrm{i}B_x k_{\mathrm{b}x}^3 & 0 & 0 & 0 & -B_x k_{\mathrm{b}x}^3 & 0 \\ 0 & \mathrm{i}B_y k_{\mathrm{b}y}^3 & 0 & 0 & 0 & -B_y k_{\mathrm{b}y}^3 \\ 0 & 0 & \mathrm{i}k_e EA & 0 & 0 & 0 \\ 0 & -B_y k_{\mathrm{b}y}^2 & 0 & 0 & 0 & B_y k_{\mathrm{b}y}^2 \\ B_x k_{\mathrm{b}x}^2 & 0 & 0 & 0 & -B_x k_{\mathrm{b}x}^2 & 0 \\ 0 & 0 & 0 & \mathrm{i}k_t GQ & 0 & 0 \end{bmatrix} \begin{bmatrix} a_{\mathrm{b}x} \\ a_{\mathrm{b}y} \\ a_e \\ a_t \\ a_{\mathrm{b}xn} \\ a_{\mathrm{b}yn} \end{bmatrix} \tag{4-5}$$

图 4 - 3　xz 平面内梁的弯矩与剪力方向示意图

4.1.3　连接处的动刚度矩阵

根据连接处力与位移的关系可得到梁 j 上点连接直接场的动刚度矩阵

$$\boldsymbol{D}_{\mathrm{dir}}^{\mathrm{b}} = \boldsymbol{SP} = \begin{bmatrix} (\mathrm{i}-1)B_x k_{\mathrm{b}x}^3 & 0 & 0 & 0 & \mathrm{i}B_x k_{\mathrm{b}x}^2 & 0 \\ 0 & (\mathrm{i}-1)B_y k_{\mathrm{b}y}^3 & 0 & -\mathrm{i}B_y k_{\mathrm{b}y}^2 & 0 & 0 \\ 0 & 0 & \mathrm{i}k_e EA & 0 & 0 & 0 \\ 0 & -\mathrm{i}B_y k_{\mathrm{b}y}^2 & 0 & (i+1)B_y k_{\mathrm{b}y} & 0 & 0 \\ \mathrm{i}B_x k_{\mathrm{b}x}^2 & 0 & 0 & 0 & (\mathrm{i}+1)B_x k_{\mathrm{b}x} & 0 \\ 0 & 0 & 0 & 0 & 0 & \mathrm{i}k_t GQ \end{bmatrix} \tag{4-6}$$

通过推导过程可以看出对于梁上的点连接，6 类波幅与 6 个自由度之间的关系是完备的，不需要增加额外的约束条件，因此梁的直接场动刚度矩阵模型相对简单。

4.2　无界板结构的混合点连接模型

4.2.1　基于波动理论的无界板结构运动描述

（1）面外运动

假设无界薄板中混合点连接为无质量的圆面，其局部坐标如图4 - 4所示。薄板中的波包含 11 类波，其中包括：与面外位移 w、面外弯曲 θ_x 和 θ_y 相关的三类传播波及这三个方向的三类消散波，与面内位移 u 和 v 相关的两类拉伸和两类剪切的传播波及与旋转 θ_z 相关的剪切的传播波。

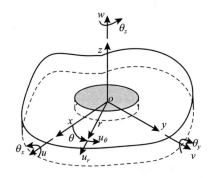

图 4-4　点连接的局部坐标及其位移矢量

在以点连接圆面的圆心为原点的 (r, θ, z) 极坐标下，板上的面外位移为与 w、θ_x 和 θ_y 相关的六类波的叠加[127]

$$u_z(r, \theta) = a_0^{(b)} H_0^{(2)}(k_b r) + a_{1s}^{(b)} H_1^{(2)}(k_b r) \sin(\theta) + a_{1c}^{(b)}$$
$$H_1^{(2)}(k_b r) \cos(\theta) + a_0^{(bn)} H_0^{(2)}(-ik_b r) + a_{1s}^{(bn)}$$
$$H_1^{(2)}(-ik_b r) \sin(\theta) + a_{1c}^{(bn)} H_1^{(2)}(-ik_b r) \cos(\theta) \qquad (4-7)$$

式中　u_z——极坐标下板的面外位移；

$H_n^{(2)}$——第 n 阶第二类汉克尔函数（Hankel Function）；

$a_0^{(b)}$、$a_{1s}^{(b)}$ 和 $a_{1c}^{(b)}$——分别为与 w、θ_x 和 θ_y 相关的传播波的振幅；

$a_0^{(bn)}$、$a_{1s}^{(bn)}$ 和 $a_{1c}^{(bn)}$——分别为与 w、θ_x 和 θ_y 相关的耗散波的振幅；

k_b——弯曲方向的波数，其表达式为

$$k_b = (\rho t/D)^{1/4} \omega^{1/2} \qquad (4-8)$$
$$D = Eh^3/[12(1-\upsilon_0^2)]$$

式中　ω——圆频率；

ρ——密度；

t——厚度；

D——弯曲刚度；

E——杨氏模量；

υ_0——泊松比。

（2）面内运动

面内运动与拉伸波和剪切波相关，用势函数描述则更为简单，定义拉伸波势函数为 ψ，剪切波势函数为 ϕ，则在极坐标系下位移沿半径方向 u_r 和切线方向 u_θ 为

$$u_r(r, \theta) = \frac{\partial \psi}{\partial r} + \frac{1}{r}\frac{\partial \phi}{\partial \theta} \qquad (4-9)$$

$$u_\theta(r, \theta) = \frac{1}{r}\frac{\partial \psi}{\partial \theta} - \frac{\partial \phi}{\partial r} \qquad (4-10)$$

势函数 ψ 和 ϕ 可采用如下方法构造

$$\psi(r, \theta) = \frac{1}{k_e} a_{1c}^{(e)} H_1^{(2)}(k_e r) \cos(\theta) + \frac{1}{k_e} a_{1s}^{(e)} H_1^{(2)}(k_e r) \sin(\theta) \tag{4-11}$$

$$\phi(r, \theta) = \frac{1}{k_s} a_0^{(s)} H_0^{(2)}(k_s r) + \frac{1}{k_s} a_{1c}^{(s)} H_1^{(2)}(k_s r) \cos(\theta) + \frac{1}{k_s} a_{1s}^{(s)} H_1^{(2)}(k_s r) \sin(\theta) \tag{4-12}$$

式中　$a_{1c}^{(e)}$ 和 $a_{1s}^{(e)}$——分别为面内拉伸波幅值的余弦和正弦分量；

　　　$a_{1c}^{(s)}$ 和 $a_{1s}^{(s)}$——分别为剪切波幅值的余弦和正弦分量；

　　　$a_0^{(s)}$——非三角函数相关的剪切波分量；

　　　k_e 和 k_s——分别为面内拉伸波和剪切波的波数，其表达式为

$$k_e = \omega \sqrt{\rho(1 - \upsilon_0^2)/E} \tag{4-13}$$

$$k_s = \omega \sqrt{\rho/G} \tag{4-14}$$

其中 G 为剪切模量。将式（4-11）和式（4-12）代入式（4-9）和式（4-10）中有

$$u_r(r, \theta) = a_{1c}^{(e)} \left[H_0^{(2)}(k_e r) - \frac{H_1^{(2)}(k_e r)}{k_e r} \right] \cos(\theta) + a_{1s}^{(e)} \left[H_0^{(2)}(k_e r) - \frac{H_1^{(2)}(k_e r)}{k_e r} \right] \cos(\theta) +$$
$$\frac{1}{k_s r} \left[a_{1s}^{(s)} H_1^{(2)}(k_s r) \cos(\theta) - a_{1c}^{(s)} H_1^{(2)}(k_s r) \sin(\theta) \right] \tag{4-15}$$

$$u_\theta(r, \theta) = \frac{1}{k_e r} \left[a_{1s}^{(e)} H_1^{(2)}(k_e r) \cos(\theta) - a_{1c}^{(e)} H_1^{(2)}(k_e r) \sin(\theta) \right] + a_0^{(s)} H_1^{(2)}(k_s r) -$$
$$a_{1c}^{(e)} \left[H_0^{(2)}(k_s r) - \frac{H_1^{(2)}(k_s r)}{k_s r} \right] \cos(\theta) - a_{1s}^{(s)} \left[H_0^{(2)}(k_s r) - \frac{H_1^{(2)}(k_s r)}{k_s r} \right] \sin(\theta) \tag{4-16}$$

4.2.2　连接处的位移协调条件

板结构中包含 11 类波，结构上每个节点只有 6 个自由度，因此需要额外的约束方程对运动方程进行补充。考虑板上连接圆面的圆周位于 $r = a$ 处的位移，则极坐标下的面外位移与正交坐标系的位移关系为

$$u_z(a, \theta) = w + a\theta_x \sin(\theta) - a\theta_y \cos(\theta) \tag{4-17}$$

对于任意 θ 位置，式（4-17）和式（4-7）恒成立，对比两式并令 θ 相关项系数相等可得到

$$w = a_0^{(b)} H_0^{(2)}(k_b a) + a_0^{(bn)} H_0^{(2)}(-\mathrm{i}k_b a) \tag{4-18}$$

$$\theta_x = \frac{1}{a} \left[a_{1s}^{(b)} H_1^{(2)}(k_b a) + a_{1s}^{(bn)} H_1^{(2)}(-\mathrm{i}k_b a) \right] \tag{4-19}$$

$$\theta_y = \frac{1}{a} \left[a_{1c}^{(b)} H_1^{(2)}(k_b a) + a_{1c}^{(bn)} H_1^{(2)}(-\mathrm{i}k_b a) \right] \tag{4-20}$$

薄板与连接圆面在圆面的圆周上无相对旋转，则板上沿半径方向的斜率必须与该圆周上对应方向的斜率相等，对式（4-7）和式（4-17）求关于变量 r 的偏导可得

$$\left. \frac{\partial u_z(r, \theta)}{\partial r} \right|_{r=a} = \theta_x \sin(\theta) + \theta_y \cos(\theta) \tag{4-21}$$

式（4-21）对于任意的 θ 恒成立，将式（4-7）代入式（4-21）中有

$$k_b a_0^{(b)} H_0^{(2)'}(k_b a) - i k_b a_0^{(bn)} H_0^{(2)'}(-i k_b a) = 0 \tag{4-22}$$

$$a_{1s}^{(b)} \left[k_b H_1^{(2)'}(k_b a) - \frac{1}{a} H_1^{(2)}(k_b a) \right] - a_{1s}^{(bn)} \left[i k_b H_1^{(2)'}(k_b a) + \frac{1}{a} H_1^{(2)}(-i k_b a) \right] = 0 \tag{4-23}$$

$$a_{1c}^{(b)} \left[k_b H_1^{(2)'}(k_b a) - \frac{1}{a} H_1^{(2)}(k_b a) \right] - a_{1c}^{(bn)} \left[i k_b H_1^{(2)'}(k_b a) + \frac{1}{a} H_1^{(2)}(-i k_b a) \right] = 0 \tag{4-24}$$

点连接在极坐标下的面内位移与正交坐标系的位移关系为

$$u_r(a, \theta) = u\cos(\theta) + v\sin(\theta) \tag{4-25}$$

$$u_\theta(a, \theta) = a\theta_z - u\sin(\theta) + v\cos(\theta) \tag{4-26}$$

将式（4-15）代入式（4-25），并令 θ 相关项系数相等得

$$u = a_{1c}^{(e)} H_1^{(2)'}(k_e a) + \frac{1}{k_s a} a_{1s}^{(s)} H_1^{(2)}(k_s a) \tag{4-27}$$

$$v = a_{1s}^{(e)} H_1^{(2)'}(k_e a) - \frac{1}{k_s a} a_{1c}^{(s)} H_1^{(2)}(k_s a) \tag{4-28}$$

将式（4-27）、式（4-28）代入式（4-26），并结合式（4-16）令关于 θ 的项系数相等有

$$\theta_z = -\frac{1}{a} a_0^{(s)} H_0^{(2)'}(k_s a) \tag{4-29}$$

$$a_{1c}^{(e)} \left[H_1^{(2)'}(k_e a) - \frac{1}{k_e a} H_1^{(2)}(k_e a) \right] + a_{1s}^{(s)} \left[\frac{1}{k_s a} H_1^{(2)}(k_s a) - H_1^{(2)'}(k_s a) \right] = 0 \tag{4-30}$$

$$-a_{1s}^{(e)} \left[H_1^{(2)'}(k_e a) - \frac{1}{k_e a} H_1^{(2)}(k_e a) \right] + a_{1c}^{(s)} \left[\frac{1}{k_s a} H_1^{(2)}(k_s a) - H_1^{(2)'}(k_s a) \right] = 0 \tag{4-31}$$

式中上标（$'$）为对变量 r 求偏导。式（4-18）、式（4-19）、式（4-20）、式（4-27）、式（4-28）和式（4-29）给出了点连接下板 6 个自由度的位移与 11 类波的相互关系，即

$$\boldsymbol{w} = \boldsymbol{Q}_1 \boldsymbol{a} \tag{4-32}$$

其中

$$\boldsymbol{w} = \begin{bmatrix} u & v & w & \theta_x & \theta_y & \theta_z \end{bmatrix}^T \tag{4-33}$$

$$\boldsymbol{Q}_1 = \begin{bmatrix} 0 & 0 & 0 & B_3 & 0 & 0 & 0 & B_4 & 0 & 0 & 0 \\ 0 & 0 & 0 & 0 & B_3 & 0 & -B_4 & 0 & 0 & 0 & 0 \\ B_1 & 0 & 0 & 0 & 0 & 0 & 0 & 0 & B_{1n} & 0 & 0 \\ 0 & 0 & B_2 & 0 & 0 & 0 & 0 & 0 & 0 & 0 & B_{2n} \\ 0 & -B_2 & 0 & 0 & 0 & 0 & 0 & 0 & 0 & -B_{2n} & 0 \\ 0 & 0 & 0 & 0 & 0 & B_5 & 0 & 0 & 0 & 0 & 0 \end{bmatrix} \tag{4-34}$$

$$\boldsymbol{a} = \begin{bmatrix} a_0^{(b)} & a_{1c}^{(b)} & a_{1s}^{(b)} & a_{1c}^{(e)} & a_{1s}^{(e)} & a_0^{(s)} & a_{1c}^{(s)} & a_{1s}^{(s)} & a_0^{(bn)} & a_{1c}^{(bn)} & a_{1s}^{(bn)} \end{bmatrix}^T \tag{4-35}$$

式（4-34）中各元素分别为

$$B_1 = H_0^{(2)}(k_b a); \quad B_{1n} = H_0^{(2)}(-i k_b a); \quad B_2 = \frac{1}{a} H_1^{(2)}(k_b a);$$

$$B_{2n} = \frac{1}{a} H_1^{(2)}(-i k_b a); \quad B_3 = H_1^{(2)'}(k_e a); \quad B_4 = \frac{1}{k_s a} H_1^{(2)}(k_s a);$$

$$B_5 = -\frac{1}{a} H_0^{(2)'}(k_s a)$$

可以看出，式（4 - 32）中 $\boldsymbol{Q}_1$ 为 6×11 的非方阵，该式解不唯一，需要通过上述推导的约束条件进行补充。由式（4 - 22）～式（4 - 24）、式（4 - 30）和式（4 - 31）可得到 5 个约束方程（点连接圆周处刚性位移协调条件），写成矩阵形式为

$$\boldsymbol{Q}_2 \boldsymbol{a} = \boldsymbol{0} \tag{4 - 36}$$

其中

$$\boldsymbol{Q}_2 = \begin{bmatrix} B_6 & 0 & 0 & 0 & 0 & 0 & 0 & 0 & B_{6n} & 0 & 0 \\ 0 & 0 & B_7 - B_2 & 0 & 0 & 0 & 0 & 0 & 0 & 0 & B_{7n} - B_{2n} \\ 0 & B_7 - B_2 & 0 & 0 & 0 & 0 & 0 & 0 & 0 & B_{7n} - B_{2n} & 0 \\ 0 & 0 & 0 & B_8 + B_3 & 0 & 0 & 0 & 0 & B_9 + B_4 & 0 & 0 & 0 \\ 0 & 0 & 0 & 0 & -B_8 - B_3 & 0 & B_9 + B_4 & 0 & 0 & 0 & 0 \end{bmatrix} \tag{4 - 37}$$

式（4 - 37）中各元素的表达式为

$$B_6 = k_b H_0^{(2)'}(k_b a); \quad B_{6n} = -ik_b H_0^{(2)'}(-ik_b a); \quad B_7 = k_b H_1^{(2)'}(k_b a)$$

$$B_{7n} = -ik_b H_1^{(2)'}(-ik_b a); \quad B_8 = -\frac{1}{k_e a} H_1^{(2)}(k_e a); \quad B_9 = -H_1^{(2)'}(k_s a)$$

式（4 - 32）和式（4 - 36）联立即可得到一个 11×11 的线性方程组，记为

$$\begin{bmatrix} w \\ 0 \end{bmatrix} = \begin{bmatrix} \boldsymbol{Q}_1 \\ \boldsymbol{Q}_2 \end{bmatrix} \boldsymbol{a} \tag{4 - 38}$$

求解（4 - 38）式有

$$\boldsymbol{a} = \begin{bmatrix} \boldsymbol{Q}_1 \\ \boldsymbol{Q}_2 \end{bmatrix}^{-1} \begin{bmatrix} w \\ 0 \end{bmatrix} = \begin{bmatrix} \boldsymbol{P} & \boldsymbol{R} \end{bmatrix} \begin{bmatrix} w \\ 0 \end{bmatrix} = \boldsymbol{P} w \tag{4 - 39}$$

其中

$$\boldsymbol{P}^{\mathrm{T}} = \begin{bmatrix} 0 & 0 & 0 & A_3 & 0 & 0 & 0 & -A_4 & 0 & 0 & 0 \\ 0 & 0 & 0 & 0 & A_3 & 0 & A_4 & 0 & 0 & 0 & 0 \\ A_1 & 0 & 0 & 0 & 0 & 0 & 0 & 0 & A_{1n} & 0 & 0 \\ 0 & 0 & -A_2 & 0 & 0 & 0 & 0 & 0 & 0 & 0 & -A_{2n} \\ 0 & A_2 & 0 & 0 & 0 & 0 & 0 & 0 & A_{2n} & 0 & 0 \\ 0 & 0 & 0 & 0 & 0 & A_5 & 0 & 0 & 0 & 0 & 0 \end{bmatrix} \tag{4 - 40}$$

式（4 - 40）中各元素的表达式为

$$A_1 = \frac{H_0^{(2)'}(-ik_b a)}{H_0^{(2)}(k_b a) H_0^{(2)'}(-ik_b a) - i H_0^{(2)}(-ik_b a) H_0^{(2)}(k_b a)}$$

$$A_2 = \frac{-H_1^{(2)'}(-ik_b a) - ik_b a H_1^{(2)'}(-ik_b a)}{ik_b H_1^{(2)}(k_b a) H_1^{(2)'}(-ik_b a) + k_b H_1^{(2)}(-ik_b a) H_1^{(2)'}(k_b a)}$$

$$A_3 = \frac{k_s k_e a^2 H_1^{(2)'}(k_s a) - k_e a H_1^{(2)'}(k_s a)}{k_s k_e a^2 H_1^{(2)}(k_s a) H_1^{(2)'}(k_e a) - H_1^{(2)}(k_s a) H_1^{(2)}(k_e a)}$$

$$A_4 = \frac{-k_s k_e a^2 H_1^{(2)'}(k_e a) + k_s a\, H_1^{(2)}(k_e a)}{k_s k_e a^2 H_1^{(2)'}(k_s a) H_1^{(2)'}(k_e a) - H_1^{(2)}(k_s a) H_1^{(2)}(k_e a)}$$

$$A_5 = -\frac{a}{H_0^{(2)'}(k_s a)}$$

$$A_{1n} = \frac{-\mathrm{i} H_0^{(2)'}(k_b a)}{H_0^{(2)}(k_b a) H_0^{(2)'}(-\mathrm{i} k_b a) - \mathrm{i} H_0^{(2)}(-\mathrm{i} k_b a) H_0^{(2)'}(k_b a)}$$

$$A_{2n} = \frac{\mathrm{i}\, H_1^{(2)}(k_b a) - \mathrm{i} k_b a\, H_1^{(2)'}(k_b a)}{\mathrm{i} k_b H_1^{(2)}(-\mathrm{i} k_b a) H_1^{(2)'}(k_b a) - k_b H_1^{(2)}(k_b a) H_1^{(2)'}(-\mathrm{i} k_b a)}$$

式（4-39）建立了波数与位移的相互关系，下面将进一步推导力与波幅的关系。

4.2.3　连接处的力与波的关系

由圆形薄板的弯曲理论可得，极坐标中薄板上的总剪力V_r及弯矩M_r分别为

$$V_r(\theta) = D\left[\frac{\partial^3 u_z}{\partial r^3} + \frac{1}{r}\frac{Z\partial^2 u_z}{\partial r^2} - \frac{1}{r^2}\frac{\partial u_z}{\partial r} - \frac{(3-v_0)}{r^3}\frac{\partial^2 u_z}{\partial \theta^2} + \frac{(2-v_0)}{r^2}\frac{\partial^3 u_z}{\partial r \partial \theta^2}\right] \tag{4-41}$$

$$M_r(\theta) = D\left(\frac{\partial^2 u_z}{\partial r^2} + \frac{v_0}{r^2}\frac{\partial^2 u_z}{\partial \theta^2} + \frac{v_0}{r}\frac{\partial u_z}{\partial r}\right) \tag{4-42}$$

将极坐标系下的力变换为笛卡儿坐标系下的弯矩M_x、M_y和剪力F_z

$$M_x = r\int_0^{2\pi}(rV_r - M_r)\sin(\theta)\mathrm{d}\theta \tag{4-43}$$

$$M_y = -r\int_0^{2\pi}(rV_r - M_r)\cos(\theta)\mathrm{d}\theta \tag{4-44}$$

$$F_z = r\int_0^{2\pi} V_r \mathrm{d}\theta \tag{4-45}$$

由式（4-43）～式（4-45）可得到弯矩M_x、M_y及剪力F_z与波的关系。

极坐标中板上的应力与位移的关系为

$$\sigma_{rr} = \frac{E}{1-v^2}\left(\frac{\partial u_r}{\partial r} + \frac{v_0}{r}u_r + \frac{v_0}{r}\frac{\partial u_\theta}{\partial \theta}\right) \tag{4-46}$$

$$\sigma_{r\theta} = G\left(\frac{1}{r}\frac{\partial u_\theta}{\partial \theta} - \frac{u_\theta}{r} + \frac{\partial u_\theta}{\partial r}\right) \tag{4-47}$$

正交坐标系中的剪力F_x、F_y及弯矩M_z与极坐标中的应力σ_{rr}及$\sigma_{r\theta}$的关系分别为

$$F_x = -hr\int_0^{2\pi}[\sigma_{rr}\cos(\theta) - \sigma_{r\theta}\sin(\theta)]\mathrm{d}\theta \tag{4-48}$$

$$F_y = -hr\int_0^{2\pi}[\sigma_{rr}\sin(\theta) + \sigma_{r\theta}\cos(\theta)]\mathrm{d}\theta \tag{4-49}$$

$$M_z = -hr^2\int_0^{2\pi}\sigma_{r\theta}\mathrm{d}\theta \tag{4-50}$$

由式（4-48）～式（4-50）可推出剪力F_x、F_y及弯矩M_z与波的关系。至此板结构位移与波的相互关系全部获得，联立6个力与波幅的关系式有

$$\boldsymbol{F} = \boldsymbol{Sa} \tag{4-51}$$

其中

$$\boldsymbol{F}=\begin{bmatrix}F_x & F_y & F_z & M_x & M_y & M_z\end{bmatrix}^{\mathrm{T}} \tag{4-52}$$

$$\boldsymbol{S}=\begin{bmatrix}
0 & 0 & 0 & X_3 & 0 & 0 & 0 & X_4 & 0 & 0 & 0 \\
0 & 0 & 0 & 0 & X_3 & 0 & -X_4 & 0 & 0 & 0 & 0 \\
X_1 & 0 & 0 & 0 & 0 & 0 & 0 & 0 & X_{1n} & 0 & 0 \\
0 & 0 & X_2 & 0 & 0 & 0 & 0 & 0 & 0 & 0 & X_{2n} \\
0 & -X_2 & 0 & 0 & 0 & 0 & 0 & 0 & 0 & -X_{2n} & 0 \\
0 & 0 & 0 & 0 & 0 & X_5 & 0 & 0 & 0 & 0 & 0
\end{bmatrix} \tag{4-53}$$

式（4-53）中各元素的表达式为

$$X_1=2\pi Dk_{\mathrm{b}}^3 a\left[-\frac{1}{(k_{\mathrm{b}}a)^2}H_0^{(2)'}(k_{\mathrm{b}}a)+\frac{1}{k_{\mathrm{b}}a}H_0^{(2)''}(k_{\mathrm{b}}a)+H_0^{(2)'''}(k_{\mathrm{b}}a)\right]$$

$$X_{1n}=2\pi Dk_{\mathrm{b}}^3 a\left[\frac{\mathrm{i}}{(k_{\mathrm{b}}a)^2}H_0^{(2)'}(-\mathrm{i}k_{\mathrm{b}}a)-\frac{1}{k_{\mathrm{b}}a}H_0^{(2)''}(-\mathrm{i}k_{\mathrm{b}}a)+\mathrm{i}H_0^{(2)'''}(-\mathrm{i}k_{\mathrm{b}}a)\right]$$

$$X_2=\pi Dk_{\mathrm{b}}^3 a^2\left[\frac{3}{(k_{\mathrm{b}}a)^3}H_1^{(2)}(k_{\mathrm{b}}a)-\frac{3}{(k_{\mathrm{b}}a)^2}H_1^{(2)'}(k_{\mathrm{b}}a)+H_1^{(2)'''}(k_{\mathrm{b}}a)\right]$$

$$X_{2n}=\pi Dk_{\mathrm{b}}^3 a^2\left[\frac{3}{(k_{\mathrm{b}}a)^3}H_1^{(2)}(-\mathrm{i}k_{\mathrm{b}}a)+\frac{3\mathrm{i}}{(k_{\mathrm{b}}a)^2}H_1^{(2)'}(-\mathrm{i}k_{\mathrm{b}}a)+\mathrm{i}H_1^{(2)'''}(-\mathrm{i}k_{\mathrm{b}}a)\right]$$

$$X_3=\frac{Eh\pi}{(1-v^2)k_{\mathrm{e}}a}\left[H_1^{(2)}(k_{\mathrm{e}}a)-k_{\mathrm{e}}a\,H_1^{(2)'}(k_{\mathrm{e}}a)-(k_{\mathrm{e}}a)^2 H_1^{(2)''}(k_{\mathrm{e}}a)\right]$$

$$X_4=\frac{Gh\pi}{k_{\mathrm{s}}a}\left[H_1^{(2)}(k_{\mathrm{s}}a)-k_{\mathrm{s}}a\,H_1^{(2)'}(k_{\mathrm{s}}a)-(k_{\mathrm{s}}a)^2 H_1^{(2)''}(k_{\mathrm{s}}a)\right]$$

$$X_5=2Gh\pi a\left[-H_0^{(2)'}(k_{\mathrm{s}}a)+k_{\mathrm{s}}a\,H_0^{(2)''}(k_{\mathrm{s}}a)\right]$$

4.2.4　无界板结构的混合点连接模型

结合式（4-39）和式（4-51），有

$$\boldsymbol{F}=\boldsymbol{S}\boldsymbol{a}=\boldsymbol{S}\boldsymbol{P}\boldsymbol{w}=\boldsymbol{D}_{\mathrm{dir},\infty}\boldsymbol{w} \tag{4-54}$$

其中

$$\boldsymbol{D}_{\mathrm{dir},\infty}=\begin{bmatrix}
X_3A_3-X_4A_4 & 0 & 0 & 0 & 0 & 0 \\
0 & X_3A_3-X_4A_4 & 0 & 0 & 0 & 0 \\
0 & 0 & X_1A_1+X_{1n}A_{1n} & 0 & 0 & 0 \\
0 & 0 & 0 & -X_2A_2-X_{2n}A_{2n} & 0 & 0 \\
0 & 0 & 0 & 0 & -X_2A_2-X_{2n}A_{2n} & 0 \\
0 & 0 & 0 & 0 & 0 & -X_5A_5
\end{bmatrix}$$

$$\tag{4-55}$$

式（4-55）即为无界板结构的混合点连接模型。

4.3　有界板结构的混合点连接模型

从上述推导可以看出，无界结构的点连接模型没有考虑边界的影响，然而实际航天工程中，点连接的位置多变，边界因素对混合点连接的影响是不可忽略的，如何建立针对实际有界结构的混合点连接模型是本节的主要内容。

4.3.1　近似处理方法

基于波动理论的混合点连接直接场的动刚度矩阵的推导主要基于无界结构，并没有考虑边界的影响，如何在点连接建模中考虑边界的影响是一个值得深入研究的问题。目前国外商用软件采用修正辐射角 α 描述边界对点连接的影响，对于无限结构该参数取值为360°[109]。对于实际结构，假设其修正辐射角为 α，则修正后的混合点连接直接场动刚度矩阵为

$$\boldsymbol{D}_{\mathrm{dir},\alpha} = \beta \boldsymbol{D}_{\mathrm{dir},\infty} \tag{4-56}$$

$$\beta_{\alpha} = \frac{\alpha}{360} \tag{4-57}$$

定义 β_{α} 为实际结构混合点连接的修正因子，下标 α 代表由辐射角等效得到的修正因子。该修正方法存在几个局限性：1）该参数在整个频域内为常值，不能定义随频率变化的修正因子；2）辐射角的取值没有理论依据，在分析中，该参数取值的确定是一个难题；3）基于该参数修正后的预示结果误差不可预测，分析结果可靠性无法得到保证。

4.3.2　基于波长的修正因子理论

本节基于结构中波的特性，建立了点连接的修正因子，通过该因子对点连接模型进行修正，可以充分估计边界的影响，提高分析精度。考虑如图4-5所示的有界板结构，点连接通过波数为 k_b 的传播波向板结构辐射能量。

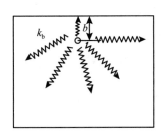

图4-5　有界板结构的点连接示意图

根据经典薄板理论，能量在结构中以波的形式传递，其波长与波数相关，板结构中一般弯曲波的尺度通常要小于面内的拉伸波和剪切波，这里取小尺度波为参考，则波在结构中的波长为

$$\lambda_b = \frac{2\pi}{k_b} \tag{4-58}$$

以点连接位置为圆心，结构中的波长 λ_b 为半径建立判定圆，结构区域与判定圆相交的面积定义为频率 f 下的点连接的修正面积，如图4-6所示的阴影部分。则点连接的修正因子定义为修正面积和判定圆面积之比[128]

$$\beta_\lambda = \frac{S_A}{\pi \lambda_b^2} = S_A \frac{f}{2 \pi^2} \sqrt{\frac{\rho h}{D}} \qquad (4-59)$$

由式（4-59）可以看出，点连接的修正因子与点连接的位置、分析频率和结构的物理参数相关，表 4-1 给出了不同位置和不同边界下的修正面积示意图。定义采用基于波长理论的修正因子修正后的混合点连接的直接场动刚度矩阵为

$$\boldsymbol{D}_{\text{dir},\lambda} = \beta_\lambda \boldsymbol{D}_{\text{dir},\infty} \qquad (4-60)$$

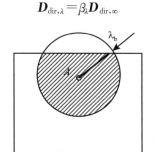

图 4-6　混合点连接的修正面积

表 4-1　不同边界和点连接位置下的判定面积示意图

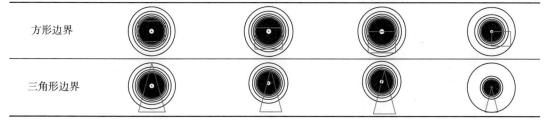

4.4　算例分析

4.4.1　Cotoni 模型混合点连接验证

首先采用 Cotoni 的模型验证无界混合点连接模型[98]，如图 4-7 所示。系统由两块相同的板结构和复杂的连接结构组成，板结构与连接结构通过六个点连接耦合。板结构材料为铝合金，连接结构材料为钢，具体几何参数见表 4-2。

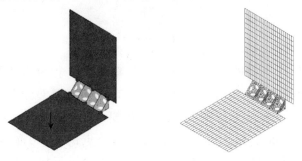

图 4-7　混合点连接的验证模型

表 4 - 2　验证模型的几何参数

	长/m	宽/m	厚/m	孔半径 R/m
板 1/板 2	0.6	0.7	0.001	
连接结构	0.1	0.1	0.004	0.025

连接结构复杂不便于用统计能量模型建模，采用有限元建模。考虑到整个系统的动力学特性，模态密度较大的板的面外位移采用 SEA 建模，模态密度较小的板的面内位移和连接结构采用 FEM 建模，板结构的模态密度如图 4 - 8 所示，可通过式（4 - 61）～式（4 - 63）计算

$$n_{\mathrm{f}}(\omega)=\frac{A}{4\pi}\left[\frac{12\rho(1-\upsilon_0)}{E\,t^2}\right]^{1/2} \tag{4-61}$$

$$n_{\mathrm{e}}(\omega)=\omega A\frac{\left[(\rho(1-\upsilon_0))\right]^{1/2}}{2\pi\,E^{1/2}} \tag{4-62}$$

$$n_{\mathrm{s}}(\omega)=\omega A\frac{\left[2\rho(1+\upsilon_0)\right]^{1/2}}{E^{1/2}} \tag{4-63}$$

式中　n_{e}、n_{s} 和 n_{f}——分别为拉伸、剪切和弯曲模态密度；

　　　A——面积；

　　　ρ——密度；

　　　t——厚度；

　　　E——杨氏模量；

　　　υ_0——泊松比。

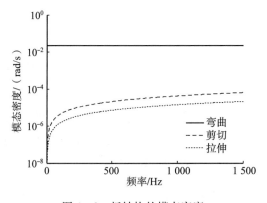

图 4 - 8　板结构的模态密度

分析频率范围为 1～1 000 Hz，点载荷施加在其中一个 SEA 板子系统上。两种模型通过四个混合点连接耦合，如图 4 - 9 所示。有限元模型部分由板的面内运动部分和复杂连接组成，复杂连接采用常规壳单元建模，板的面内运动采用 Membrane 单元，连接结构采用 Shell 单元，所有单元均为四节点的 Quad 单元，模型共计节点 1 726（自由度），单元数目 1 544。首先对有限元部分进行模态分析，2 000 Hz 内共

有 22 个模态，部分模态如图 4 - 10 所示。

首先采用国外商用软件[109]验证混合点连接模型，统计能量子结构的等效耦合因子对比如图 4 - 11 所示，板结构子系统的能量响应如图 4 - 12 所示。

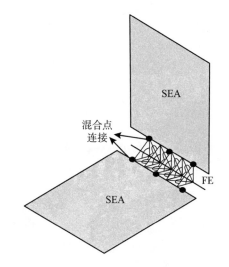

图 4 - 9　混合点连接模型

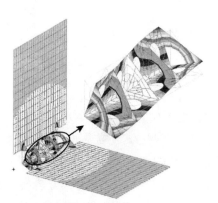

（a）第1阶模态：161.43 Hz

（b）第5阶模态：1 061.9 Hz

（c）第8阶模态：1 271.5 Hz

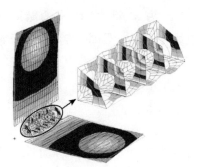

（d）第16阶模态：1 789.8 Hz

图 4 - 10　有限元子系统的模态

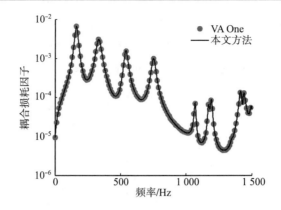

图 4 - 11　板结构的耦合损耗因子

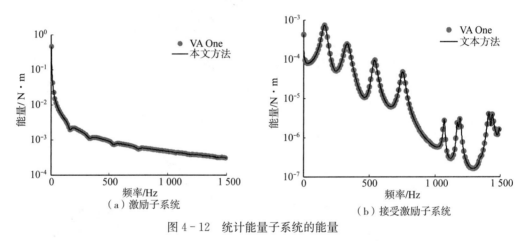

（a）激励子系统　　　　　　　　　（b）接受激励子系统

图 4 - 12　统计能量子系统的能量

　　从对比结果可以看出，本章推导的混合点连接模型与国外商业软件预示的结果完全吻合，可以说明建模的方法是正确的，但是否与实际结构的响应相吻合，还需要进一步的探讨。

　　为了进一步验证模型的正确性，采用基于有限元的能量流分析模型与 Monte Carlo 仿真相结合的方法进行验证，具体理论见第 3 章。该方法是目前中高频分析的一种比较有效的仿真验证手段。在板子系统中引入随机分布的质量块以描述参数摄动对中高频响应的影响，每块板结构上随机集中质量数目为 20，总质量为板结构质量的 15%。

　　图 4 - 13 为 Monte Carlo 仿真结果与混合点连接模型的对比结果，可以看出本章混合点连接模型与 Monte Carlo 仿真结果基本吻合。从图 4 - 13 上可以看出，混合点连接模型的预示结果能够清晰反映有限元子系统的模态信息，但是丢失了统计能量部分的模态。部分频段的预示结果存在误差，这主要源于 Monte Carlo 仿真样本的数量和计算过程中引入的数值误差积累。

　　由该仿真算例可以看出，混合方法可以充分发挥有限元建模的优点，如该例中复杂的连接结构很难建立比较准确的统计能量模型；同时引入了统计能量模型，系统模型规模大幅降低，而且 200 次 Monte Carlo 仿真的效率很低（一周左右），而混合方法仅仅需要十几分钟，效率和精度的兼顾是混合方法在中高频响应预示中的重要特征之一。

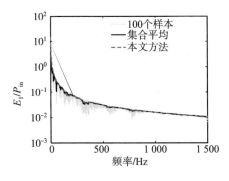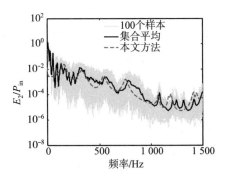

图 4-13　Monte Carlo 仿真验证结果与混合点连接模型对比

4.4.2　梁板组合结构混合点连接验证

混合 FE-SEA 的数值验证所选梁板组合结构的 FEM 模型如图 4-14 所示[129]，本节中梁的端部为固支状态，具体位置为靠近板 1 的这一端，在板 1 垂直方向加载空间位置不相关分布式激励。然后分别应用混合FE-SEA方法和 Monte Carlo 分析计算出板 1 受激励时随机子系统的 EIC，即 E_1/P_{in} 和 E_2/P_{in}，并进行比较。其中，计算带宽取值为1 Hz的等带宽，中心频率范围为 $1\sim1\,500$ Hz。两类方法的计算过程中均选用模态为广义坐标，模态截断位置为 3 500 Hz，即选用3 500 Hz之前结构的所有模态进行计算。

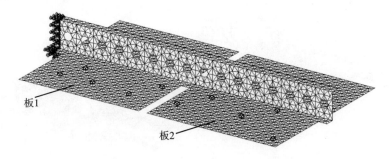

图 4-14　梁板组合结构的 FEM 模型

混合 FE-SEA 方法的结果是集合平均的结果，因此应用 Monte Carlo 仿真分别对 300 个样本进行分析，然后对这 300 次的结果进行平均得到结构的集合平均值，并与混合 FE-SEA 方法预示的结果比较来验证混合 FE-SEA 方法。对于任意单次样本，作用在板 1 上的输入功率P_{in}和两个随机子系统的能量均是通过基于有限元的能量流方法求得的。

在蒙特卡罗仿真过程中，随着结构中随机样本数的不断增加，样本平均结果的稳定性越来越强，即当样本具有最大包络（熵最大）时仿真中的集合平均结果与结构的不确定性无关，集合平均结果唯一确定。由于结构中不确定性的影响主要是由随机子系统的不确定性引起的，因此在增加样本的包络方面主要是模拟随机子系统不确定性的变化。为模拟结构样本的最大包络，选择在随机子系统的随机位置上添加集中质量。集中质量的主要作用是增大随机子系统低阶模态对外界扰动的敏感性，从而增大整个随机子系统对外界扰动的敏感性（中高频时，随机子系统本身对外界扰动已经很敏感，质量的细微变化对不确定性的改变不大）。

　　建立蒙特卡罗仿真中使用的 FEM 模型（未添加集中质量），整个组合结构上应用 5 148 个 Tria3 壳单元，总的节点自由度数为 16 866。对组合结构进行模态分析并提取出 3 500 Hz 以内结构的前 342 阶模态，图 4-15 所示为 FE 模型（未添加集中质量）的第 100 阶模态。考虑计算成本，仿真过程中选择 FEM 中的模态法并对模型进行 300 次蒙特卡罗仿真。仿真的每个样本为分别在两平板上添加 10 个集中质量，所有集中质量的总和为整个组合结构质量的 25%，所在位置为 FE 模型中两板的节点位置。令每块平板上集中质量所在节点的节点号的概率分布为均匀分布，分别生成每块板上的 300 组节点号随机数。根据随机数每次生成集中质量的节点位置及在该节点位置相应地将集中质量添加到组合结构的 FE 模型中，然后对样本进行模态分析，并提取出 3 500 Hz 以内样本的所有模态。在此基础上，对样本 FE 模型，在板 1 每个节点上（除点连接所在节点）施加垂直于板面方向的外力单边自功率谱，其中外力自谱在 300 次仿真中保持不变，而后利用模态法求得样本响应。最后利用基于有限元的能量流分析推导出两个随机子系统的能量 E_1 和 E_2、输入功率 P_{in} 及相应的 EIC。

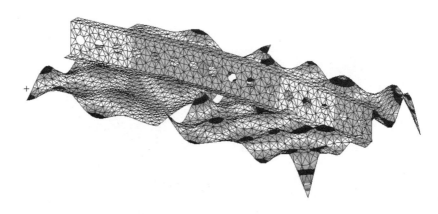

图 4-15　模型（未添加集中质量）的第 100 阶模态（903.86 Hz）

　　300 次蒙特卡罗仿真时间约为 5 天，计算周期较长。图 4-16 所示为仿真过程中板 2 上的随机子系统 EIC 的两个单次样本。图 4-17 和图 4-18 分别显示了 300 次蒙特卡罗仿真的结果，从图中可看出单次仿真结果间的差异明显。由 300 次仿真的平均结果可以看出，在 900 Hz 附近，即第 100 阶模态附近，两子系统间的能量传输明显，板 1（激励板）的 EIC 下降，即板 1 的能量向外传输时，板 2（接收板）的 EIC 显著增大，即板 2 接受了外部传入其子系统上的能量。

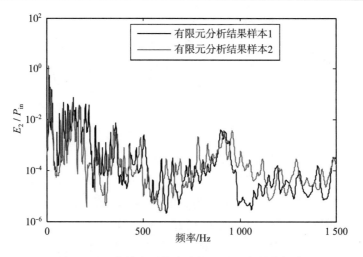

图 4 - 16　蒙特卡罗仿真中板 2 的两个单次样本

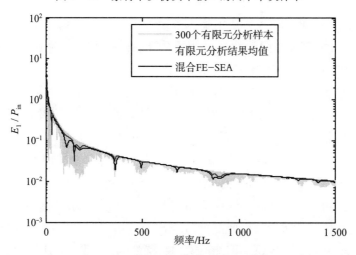

图 4 - 17　板 1 上随机子系统的 EIC

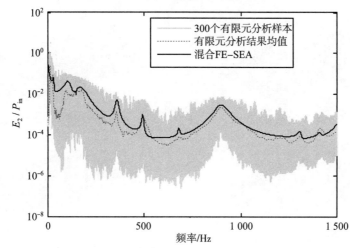

图 4 - 18　板 2 上随机子系统的 EIC

为得到确定性子系统的 FE 模型，将图 4-15 中 FE 模型上两块板的壳单元换为膜单元，梁上的壳单元不变。为了保证板上面内位移的质量矩阵，只考虑板的面内质量，需单独建立膜单元的质量阵。求解之前通过 Nastran 输出确定性子系统的刚度矩阵和质量矩阵，并导入混合 FE-SEA 程序作为输入；同时还需将蒙特卡罗仿真中所有的节点外力自谱通过点连接的动刚度矩阵将其转化为混合 FE-SEA 方法中随机子系统的外部输入功率。在此基础上求得随机子系统的能量和相应的 EIC。

计算过程中使用的确定性子系统的模态在 3 500 Hz 内共 28 阶模态，整个分析过程 40 s 左右，两项指标均远小于蒙特卡罗仿真。如图 4-17 和图 4-18 所示，由混合 FE-SEA 方法所得的集合平均值与蒙特卡罗仿真的样本平均值结果基本一致，尤其是在中高频段，如 900 Hz 附近，两类结果吻合得很好。但同时，在低频段两类结果间存在误差，可能的原因包括：①混合 FE-SEA 求解过程中多次求逆引入的数值误差；②蒙特卡罗仿真过程中可能未完全达到结构样本具有最大样本包络的要求。

此外，通过混合 FE-SEA 方法中随机子系统 1 与 2 间的耦合损耗因子 η_{12} 可以说明 η_{12} 峰值的大小主要由该频率附近的确定性子系统的模态决定，如图 4-19 所示的第 6~9 阶的模态，模态对响应的贡献如图 4-20 所示。

对响应数据进行综合分析可知，在中频段混合 FE-SEA 方法综合考虑了确定性子系统及随机子系统中对整个结构响应的影响。确定性子系统的模态相当于整体结构的主模态，混合 FE-SEA 的响应峰值反映了确定性子系统对结构响应的贡献；而由于随机子系统的不确定性，借鉴 SEA 中统计的概念，通过引入集合平均得到了随机子系统对结构总体响应变化趋势的影响，即混合 FE-SEA 方法的结果相当于蒙特卡罗仿真中多个样本平均的结果。

通过上述验证可知，在实际问题中应用混合 FE-SEA 方法是适用的。方法中不具体考虑结构不确定性因素的多少，因此混合 FE-SEA 方法可完全适用于复杂结构。此外，该方法在计算成本非常低的情况下仍旧能够求得精确的响应结果，表明其在工程应用中具有很大的潜力。

（a）第 6 阶模态：496.03 Hz

（b）第 7 阶模态：680.95 Hz

（c）第 8 阶模态：862.02 Hz

（d）第 9 阶模态：902.07 Hz

图 4-19　确定性子系统的各阶模态

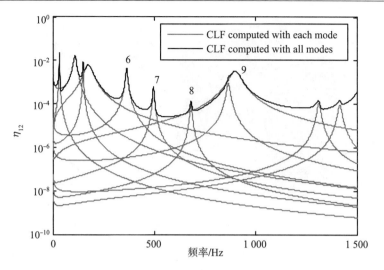

图 4‐20　确定性子系统中各阶模态对耦合损耗因子的贡献

4.4.3　框架式梁板耦合系统的有界混合点连接模型验证

为验证本章提出的点连接修正因子模型的有效性，考虑如图 4‐21 所示的结构模型。结构包含由梁组成的框架和两个板结构，每个板结构通过 4 个点连接固定到框架上，结构的有限元模型和点连接的位置如图 4‐22 所示。框架的材料为钢，弹性模量 E 为 210 GPa，密度 ρ 为 7 800 kg/m³，泊松比 υ_0 为 0.3。每个梁长为 0.7 m，界面为中空方形界面，高度为 25.4 mm，厚度为 3.2 mm。12 根梁直角连接组成立方框架。板结构的尺寸为 0.6 m× 0.8 m，厚度为 1 mm，材料为铝，弹性模量 E 为 71 GPa，密度 ρ 为 2 700 kg/m³，泊松比 υ_0 为 0.3，分析频率 1～1 300 Hz，在其中一个板施加横向单位载荷。结构中所有点连接位于板结构内部，理想条件下，点连接的辐射角为 360°，即修正因子为 1。

混合连接采用 4.3 节中推导得到的直接场动刚度矩阵建模，然后根据模型和结构的动力学特性，采用基于波长理论的修正因子模型进行修正。建模过程中，板结构的面内运动和梁结构波长相对较长，采用 FE 建模；板的面外运动波长相对小，采用 SEA 建模，两者

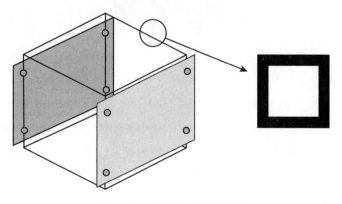

图 4‐21　修正因子验证模型

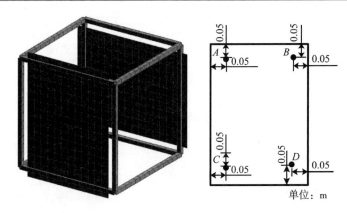

图 4-22　结构的有限元模型及点连接的位置示意图

通过 8 个混合点连接耦合。考虑到中高频响应的不确定性，验证算法采用基于有限元的能量流分析方法与 Monte Carlo 仿真相结合的方法。在每个板上施加 20 个总质量为板结构 15％的随机分布质量块来描述结构参数的摄动，为了进一步验证点连接修正模型，对照算法 VA One，辐射角分别取 360°、180°和 90°，用式（4-57）换算所得的修正因子分别为 $\beta=1$、$\beta=0.5$ 和 $\beta=0.25$。

　　图 4-23 给出板 1 上每个点连接不同频率下的连接判定圆，图 4-24 给出了四个点连接的修正因子，为了进一步说明问题，图 4-24 中也给出了在 VA One 采用 $\beta=1$、$\beta=0.5$ 和 $\beta=0.25$ 时的修正值。

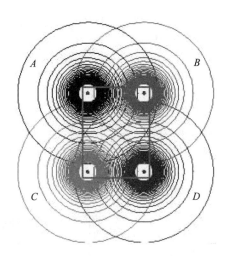

图 4-23　板 1 不同点不同频率下的连接判定圆

　　波动理论认为，随着分析频率的提高，结构中波的波长逐渐变短，边界和点连接之间存在的波数越来越多。波长满足一定条件后，边界对点连接的影响就可以忽略不计，此时可以将结构近似处理为无界结构。边界对点连接建模的影响的总体趋势是：随着分析频率的提高，边界对点连接的影响逐渐减小。

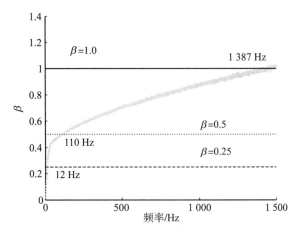

图 4 - 24　混合点连接的修正因子

图 4 - 25 给出了板 2 修正模型和 VA One 在三种修正值下的能量影响系数与能量流有限元方法分析结果对比。在 VA One 中，当 $\beta=1$ 时，分析结果在低频处与有限元分析结果差异较大；当 $\beta=0.5$ 时，分析结果在高频处与有限元结果分析差异较大；当 $\beta=0.25$ 时，在整个分析频率范围内 VA One 的计算结果与 Monte Carlo 仿真结果差异较大。上述结论与波动理论相吻合：当 $\beta=1$ 时，低频波长较长，边界对点连接建模影响显著；而 $\beta=0.5$ 则在高频存在过修正问题。基于波动理论的修正模型充分考虑了结构的波长特性，模型在整个分析频率范围内与 Monte Carlo 仿真结果都较为吻合。

图 4 - 26 给出了板 1 和板 2 间耦合损耗因子的计算结果。可以看出，VA One 中采用常值不尽合理；边界对点连接建模的影响与频率相关；在不同的频段下，边界对点连接的影响不相同。基于波动理论的修正模型建立的混合点连接影响因子在整个分析频率范围内计算精度优于 VA One，能够准确描述不同频段下边界对混合点连接的影响。

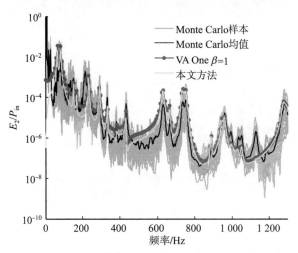

图 4 - 25　板 2 的能量影响系数与能量流有限元方法分析结果对比（见彩插）

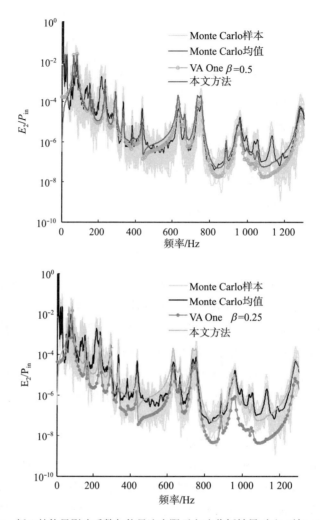

图 4 - 25　板 2 的能量影响系数与能量流有限元方法分析结果对比（续）（见彩插）

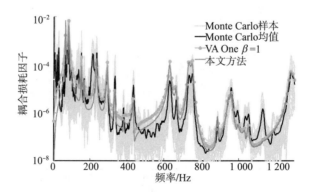

图 4 - 26　板 1 和板 2 间的耦合损耗因子（见彩插）

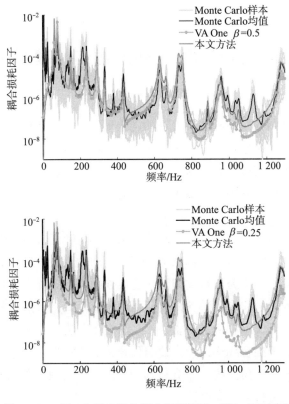

图 4‑26　板 1 和板 2 间的耦合损耗因子（续）（见彩插）

4.5　小结

本章主要基于波动理论，通过点连接的动力学方程及其刚性位移协调条件，建立了无界结构的混合点连接模型，并针对目前分析方法只能建立无界结构的混合点连接模型的局限性，提出了有界结构的混合点连接修正模型。最后基于试验数据研究了完全混响假设的合理性和其对不同连接模型预示结果的影响。

1）典型结构的验证表明，本章基于波动理论建立的无界混合点连接模型是准确有效的，与目前国际商业软件的预示结果吻合。

2）提出了有界结构的混合点连接修正模型，完善了混合点连接的建模理论。目前混合方法在建立混合点连接时，假设结构为无限大，然而这种假设在实际工程中是不存在的。本章基于波动理论的思想，通过结构中波长与边界的相互关系建立了一种混合点连接修正模型，用以描述有界结构边界的影响。该模型综合了结构的动力学参数、边界的几何特征和分析频率等因素。算例分析表明，修正模型能够有效地改善点连接建模的精度，可准确地建立边界对混合点连接的影响模型，是对目前混合点连接的建模理论的进一步完善。

文中混合点连接建模研究的对象为简单的平板结构，但是实际的结构形式复杂多变，如各向异性材料结构、变厚度结构或大曲率结构等广泛存在，如对这些结构进行建模，则混合点连接建模方法需要做进一步的改进与完善。

第 5 章　混合 FE‑SEA 线连接建模方法

　　线连接也是航天器结构中一种非常普遍的连接形式，如星体壁板的连接、星箭界面的连接等。混合 FE‑SEA 线连接模型可以认为是更加复杂的点连接形式。其与普通点连接不同的地方在于：由于点连接距离非常小，各个点连接之间存在相干条件，线连接的建模不能直接基于波动理论给出有限元节点坐标系下的直接场动刚度矩阵形式，这是线连接建模的主要技术难点。

　　本章针对混合线连接建模方法进行了阐述，采用傅里叶变换方法来解决无穷波数空间下的线连接阻抗矩阵到有限元节点坐标系下的直接场动刚度矩阵转换难题。首先根据线连接处的波传播特性，给出了无穷波数空间下线连接处的阻抗矩阵，然后采用傅里叶变换技术，通过构造线连接处的位移形函数获得实际物理坐标系下（节点坐标系）的线连接直接场动刚度矩阵，最后针对典型算例进行验证。采用上述方法建立混合线连接模型，形函数的构造是关键，目前关于混合线连接形函数的公开文献非常少，本章提出了三种形函数构造方法：模态线性插值、三角波线性插值和 Shannon 小波函数，并对基于这三种形函数的混合线连接模型的特点进行了简要阐述。

5.1　线连接的坐标系统

　　图 5‑1 为由 n 个板组成的线连接示意图。假设每个板在 x 方向和 y 方向为无限长。若板 1 受到斜入射波作用（如弯曲波 B、纵向波 L 或横向剪切波 T），则入射波通过线连

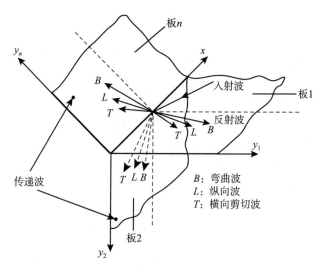

图 5‑1　板‑板线连接示意图

接后，能量可以分为两部分，一部分反射到自身结构上，而另外一部分传递到其余结构上。为了研究波在线连接处的传播机理，可以首先考虑任意板在反射和传递波下的弹性变形，图 5 - 2 给出了局部坐标系下的线连接处的位移、力和力矩示意图。

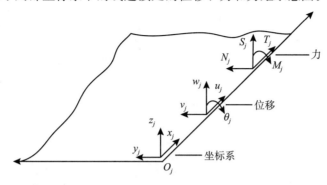

图 5 - 2　局部坐标系下线连接处的位移、力和力矩示意图

　　考虑薄板通过线连接与其他结构部件组合（梁、杆等），薄板由于模态密度较高，采用 SEA 建模，结构部件采用 FEM 建模（梁、杆等部件通常刚性较大，一般采用有限元建模），因此后续内容主要研究板结构的线连接建模方法。混合线连接处的自由度可由有限元网格的物理节点自由度描述，若所有的边界均为直线，则与这些自由度相关的直接场动刚度矩阵可通过依次考虑每个直线边界进行分析，并认为这些直线边界为无界板边界的一部分。边界的运动会产生向板内传递的波，对于给定的边界运动，可基于波动理论并通过傅里叶变换分析获得。

5.2　波数空间下的线连接模型

5.2.1　横向振动

　　如图 5 - 2 所示，板的局部坐标系为 $O_j x_j y_j z_j$，连接位于 $y_j = 0$ 处。对于薄板 j，在板 j 的局部坐标系中，线连接处的运动可由 $(x_j \quad y_j \quad z_j)^{\mathrm{T}}$ 三个方向的平动 $(u_j \quad v_j \quad w_j)^{\mathrm{T}}$ 与绕 x 轴的转动 θ_j 描述。根据各向同性板理论，任意板的横向自由运动可由控制方程式（5 - 1）描述

$$D_0 \nabla^4 w + m \frac{\partial^2 w}{\partial t^2} = 0 \qquad (5 - 1)$$

其中

$$D_0 = Eh^3 / [12(1 - v_0^2)]$$
$$\nabla^4 = (\partial^2 / \partial x^2 + \partial^2 / \partial y^2)^2$$

式中　m——面积质量；

　　　h——板厚；

　　　v_0——泊松比；

　　　E——杨氏模量。

假设波由无穷远处传递到线连接处（x 轴），则波动项为 $\exp(-\mathrm{i}kx+\mu y+\mathrm{i}\omega t)$，$-\mathrm{i}kx$ 中负号表示波沿 x 轴正方向传播，k 为该方向波数，系数 μ 则由传播波的类型决定。

入射波在到达连接时，以弯曲波、纵向波和横向剪切波的形式，一部分传递到其余相连结构、一部分反射。根据 Snell 定理，传递波和反射波应具有相同的时间与空间波动项，所有结构在连接处的波应具有相同的迹速度，以满足连接处的相位相容条件（迹匹配条件，trace matching conditions），如图 5-3 所示。所有板 x 方向的反射与传递波数 k 应与入射波的波数相同，即板上连接处的响应包含波动项 $\exp(-\mathrm{i}kx+\mathrm{i}\omega t)$。

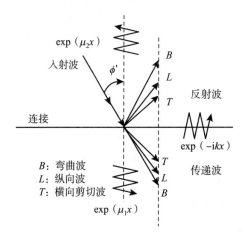

图 5-3　波传播的 Snell 定理示意图

假设传递和反射的波为弯曲波，则该波应具有 $\exp(-\mathrm{i}kx+\mu_{\mathrm{B}}y+\mathrm{i}\omega t)$ 波动项。其中 μ_{B} 是待确定的 y 向波数，x 向波数 k 由入射波波数和入射角决定。设入射波与法线的夹角为 ϕ'，入射波为弯曲波，波数为 k'_{B}，则 k 为

$$k=k'_{\mathrm{B}}\sin(\phi') \tag{5-2}$$

即传播波的 x 向波数为入射波的波数 k'_{B} 在 x 方向的投影分量。

将 $\exp(-\mathrm{i}kx+\mu_{\mathrm{B}}y+\mathrm{i}\omega t)$ 代入方程（5-1）中，可得到 μ_{B} 必须满足如式（5-3）所示的形式

$$\mu_{\mathrm{B}}^2=k^2\pm k_{\mathrm{B}}^2 \tag{5-3}$$

其中弯曲波数 $k_{\mathrm{B}}=\mu_{\mathrm{B}}(m\omega^2/D_0)^{1/4}$。

y 方向的波数可由式（5-3）确定。对于弯曲波 k_{B}，由式（5-3）可得 4 个 μ_{B} 值，其中负虚根和负实根是符合真实状况的波数，可以描述正 y 方向波的传递和衰减。由式（5-1）和式（5-3）可知，当 $k>k_{\mathrm{B}}$ 时，μ_{B} 取两个负实数，此时 y 方向的波为近场衰减波，不传递能量；当 $k\leqslant k_{\mathrm{B}}$ 时，μ_{B} 取一个负实数和一个负虚数，此时 y 方向的波包含衰减的近场波和传递能量的远场波。

假设 μ_{B} 的两个可能值为 $\mu_{\mathrm{B}1}$ 和 $\mu_{\mathrm{B}2}$。

当 $k\leqslant k_{\mathrm{B}}$ 时，令

$$\begin{cases} \mu_{B1} = -\sqrt{k_B^2 + k^2} \\ \mu_{B2} = -\mathrm{i}\sqrt{k_B^2 - k^2} \end{cases} \tag{5-4}$$

当 $k > k_B$ 时，令

$$\begin{cases} \mu_{B1} = -\sqrt{k_B^2 + k^2} \\ \mu_{B2} = -\sqrt{k^2 - k_B^2} \end{cases} \tag{5-5}$$

板的横向位移可以表示为

$$w = [\alpha_1 \exp(\mu_{B1} y) + \alpha_2 \exp(\mu_{B2} y)] \exp(-\mathrm{i}kx + \mathrm{i}\omega t) \tag{5-6}$$

x 方向的转角 θ_x 可表示为 $\theta_x = \partial w / \partial y$，由式（5-6）可得

$$\theta_x = [\alpha_1 \mu_{B1} \exp(\mu_{B1} y) + \alpha_2 \mu_{B2} \exp(\mu_{B2} y)] \exp(-\mathrm{i}kx + \mathrm{i}\omega t) \tag{5-7}$$

考虑线连接边界处 $y = 0$，结合式（5-6）和式（5-7），有

$$\begin{bmatrix} w \\ \theta_x \end{bmatrix}_{y=0} = \begin{bmatrix} 1 & 1 \\ \mu_{B1} & \mu_{B2} \end{bmatrix} \begin{bmatrix} \alpha_1 \\ \alpha_2 \end{bmatrix} \exp(-\mathrm{i}kx + \mathrm{i}\omega t) \tag{5-8}$$

进一步可推得

$$\begin{bmatrix} \alpha_1 \\ \alpha_2 \end{bmatrix} = \begin{bmatrix} \dfrac{\mu_{B2}}{\mu_{B2} - \mu_{B1}} & \dfrac{-1}{\mu_{B2} - \mu_{B1}} \\ \dfrac{-\mu_{B1}}{\mu_{B2} - \mu_{B1}} & \dfrac{1}{\mu_{B2} - \mu_{B1}} \end{bmatrix} \begin{bmatrix} w \\ \theta_x \end{bmatrix} \exp(\mathrm{i}kx - \mathrm{i}\omega t) \tag{5-9}$$

省略 $\exp(\mathrm{i}kx - \mathrm{i}\omega t)$ 项，展开可写为

$$\alpha_1 = \frac{\mu_{B2} w}{\mu_{B2} - \mu_{B1}} - \frac{\theta_x}{\mu_{B2} - \mu_{B1}} \tag{5-10}$$

$$\alpha_2 = -\frac{-\mu_{B1} w}{\mu_{B2} - \mu_{B1}} + \frac{\theta_x}{\mu_{B2} - \mu_{B1}} \tag{5-11}$$

x 轴向力矩与横向力为

$$M = D_0 \left(\frac{\partial^2 w}{\partial y^2} + \upsilon_0 \frac{\partial^2 w}{\partial x^2} \right)_{y=0} \tag{5-12}$$

$$S = -D_0 \left[\frac{\partial^3 w}{\partial y^3} + (2 - \upsilon_0) \frac{\partial^3 w}{\partial x^2 \partial y} \right]_{y=0} \tag{5-13}$$

将式（5-6）代入得

$$M = D_0 [(\alpha_1 \mu_{B1}^2 + \alpha_2 \mu_{B2}^2) + \upsilon_0 (\alpha_1 + \alpha_2)] \tag{5-14}$$

$$S = D_0 [(\alpha_1 \mu_{B1}^3 + \alpha_2 \mu_{B2}^3) - (2 - \upsilon_0)(\alpha_1 \mu_{B1} + \alpha_2 \mu_{B2}) k^2] \tag{5-15}$$

将式（5-9）代入式（5-14）和式（5-15）中有

$$\begin{bmatrix} S \\ M \end{bmatrix} = D_0 \begin{bmatrix} \mu_{B1} \mu_{B2} (\mu_{B1} + \mu_{B2}) & -(\mu_{B1}^2 + \mu_{B2}^2 + \mu_{B1} \mu_{B2}) + (2 - \upsilon_0) k^2 \\ -(\mu_{B1} \mu_{B2} + \upsilon_0 k^2) & \mu_{B1} + \mu_{B2} \end{bmatrix} \begin{bmatrix} w \\ \theta_x \end{bmatrix} \tag{5-16}$$

对于同一个 k 值有

$$\mu_{B1}^2 = k^2 + k_B^2 \tag{5-17}$$

$$\mu_{B2}^2 = k^2 - k_B^2 \tag{5-18}$$

式（5-17）与式（5-18）相加有

$$\mu_{B1}^2 + \mu_{B2}^2 = 2k^2 \tag{5-19}$$

将式（5-19）代入式（5-16）中有

$$\begin{bmatrix} S \\ M \end{bmatrix} = D_0 \begin{bmatrix} \mu_{B1}\mu_{B2}(\mu_{B1}+\mu_{B2}) & -(\mu_{B1}\mu_{B2}+\upsilon_0 k^2) \\ -(\mu_{B1}\mu_{B2}+\upsilon_0 k^2) & \mu_{B1}+\mu_{B2} \end{bmatrix} \begin{bmatrix} w \\ \theta_x \end{bmatrix} \tag{5-20}$$

因此，线连接的横向振动的动刚度矩阵为对称阵

$$\boldsymbol{D}_b^\infty = D_0 \begin{bmatrix} \mu_{B1}\mu_{B2}(\mu_{B1}+\mu_{B2}) & -(\mu_{B1}\mu_{B2}+\upsilon_0 k^2) \\ -(\mu_{B1}\mu_{B2}+\upsilon_0 k^2) & \mu_{B1}+\mu_{B2} \end{bmatrix} \tag{5-21}$$

当 $k \leqslant k_B$ 时

$$\boldsymbol{D}_b^\infty = D_0 \begin{bmatrix} \sqrt{k^2+k_B^2}(k_B^2-k^2)-\mathrm{i}\sqrt{k_B^2-k^2}(k^2+k_B^2) & -\upsilon_0 k^2-\mathrm{i}\sqrt{k^2+k_B^2}\sqrt{k_B^2-k^2} \\ -\upsilon_0 k^2-\mathrm{i}\sqrt{k^2+k_B^2}\sqrt{k_B^2-k^2} & -\sqrt{k^2+k_B^2}-\mathrm{i}\sqrt{k_B^2-k^2} \end{bmatrix} \tag{5-22}$$

当 $k > k_B$ 时

$$\boldsymbol{D}_b^\infty = D_0 \begin{bmatrix} -\sqrt{k^2+k_B^2}(k^2-k_B^2)-\sqrt{k^2-k_B^2}(k^2+k_B^2) & -\upsilon_0 k^2-\sqrt{k^2+k_B^2}\sqrt{k^2-k_B^2} \\ -\upsilon_0 k^2-\sqrt{k^2+k_B^2}\sqrt{k^2-k_B^2} & -\sqrt{k^2+k_B^2}-\sqrt{k_B^2+k^2} \end{bmatrix} \tag{5-23}$$

式（5-21）即为波数空间下线连接的面外运动的直接场动刚度矩阵。对于板结构，面内运动与面外运动解耦，因此可以分别建模，5.2.2节将给出波数空间下线连接面内运动的直接场动刚度矩阵。

5.2.2　纵向振动

板面内的振动可由控制方程描述

$$\frac{Eh}{1-\upsilon_0^2}\frac{\partial^2 u}{\partial x^2} + \frac{Eh}{2(1+\upsilon_0)}\frac{\partial^2 u}{\partial y^2} + \frac{Eh}{1-\upsilon_0^2}\frac{\partial^2 v}{\partial x\partial y} - m\frac{\partial^2 u}{\partial t^2} = 0 \tag{5-24}$$

$$\frac{Eh}{1-\upsilon_0^2}\frac{\partial^2 v}{\partial y^2} + \frac{Eh}{2(1+\upsilon_0)}\frac{\partial^2 v}{\partial x^2} + \frac{Eh}{2(1-\upsilon_0)}\frac{\partial^2 u}{\partial y\partial x} - m\frac{\partial^2 v}{\partial t^2} = 0 \tag{5-25}$$

面内运动为 u 和 v 的函数。为了简化式（5-24）和式（5-25），定义势函数 ϕ 和流函数 $\psi^{[130]}$ 为

$$u = -\frac{\partial\phi}{\partial x} - \frac{\partial\psi}{\partial y} \tag{5-26}$$

$$v = -\frac{\partial\phi}{\partial y} + \frac{\partial\psi}{\partial x} \tag{5-27}$$

则方程简化为

$$\nabla^2\phi - [\rho(1-\mu^2)/E]\frac{\partial^2\phi}{\partial t^2} = 0 \tag{5-28}$$

$$\nabla^2\psi - [2\rho(1+\mu)/E]\frac{\partial^2\psi}{\partial t^2} = 0 \tag{5-29}$$

式（5-28）和式（5-29）的通解可以表示为

$$\phi = \Phi \exp(-\mathrm{i}kx + \mu y + \mathrm{i}\omega t) \tag{5-30}$$

$$\psi = \Psi \exp(-\mathrm{i}kx + \mu y + \mathrm{i}\omega t) \tag{5-31}$$

速度势函数 ϕ 与纵向拉伸波相关，流函数 ψ 则与横向剪切波相关，将式（5-30）、式（5-31）代入式（5-28）、式（5-29）有

$$\mu_{\mathrm{L}}^2 = k^2 - k_{\mathrm{L}}^2 \tag{5-32}$$

$$\mu_{\mathrm{S}}^2 = k^2 - k_{\mathrm{S}}^2 \tag{5-33}$$

其中 k_{L} 为拉伸波，k_{S} 为剪切波，且有

$$k_{\mathrm{L}}^2 = \frac{\rho \omega^2}{E}(1 - \upsilon_0^2) \tag{5-34}$$

$$k_{\mathrm{S}}^2 = \frac{2\rho \omega^2}{E}(1 + \upsilon_0) \tag{5-35}$$

Snell 定理表明，在连接处所有波的迹速度（trace velocity）应当相同，即所有反射波和传递波沿连接方向的波数应当与入射波的波数在连接方向的投影相同。y 方向的波数由式（5-34）及式（5-35）决定，且纵向拉伸波和横向剪切波沿 y 正方向传播，应取负虚根。

取纵向拉伸模态和横向剪切模态分别为 $\begin{bmatrix} k & \mathrm{i}\mu_{\mathrm{L}} \end{bmatrix}^{\mathrm{T}}$ 及 $\begin{bmatrix} \mathrm{i}\mu_{\mathrm{S}} & -k \end{bmatrix}^{\mathrm{T}[131]}$，则板 j 的纵向位移 $\begin{bmatrix} u & v \end{bmatrix}^{\mathrm{T}}$ 为

$$\begin{bmatrix} u \\ v \end{bmatrix} = \left\{ \alpha_{\mathrm{L}} \begin{bmatrix} k \\ \mathrm{i}\mu_{\mathrm{L}} \end{bmatrix} \mathrm{e}^{\mu_{\mathrm{L}} y} + \alpha_{\mathrm{S}} \begin{bmatrix} \mathrm{i}\mu_{\mathrm{S}} \\ -k \end{bmatrix} \mathrm{e}^{\mu_{\mathrm{S}} y} \right\} \exp(-\mathrm{i}kx + \mathrm{i}\omega t) \tag{5-36}$$

线连接处（$y=0$）的纵向位移 $\begin{bmatrix} u & v \end{bmatrix}^{\mathrm{T}}$ 为

$$\begin{bmatrix} u \\ v \end{bmatrix} = \begin{bmatrix} k & \mathrm{i}\mu_{\mathrm{S}} \\ \mathrm{i}\mu_{\mathrm{L}} & -k \end{bmatrix} \begin{bmatrix} \alpha_{\mathrm{L}} \\ \alpha_{\mathrm{S}} \end{bmatrix} \exp(-\mathrm{i}kx + \mathrm{i}\omega t) \tag{5-37}$$

x 方向和 y 方向力为

$$N = \frac{Eh}{1 - \upsilon_0}\left(\frac{\partial v}{\partial y} + \upsilon_0 \frac{\partial u}{\partial x}\right) \tag{5-38}$$

$$T = \frac{Eh}{1 - \upsilon_0}\left(\frac{\partial v}{\partial x} + \upsilon_0 \frac{\partial u}{\partial y}\right) \tag{5-39}$$

将式（5-37）代入式（5-38）和式（5-39）中有

$$\begin{bmatrix} T \\ N \end{bmatrix} = \frac{Eh}{k^2 - \mu_{\mathrm{S}}\mu_{\mathrm{L}}} \begin{bmatrix} -\dfrac{(\mu_{\mathrm{S}}^2 - k^2)\mu_{\mathrm{L}}}{2(1 + \upsilon_0)} & -\dfrac{\mathrm{i}k(\mu_{\mathrm{L}}^2 - \upsilon_0^2 k^2)}{1 - \upsilon_0^2} + \dfrac{\mathrm{i}\mu_{\mathrm{S}}\mu_{\mathrm{L}}k}{1 + \upsilon_0} \\ \dfrac{\mathrm{i}k(\mu_{\mathrm{L}}^2 - \upsilon_0^2 k^2)}{1 - \upsilon_0^2} - \dfrac{\mathrm{i}\mu_{\mathrm{S}}\mu_{\mathrm{L}}k}{1 + \upsilon_0} & \dfrac{(\upsilon_0 k^2 - \mu_{\mathrm{L}}^2)\mu_{\mathrm{S}}}{1 - \upsilon_0^2} + \dfrac{\mu_{\mathrm{S}}}{1 + \upsilon_0} \end{bmatrix} \begin{bmatrix} u \\ v \end{bmatrix} \tag{5-40}$$

由式（5-40）等号右边的矩阵可得面内运动的动刚度矩阵为

$$\boldsymbol{D}_{\mathrm{SL}}^{\infty} = \frac{Eh}{k^2 - \mu_{\mathrm{S}}\mu_{\mathrm{L}}} \begin{bmatrix} -\dfrac{(\mu_{\mathrm{S}}^2 - k^2)\mu_{\mathrm{L}}}{2(1 + \upsilon_0)} & -\dfrac{\mathrm{i}k(\mu_{\mathrm{L}}^2 - \upsilon_0^2 k^2)}{1 - \upsilon_0^2} + \dfrac{\mathrm{i}\mu_{\mathrm{S}}\mu_{\mathrm{L}}k}{1 + \upsilon_0} \\ \dfrac{\mathrm{i}k(\mu_{\mathrm{L}}^2 - \upsilon_0^2 k^2)}{1 - \upsilon_0^2} - \dfrac{\mathrm{i}\mu_{\mathrm{S}}\mu_{\mathrm{L}}k}{1 + \upsilon_0} & \dfrac{(\upsilon_0 k^2 - \mu_{\mathrm{L}}^2)\mu_{\mathrm{S}}}{1 - \upsilon_0^2} + \dfrac{\mu_{\mathrm{S}}}{1 + \upsilon_0} \end{bmatrix} \tag{5-41}$$

5.3 节点坐标系下的线连接模型

5.2 节研究了波数空间下线连接的直接场动刚度矩阵的形式，该表达式是在波数空间下给出的（不能直接与有限元的物理坐标系相耦合），需要将其变换到实际物理坐标系下（节点坐标系），下面将针对该问题展开研究。

5.3.1 线连接的位移形式

对于线连接上的各个节点，每个节点包含 4 个自由度，则节点的位移列矢量可写为

$$u = \boldsymbol{\Phi}\boldsymbol{\delta} \tag{5-42}$$

其中

$$\boldsymbol{u} = \begin{bmatrix} u(x) & \upsilon(x) & w(x) & \theta(x) \end{bmatrix}^{\mathrm{T}} \tag{5-43}$$

$$\boldsymbol{\delta} = \begin{bmatrix} u_1 & v_1 & w_1 & \theta_1 & \cdots & u_N & \upsilon_N & w_N & \theta_N \end{bmatrix}^{\mathrm{T}} \tag{5-44}$$

$$\boldsymbol{\Phi} = \begin{bmatrix} \phi_1(x) & 0 & 0 & 0 & \cdots & \phi_N(x) & 0 & 0 & 0 \\ 0 & \phi_1(x) & 0 & 0 & \cdots & 0 & \phi_N(x) & 0 & 0 \\ 0 & 0 & \phi_1(x) & 0 & \cdots & 0 & 0 & \phi_N(x) & 0 \\ 0 & 0 & 0 & \phi_1(x) & \cdots & 0 & 0 & 0 & \phi_N(x) \end{bmatrix} \tag{5-45}$$

取 $\boldsymbol{\phi}_i$ 为第 i 个节点的位移形函数，在广义坐标系 q_m 下，线连接各点的位移可表示为各个节点位移形函数的叠加

$$\boldsymbol{u} = \sum_m q_m \boldsymbol{\varphi}_m(x) \tag{5-46}$$

其中 $\boldsymbol{\varphi}_m(x)$ 为第 m 个形函数，形函数的数目由节点数目 N 决定。

5.3.2 动刚度矩阵的傅里叶变换

假设连接处共有 N 个节点，总自由度数为 $n = 4N$，则线连接处的直接场动力学方程为

$$\begin{bmatrix} D_{11} & D_{12} & \cdots & D_{1n} \\ D_{21} & D_{22} & \cdots & D_{2n} \\ \vdots & \vdots & \ddots & \vdots \\ D_{n1} & D_{n2} & \cdots & D_{nm} \end{bmatrix} \begin{bmatrix} u_1 \\ u_2 \\ \vdots \\ u_n \end{bmatrix} = \begin{bmatrix} F_1 \\ F_2 \\ \vdots \\ F_n \end{bmatrix} \tag{5-47}$$

令第 i 个自由度产生单位位移矢量，即 $\boldsymbol{u} = \begin{bmatrix} 0, & 0, & \cdots, & 0, & 1, & 0, & \cdots, & 0 \end{bmatrix}^{\mathrm{T}}$，其中第 i 个元素 $u_i = 1$，其他为零，则

$$D_{ji} = F_j \tag{5-48}$$

即 D_{ji} 为当第 i 个自由度位移为 1 时在第 j 个自由度上产生的力 F_j。

设第 i 个自由度单位位移在线连接上分布的力为 $\boldsymbol{f}_i(x)$，其在各个自由度上的等效载荷表示为

$$\boldsymbol{F} = \int_L \boldsymbol{\Phi}^{\mathrm{H}} \boldsymbol{f}_i(x) \mathrm{d}x \tag{5-49}$$

结合式（5-45）可以给出第 j 个自由度上的等效载荷

$$F_j = \int_L \boldsymbol{\Phi}_j^{\mathrm{H}} \boldsymbol{f}_i(x) \mathrm{d}x \tag{5-50}$$

其中 $\boldsymbol{\Phi}_j$ 为形函数矩阵 $\boldsymbol{\Phi}$ 的第 j 列。将式（5-50）代入式（5-48）有

$$D_{ji} = \int_L \boldsymbol{\Phi}_j^{\mathrm{H}} \boldsymbol{f}_i(x) \mathrm{d}x \tag{5-51}$$

式（5-51）即为连接处直接场动力学刚度矩阵第 ji 项的表达式。

假设在连接外所有的位移为零，对形函数进行空间傅里叶变换，即可得到由波数表示的形函数

$$\boldsymbol{\Psi}_i(k) = \int_{-\infty}^{\infty} \boldsymbol{\Phi}_i(x) \exp(-\mathrm{i}kx) \mathrm{d}x \tag{5-52}$$

当线连接外的边界为固支边界条件时，积分区间可以简化为 $[-L/2, L/2]$，则式（5-52）变为

$$\boldsymbol{\Psi}_i(k) = \int_{-L/2}^{L/2} \boldsymbol{\Phi}_i(x) \exp(-\mathrm{i}kx) \mathrm{d}x \tag{5-53}$$

在物理坐标系下，线连接在 $x=0$ 处单位位移引起的沿连接方向的力为 $D(x)$，则由第 i 个形函数 $\boldsymbol{\Phi}_i(x)$ 在线连接上产生的相应的力可写为卷积的形式

$$\boldsymbol{f}_i(x) = \int_{-\infty}^{\infty} \boldsymbol{D}(x-x') \boldsymbol{\Phi}_i(x) \mathrm{d}x$$
$$= \boldsymbol{D}(x) * \boldsymbol{\Phi}_i(x) \tag{5-54}$$

两边同时做波数空间下的傅里叶变换，可推出

$$\boldsymbol{F}_i(k) = \boldsymbol{D}^{\infty}(k) \boldsymbol{\Phi}_i(k) \tag{5-55}$$

对于薄板，弯曲自由度 w 和 θ 与剪切自由度 u 及拉伸自由度 v 解耦，4×4 的刚度矩阵可由两个 2×2 的刚度矩阵表示

$$\boldsymbol{D}^{\infty} = \begin{bmatrix} \boldsymbol{D}_{\mathrm{se}}^{\infty} & \boldsymbol{0} \\ \boldsymbol{0} & \boldsymbol{D}_{\mathrm{b}}^{\infty} \end{bmatrix} \tag{5-56}$$

$$\boldsymbol{F}_i(k) = \begin{bmatrix} F_{u,i}(k) & F_{v,i}(k) & F_{w,i}(k) & F_{\theta,i}(k) \end{bmatrix}^{\mathrm{T}} \tag{5-57}$$

对方程（5-55）进行逆傅里叶变换，则得到边界处力的分布

$$\boldsymbol{f}_i(x) = \frac{1}{2\pi} \int_{-\infty}^{\infty} \boldsymbol{D}^{\infty}(k) \boldsymbol{\Psi}_i(k) \exp(\mathrm{i}kx) \mathrm{d}k \tag{5-58}$$

将方程（5-58）代入式（5-51）得

$$D_{ji} = \frac{1}{2\pi} \int_{-\frac{L}{2}}^{\frac{L}{2}} \boldsymbol{\Phi}_j^{\mathrm{H}}(x) \left[\int_{-\infty}^{\infty} \boldsymbol{D}^{\infty}(k) \boldsymbol{\Psi}_i(k) \exp(\mathrm{i}kx) \mathrm{d}k \right] \mathrm{d}x \tag{5-59}$$

交换积分顺序

$$D_{ji} = \frac{1}{2\pi} \int_{-\frac{L}{2}}^{\frac{L}{2}} \boldsymbol{\Phi}_j^{\mathrm{H}}(x) \left[\int_{-\infty}^{\infty} \boldsymbol{D}^{\infty}(k) \boldsymbol{\Psi}_i(k) \exp(\mathrm{i}kx) \mathrm{d}k \right] \mathrm{d}x$$

$$
\begin{aligned}
&= \frac{1}{2\pi} \int_{-\infty}^{\infty} \left[\int_{-\frac{L}{2}}^{\frac{L}{2}} \boldsymbol{\Phi}_j^{\mathrm{H}}(x) \exp(\mathrm{i}kx) \mathrm{d}x \right] \boldsymbol{D}^{\infty}(k) \boldsymbol{\Psi}_i(k) \mathrm{d}k \\
&= \frac{1}{2\pi} \int_{-\infty}^{\infty} \left[\int_{-\frac{L}{2}}^{\frac{L}{2}} \boldsymbol{\Phi}_j^{\mathrm{H}}(x) \exp(-\mathrm{i}kx) \mathrm{d}x \right]^{\mathrm{H}} \boldsymbol{D}^{\infty}(k) \boldsymbol{\Psi}_i(k) \mathrm{d}k \\
&= \frac{1}{2\pi} \int_{-\infty}^{\infty} \boldsymbol{\Psi}_j^{\mathrm{H}}(k) \boldsymbol{D}^{\infty}(k) \boldsymbol{\Psi}_i(k) \mathrm{d}k
\end{aligned}
\tag{5-60}
$$

式（5-60）为线连接节点坐标系下的直接场动刚度矩阵的第 ji 项。

5.4 线连接位移形函数

从前面章节的推导可以看出，基于傅里叶变换方法建立混合线连接模型，形函数的构造是关键，目前公开介绍混合线连接形函数构造方法的文献非常少，本节介绍三种形函数的构造方法：模态线性插值形函数、三角波线性插值形函数和基于 Shannon 小波的形函数[132]。

在实际结构中，结构的弯曲波（面外位移）通常尺度要远小于剪切波和拉伸波，常用的处理方式是面外位移采用 SEA 建模，而面内位移采用有限元建模（甚至能量很小，可以不建模）。为了简化推导，本节也主要考虑面外位移的形函数构造方法。

5.4.1 模态线性插值形函数

混合连接处包含了 FE 模型的有限节点序列，如果形函数采用有限元模型线连接边界处的模态函数，设连接边界处节点数目为 n，选取的模态数为 N（由分析频率和精度要求决定），则横向模态和线连接的转角模态分别表示为

$$
\boldsymbol{\phi}_w = \begin{bmatrix}
\phi_1^1 & \phi_2^1 & \cdots & \phi_N^1 \\
\phi_1^2 & \phi_2^2 & \cdots & \phi_N^2 \\
\vdots & \vdots & \ddots & \vdots \\
\phi_1^n & \phi_2^n & \cdots & \phi_N^n
\end{bmatrix}
\quad
\boldsymbol{\varphi}_\theta = \begin{bmatrix}
\varphi_1^1 & \varphi_2^1 & \cdots & \varphi_N^1 \\
\varphi_1^2 & \varphi_2^2 & \cdots & \varphi_N^2 \\
\vdots & \vdots & \ddots & \vdots \\
\varphi_1^n & \varphi_2^n & \cdots & \varphi_N^n
\end{bmatrix}
\tag{5-61}
$$

式（5-61）中，上标表示对应的节点，下标表示对应的模态。

为了描述边界的运动，取形函数为相应的模态，形函数应为一连续函数，模态节点间采用插值，建立如式（5-62）所示形函数

$$
\begin{bmatrix} u(x) \\ w(x) \end{bmatrix} = \sum_{m=1}^{N} q_m \begin{bmatrix} \phi_{w,m}(x) \\ \varphi_{\theta,m}(x) \end{bmatrix} = \sum_{m=1}^{N} q_m \boldsymbol{\Phi}_m(x)
\tag{5-62}
$$

在模态坐标系下，边界的动力学方程可写为

$$
\begin{bmatrix}
D_{11} & D_{12} & \cdots & D_{1N} \\
D_{21} & D_{22} & \cdots & D_{2N} \\
\vdots & \vdots & \ddots & \vdots \\
D_{N1} & D_{N2} & \cdots & D_{NN}
\end{bmatrix}
\begin{bmatrix} q_1 \\ q_2 \\ \vdots \\ q_N \end{bmatrix}
= \begin{bmatrix} F_1 \\ F_2 \\ \vdots \\ F_N \end{bmatrix}
\tag{5-63}
$$

取 $q_i = 1$，其余为零，则有

$$D_{ji} = F_j \tag{5-64}$$

即动力学刚度矩阵第 ji 项为当 $q_i = 1$ 时在第 j 个模态坐标下产生的力。

同理应用虚功原理，将由 $q_i = 1$ 引起的沿边界的力 $f_i(x)$ 投影到模态坐标系下

$$\begin{bmatrix} F_1 \\ F_2 \\ \vdots \\ F_N \end{bmatrix} = \int_L (\mathbf{N}^e)^H \begin{bmatrix} f_{i,w}(x) \\ f_{i,\theta}(x) \end{bmatrix} \mathrm{d}x \tag{5-65}$$

$$\mathbf{N}^e = \begin{bmatrix} \phi_1 & \phi_2 & \cdots & \phi_{N-1} & \phi_N \\ \varphi_1 & \varphi_2 & \cdots & \varphi_{N-1} & \varphi_N \end{bmatrix} \tag{5-66}$$

则有

$$F_j = \int_L \begin{bmatrix} \phi_j \\ \varphi_j \end{bmatrix}^H f_i(x) \mathrm{d}x = \int_L \mathbf{\Phi}_j^H f_i(x) \mathrm{d}x \tag{5-67}$$

即

$$D_{ji} = \int_L \mathbf{\Phi}_j^H f_i(x) \mathrm{d}x \tag{5-68}$$

模态形函数可通过线性插值构造

$$\phi_j(x) = \begin{cases} a_j^1 x + b_j^1 & L(1) \leqslant x \leqslant L(2) \\ \vdots & \vdots \\ a_j^{N-1} x + b_j^{N-1} & L(N-1) \leqslant x \leqslant L(N) \\ 0 & \text{其他} \end{cases} \tag{5-69}$$

$$\varphi_j(x) = \begin{cases} c_j^1 x + d_j^1 & L(1) \leqslant x \leqslant L(2) \\ \vdots & \vdots \\ c_j^{N-1} x + d_j^{N-1} & L(N-1) \leqslant x \leqslant L(N) \\ 0 & \text{其他} \end{cases} \tag{5-70}$$

则

$$\mathbf{\Phi}_j(x) = \begin{bmatrix} \phi_j(k) \\ \varphi_j(k) \end{bmatrix} \tag{5-71}$$

对式 (5-69) 和式 (5-70) 进行傅里叶变换有

$$\phi_j(k) = \begin{cases} -\dfrac{1}{k^2} \sum_{i=1}^{N-1} \begin{pmatrix} a_j^i \cos(kx_i) - a_j^i k x_i \sin(kx_i) + b_j^i k \sin(kx_i) - \cdots \\ a_j^i \cos(kx_{i+1}) - a_j^i k x_{i+1} \sin(kx_{i+1}) - b_j^i k \sin(kx_i + 1) \end{pmatrix} + \cdots \\ \mathrm{i} \dfrac{1}{k} \sum_{i=1}^{N-1} \begin{pmatrix} a_j^i \sin(kx_i) - a_j^i k x_i \cos(kx_i) - b_j^i k \cos(kx_i) - \cdots \\ a_j^i \sin(kx_{i+1}) + a_j^i k x_{i+1} \cos(kx_{i+1}) - b_j^i k \cos(kx_{i+1}) \end{pmatrix} \end{cases} \tag{5-72}$$

$$\varphi(k) = \begin{cases} -\dfrac{1}{k^2} \sum_{i=1}^{N-1} \begin{pmatrix} c_j^i \cos(kx_i) - c_j^i k x_i \sin(kx_i) + d_j^i k \sin(kx_i) - \cdots \\ c_j^i \cos(kx_{i+1}) - c_j^i k x_{i+1} \sin(kx_{i+1}) - d_j^i k \sin(kx_{i+1}) \end{pmatrix} + \cdots \\ \mathrm{i} \dfrac{1}{k} \sum_{i=1}^{N-1} \begin{pmatrix} c_j^i \sin(kx_i) - c_j^i k x_i \cos(kx_i) - d_j^i k \cos(kx_i) - \cdots \\ c_j^i \sin(kx_{i+1}) + c_j^i k x_{i+1} \cos(kx_{i+1}) - d_j^i k \cos(kx_{i+1}) \end{pmatrix} \end{cases} \tag{5-73}$$

将形函数式（5-72）和式（5-73）代入式（5-60）中，相应积分项为

$$\boldsymbol{\Psi}_j^{\mathrm{H}}(k)\boldsymbol{D}_{\mathrm{b}}^{\infty}\boldsymbol{\Psi}_i(k)=\begin{bmatrix}\phi_j^*(k) & \varphi_j^*(k)\end{bmatrix}\begin{bmatrix}D_{11} & D_{12}\\D_{21} & D_{22}\end{bmatrix}\begin{bmatrix}\phi_i(k)\\\varphi_i(k)\end{bmatrix}$$

$$=\phi_j^*(k)D_{11}\phi_i(k)+\varphi_j^*(k)D_{21}\phi_i(k)+\cdots$$

$$\phi_j^*(k)D_{12}\varphi_i(k)+\varphi_j^*(k)D_{22}\varphi_i(k) \tag{5-74}$$

5.4.2　三角波线性插值形函数

模态形函数的构造比较复杂，首先需要对有限元进行模态分析，然后提取线连接处的模态并进行线性插值，由式（5-72）和式（5-73）可以看出，其傅里叶变换比较复杂，导致基于模态形函数的建模比较困难。为了解决这个问题，本节采用三角波线性插值构造形函数，如图5-4所示，该形函数可利用傅里叶变换的时移特性，简化建模过程。

对于线连接上的各个节点，第 m 个节点的形函数可按如下方式构造：在第 m 个节点的位移 $\begin{bmatrix}u_m(x) & v_m(x) & w_m(x) & \theta_m(x)\end{bmatrix}^{\mathrm{T}}$ 为 $\begin{bmatrix}1 & 1 & 1 & 1\end{bmatrix}^{\mathrm{T}}$，其余节点位移为零，节点间的位移采用线性插值，如图5-5所示。

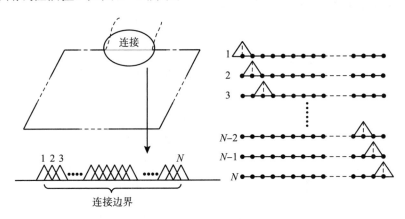

图5-4　线性插值三角波函数构造形函数示意图

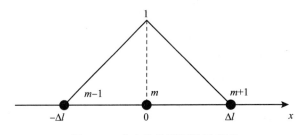

图5-5　节点位移形函数示意图

要准确描述线连接的运动方式，需要 N 个形函数，但是对于同一个节点，各个自由度的形函数相同，则线连接的运动为

$$\boldsymbol{u}=\boldsymbol{\phi}\boldsymbol{\delta} \tag{5-75}$$

其中

$$\boldsymbol{u}=\begin{bmatrix} u(x) & v(x) & w(x) & \theta(x) \end{bmatrix}^{\mathrm{T}} \tag{5-76}$$

$$\boldsymbol{\delta}=\begin{bmatrix} u_1 & v_1 & w_1 & \theta_1 & \cdots & u_N & v_N & w_N & \theta_N \end{bmatrix}^{\mathrm{T}} \tag{5-77}$$

$$\boldsymbol{\phi}=\begin{bmatrix} \phi_1(x) & 0 & 0 & 0 & \cdots & \phi_N(x) & 0 & 0 & 0 \\ 0 & \phi_1(x) & 0 & 0 & \cdots & 0 & \phi_N(x) & 0 & 0 \\ 0 & 0 & \phi_1(x) & 0 & \cdots & 0 & 0 & \phi_N(x) & 0 \\ 0 & 0 & 0 & \phi_1(x) & \cdots & 0 & 0 & 0 & \phi_N(x) \end{bmatrix} \tag{5-78}$$

取 $\boldsymbol{\varphi}_i$ 为 $\boldsymbol{\phi}$ 的第 i 列，则位移为

$$\boldsymbol{u}=\sum_m q_m \boldsymbol{\varphi}_m \tag{5-79}$$

当节点位置为 $x=0$ 时，节点的形函数可写为

$$\phi(x)=\begin{cases} 1-\dfrac{|x|}{\Delta l} & |x|\leqslant \Delta l \\[2mm] 0 & |x|>\Delta l \end{cases} \tag{5-80}$$

Δl 为节点间的距离，该三角波形函数的空间傅里叶变换[133]可写为

$$\boldsymbol{\phi}(k)=F[\phi(x)]=\Delta l \operatorname{sinc}^2\left(\frac{k\Delta l}{2}\right) \tag{5-81}$$

其中 sinc 函数为 $\operatorname{sinc}(x)=\sin(x)/x$。根据傅里叶变换的时移特性，若第 n 个形函数的位置为 $x=x_n$，则有

$$\phi_n(k)=F[\phi_n(x)]=F[\phi(x)]\mathrm{e}^{-\mathrm{j}kx_n}=\Delta l \operatorname{sinc}^2\left(\frac{k\Delta l}{2}\right)\mathrm{e}^{-\mathrm{j}kx_n} \tag{5-82}$$

写成复数形式有

$$\begin{aligned} \phi_n(k)&=\Delta l \operatorname{sinc}^2\left(\frac{k\Delta l}{2}\right)\big[\cos(kx_n)-\mathrm{i}\sin(kx_n)\big] \\[2mm] &=\frac{4\sin\left(\dfrac{k\Delta l}{2}\right)^2}{k^2\Delta l}\big[\cos(kx_n)-\mathrm{i}\sin(kx_n)\big] \end{aligned} \tag{5-83}$$

则 $\boldsymbol{\phi}$ 为

$$\boldsymbol{\phi}(k)=\begin{bmatrix} \phi_1(k) & 0 & 0 & 0 & \cdots & \phi_N(k) & 0 & 0 & 0 \\ 0 & \phi_1(k) & 0 & 0 & \cdots & 0 & \phi_N(k) & 0 & 0 \\ 0 & 0 & \phi_1(k) & 0 & \cdots & 0 & 0 & \phi_N(k) & 0 \\ 0 & 0 & 0 & \phi_1(k) & \cdots & 0 & 0 & 0 & \phi_N(k) \end{bmatrix} \tag{5-84}$$

对于任意节点 i，令

$$\boldsymbol{\Phi}_i=\begin{bmatrix} \phi_i(k) & 0 & 0 & 0 \\ 0 & \phi_i(k) & 0 & 0 \\ 0 & 0 & \phi_i(k) & 0 \\ 0 & 0 & 0 & \phi_i(k) \end{bmatrix} \tag{5-85}$$

若只考虑弯曲波，则有

$$\boldsymbol{\Phi}_j^{\mathrm{H}}\boldsymbol{D}_{\mathrm{b}}^{\infty}\boldsymbol{\Phi}_i = \begin{bmatrix} \phi_j^* D_{11}(k)\phi_i(k) & \phi_j^* D_{12}(k)\phi_i(k) \\ \phi_j^* D_{21}(k)\phi_i(k) & \phi_j^* D_{22}(k)\phi_i(k) \end{bmatrix} \tag{5-86}$$

其中

$$\phi_j^*(k)\phi_i(k) = \frac{16\sin\left(\dfrac{k\Delta l}{2}\right)^4}{k^4\Delta l^2}\{\cos[k(x_j-x_i)]\} + \cdots$$

$$\mathrm{i}\,\frac{16\sin\left(\dfrac{k\Delta l}{2}\right)^4}{k^4\Delta l^2}\{\sin[k(x_j-x_i)]\} \tag{5-87}$$

5.4.3　基于 Shannon 小波的形函数

基于线性插值的三角波形函数虽然简化了计算，但是其傅里叶变换（5-82）在波数空间下是无界的，这就导致了式（5-60）中积分为奇异积分，本节提出一种基于 Shannon 小波函数（sinc 函数）的形函数模型（如图 5-6 所示）。该函数的傅里叶变换在波数空间为矩形窗函数，可有效简化积分，形函数定义如下

$$\psi(x) = \frac{\sin(k_{\mathrm{S}}x)}{k_{\mathrm{S}}x} \tag{5-88}$$

参数 k_{S} 由节点的网格决定，一般取 $k_{\mathrm{S}}=2\pi/\Delta l$，$\Delta l$ 为节点距离，具体推导见 5.2.2 节。

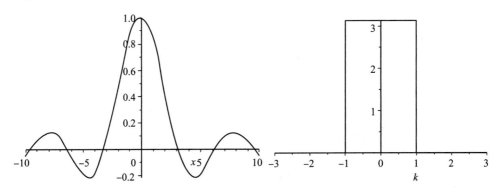

图 5-6　Shannon 小波函数及其傅里叶变换

式（5-88）的傅里叶变换为

$$\Psi(k) = \begin{cases} \pi/k_{\mathrm{S}} & |k| \leqslant k_{\mathrm{S}} \\ 0 & |k| > k_{\mathrm{S}} \end{cases} \tag{5-89}$$

取位移形式为

$$u(x) = \sum_m a_m \psi_m \tag{5-90}$$

Shannon 小波函数同样具有波函数的时移特性（如图 5-7 所示），即

$$\psi_m = \psi(x - x_m) \tag{5-91}$$

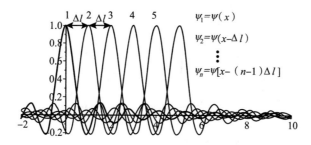

图 5‑7　Shannon 小波形函数的时移示意图

式（5‑90）可以改写为

$$u(x) = \sum_m a_m(x)\psi(x - x_m) \tag{5-92}$$

若节点间的距离为 $\mathrm{d}x$，则可用梯形积分近似求解式（5‑92）

$$u(x) = \int_L a(x')\psi(x - x')\mathrm{d}x'/\mathrm{d}x \tag{5-93}$$

应用卷积定理，式（5‑93）两边做傅里叶变换

$$u(k) = a(k)\psi(k)/\mathrm{d}x \tag{5-94}$$

将式（5‑89）代入（5‑94）有

$$u(k) = \begin{cases} \dfrac{a(k)\pi}{\mathrm{d}xk_S} & |k| \leqslant k_S \\ 0 & |k| > k_S \end{cases} \tag{5-95}$$

将 k_S 代入式（5‑95）有

$$u(k) = \begin{cases} \dfrac{a(k)}{2} & |k| \leqslant k_S \\ 0 & |k| > k_S \end{cases} \tag{5-96}$$

两边做逆傅里叶变换可得到

$$u(k) = \frac{a(k)}{2} \Rightarrow a_n = 2u(x_n) \tag{5-97}$$

将式（5‑88）、式（5‑91）代入式（5‑60）后有

$$D_{mn} = \frac{1}{8\pi}\int_{-k_S}^{k_S} \boldsymbol{D}^\infty \mathrm{e}^{-\mathrm{i}(x_n - x_m)}\mathrm{d}k \tag{5-98}$$

可以看出，式（5‑98）简化为有界积分，因为形函数在波数空间下为常值，从而直接场动刚度矩阵的积分计算格式得到简化。

5.5　仿真算例

线连接同样采用 Cotoni 模型进行验证[96]，如图 5‑8 所示，具体结构参数参照第 3 章仿真算例。针对该结构分别采用模态线性插值形函数、三角波线性插值形函数和 Shannon 小波形函数进行了仿真验证。

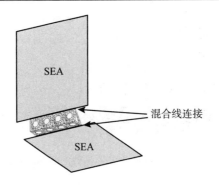

图 5 - 8　组合结构的混合线连接模型

　　图 5 - 9 为两个统计能量子系统间模态线性插值的耦合损耗因子计算结果。仿真结果表明，基于模态线性插值的线连接模型预示结果和 VA One 的计算结果与 Monte Carlo 仿真的结果基本一致。但是 VA One 计算结果偏于保守，尤其是在非共振峰位置。图 5 - 10 给出了板子系统的能量响应预示结果。从图 5 - 10 中可以看出，对于能量输入的子系统板 1，本章介绍的线连接建模方法和 VA One 均与 Monte Carlo 试验相吻合；但是对于板 2，本章建模方法在低频处与 Monte Carlo 试验存在误差，其余频段均比较吻合，而 VA One 则误差相对要大一些。对于低频的误差，这可能是由于边界条件的不同（混合线连接模型中假设线连接两端为固支边界，而实际边界为自由边界）导致的，具体影响机理还需后续进一步开展相关的研究。

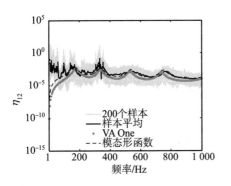
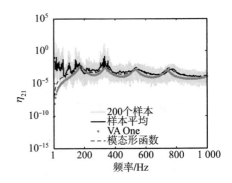

图 5 - 9　基于模态线性插值的耦合损耗因子

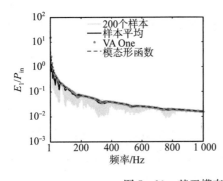
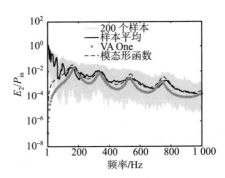

图 5 - 10　基于模态线性插值的响应预示结果

　　图 5－11 和图 5－12 为采用基于三角波线性插值形函数的线连接模型耦合损耗因子与能量响应预示结果。同时对比商业软件和 Monte Carlo 试验可以看出，三种计算结果基本吻合，而同模态插值结果一样，商业软件在非共振峰位置与另外两种分析方法的结果有一定的偏差。图 5－13 和图 5－14 为采用基于 Shannon 小波形函数的线连接模型耦合损耗因子与能量响应预示结果。从对比结果可以得到与模态线性插值模型和三角波线性插值模型相似的结果，整体上本章介绍的方法和商业软件均与 Monte Carlo 仿真吻合，而在非共振峰位置，商业软件预示结果偏于保守。

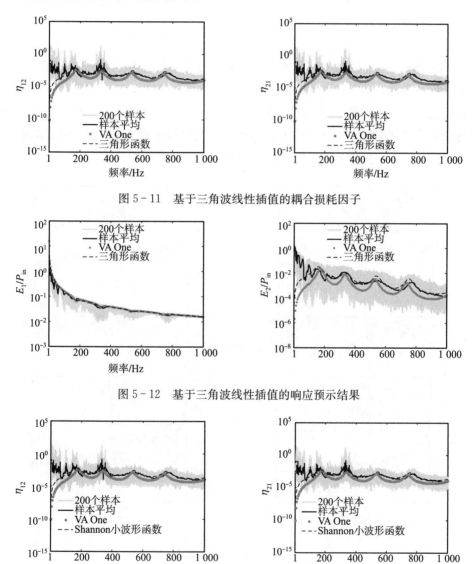

图 5－11　基于三角波线性插值的耦合损耗因子

图 5－12　基于三角波线性插值的响应预示结果

图 5－13　基于 Shannon 小波的耦合损耗因子

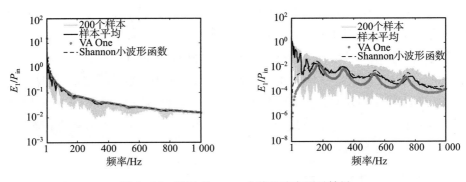

图 5 - 14　基于 Shannon 小波的响应预示结果

图 5 - 15 和图 5 - 16 给出了三种形函数模型下的耦合损耗因子和子系统响应的对比曲线，与基于三种形函数的混合线连接模型得到的预示结果相差不大。模态线性插值形函数的误差相对较大，这是由模态的截断及线性插值引入的误差导致的。三种位移形函数模型均可以建立混合线连接模型，其中基于 Shannon 小波形函数的线连接模型构造简单，能够有效简化计算过程，解决奇异积分问题，更加适合于工程应用。

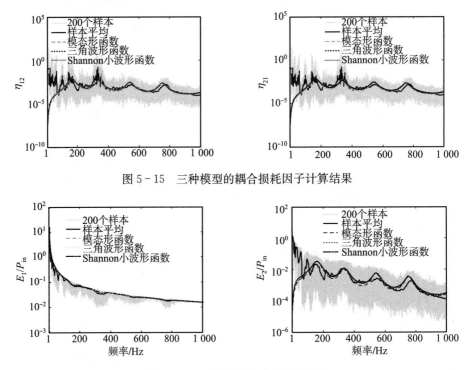

图 5 - 15　三种模型的耦合损耗因子计算结果

图 5 - 16　三种模型的响应预示结果

5.6　小结

本章首先基于弹性波在线连接处的传递特性，建立了波数空间下的混合线连接的动刚度矩阵；然后采用傅里叶变换方法，通过构造线连接处的位移形函数，将其转换为物理坐标系下的混合线连接模型；最后针对典型结构开展仿真验证。

1）应用傅里叶变换技术，将波数空间下的线连接动刚度矩阵转化为节点坐标下的线连接直接场动刚度矩阵。这种方法在建立线连接模型时通过结构的特征参数构造线连接模型，与直接采用边界元或有限元方法相比，建模简单、计算效率高、物理意义清晰，更加适合工程应用。

2）阐述了三种混合线连接位移形函数的构造方法。采用傅里叶变换方法建立混合线连接模型，线连接形函数构造是关键，然而目前与之相关的文献非常少。本章给出了模态线性插值形函数、三角波线性插值形函数和 Shannon 小波等三种形函数构造方法。仿真验证结果表明，本章提出的三种形函数均有比较好的预示精度，是合理的、能够有效简化建模过程的形函数。本章中提出的三种形函数，模态线性插值形函数构造最为复杂，Shannnon 小波形函数建模最为简单、计算效率最高。同时，对比表明模态线性插值形函数和其他两个形函数之间存在一定的误差，这是由于模态截断和线性插值引入的误差导致的。

在后续的研究中可以考虑通过具有相干条件的混合点连接模型，直接建立物理坐标系下的混合线连接模型，避免傅里叶变换计算和位移形函数的构造，进一步简化建模过程。

第 6 章　混合 FE - SEA 面连接建模方法

整流罩的内声场噪声环境是航天器经受的重要力学环境之一，而声场与航天器之间相互耦合主要以面连接（Area Junction）形式出现。若采用传统的低频有限元方法或者边界元方法建立结构-声场耦合模型，分析效率将随着频率的升高急剧下降。受到效率和精度的制约，大型航天器采用有限元/边界元算法预示频率上限大约为 300 Hz。统计能量分析处理高频响应具有较高的计算效率，但是由于统计能量分析只能获得每个子系统的平均响应，航天器关键位置的响应细节无法获得，因此往往不能满足实际工程需求。

混合 FE - SEA 方法能够有效地解决这个问题，航天器结构或其关键部位采用有限元模型可以获得精确的响应，其他非重要部件采用统计能量分析建模，然后耦合求解两种模型，便可同时兼顾工程需求和计算效率。混合 FE - SEA 方法建立声振分析模型的难点在于统计能量声场与有限元结构之间的混合面连接建模。本章基于声场不同边界的辐射特性，采用二维傅里叶变换方法和 Jinc 形函数分别建立了受挡、非受挡边界及多边界下的声场混合面连接模型，最后通过典型算例对混合面连接模型的有效性进行了验证。需注意的是，统计能量模型在低中频的合理性和有限元模型在中高频动力学特征的准确性在文中没有考虑，但在工程应用中应当重视。

6.1　受挡声场的混合面连接模型

6.1.1　受挡声场的辐射特性

声场的受挡边界（baffled boundary）可以用辐射面嵌入到无限大刚性平面的模型描述，如图 6-1 所示。声场的有效辐射面积为 A，阴影区域 A' 为无限刚性平面。当辐射面为受挡边界时，在刚性区域 A' 中，声场的位移恒为零，即

$$w(\boldsymbol{x}) \equiv 0, \quad \forall \boldsymbol{x} \in A' \tag{6-1}$$

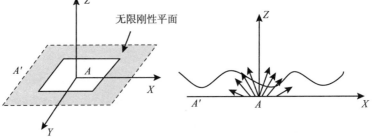

图 6-1　受挡声场的位移边界示意图

若单位位移 $w(0, 0) = 1$ 产生的声压分布为 $g(\boldsymbol{x})$，$\boldsymbol{x} = [x_1 \quad x_2]^{\mathrm{T}}$ 为平面 A 内的坐标，那么对于给定的位移 $w(\boldsymbol{x})$，其在平面内产生的声压分布可写为卷积的形式

$$p(\boldsymbol{x}) = \int_{\Omega} g(\boldsymbol{x} - \boldsymbol{x}') w(\boldsymbol{x}') \mathrm{d}\boldsymbol{x}' \tag{6-2}$$

$$g(\boldsymbol{x} - \boldsymbol{x}') = -\frac{\rho\omega^2}{2\pi|\boldsymbol{x} - \boldsymbol{x}'|} \mathrm{e}^{-\mathrm{i}k_a|x - x'|} \tag{6-3}$$

式（6-3）中，$\Omega = A \cup A'$，$g(\boldsymbol{x} - \boldsymbol{x}')$ 为声场的格林函数（Green Function），ρ 和 k_a 为声场的密度和波数。令 $r = |\boldsymbol{x} - \boldsymbol{x}'|$，则式（6-2）可改写为

$$p(\boldsymbol{x}) = -\frac{\rho\omega^2}{2\pi} \int_{\Omega} \frac{1}{r} \mathrm{e}^{-\mathrm{i}k_a r} w(\boldsymbol{x}') \mathrm{d}\boldsymbol{x}' \tag{6-4}$$

式（6-4）即为 Rayleigh 积分。由式（6-1）可以看出，对于受挡声场系统，$w(\boldsymbol{x})$ 只在有效辐射区域 A 中才可能取非零值，因此积分区域可简化为区域 A。为了使得表达式更为简单，式（6-2）可写为卷积的形式

$$p(\boldsymbol{x}) = g(\boldsymbol{x}) * w(\boldsymbol{x}) \tag{6-5}$$

对式（6-5）两边在波数空间下做二维傅里叶变换有

$$P(\boldsymbol{k}) = \int_R g(\boldsymbol{x}) * w(\boldsymbol{x}) \mathrm{e}^{-\mathrm{i}\boldsymbol{k}\cdot x} \mathrm{d}\boldsymbol{k} \tag{6-6}$$

式（6-6）中 R 为波数平面 $\{[k_1, k_2], k_1 \in (-\infty, +\infty), k_2 \in (-\infty, +\infty)\}$；$\boldsymbol{k} = [k_1 \ k_2]$ 为二维声场波数空间，模 $k = |\boldsymbol{k}|$。根据傅里叶变换的卷积定理

$$F[g(\boldsymbol{x}) * w(\boldsymbol{x})] = G(\boldsymbol{k}) W(\boldsymbol{k}) \tag{6-7}$$

其中

$$W(\boldsymbol{k}) = \int_A w(\boldsymbol{x}) \mathrm{e}^{-\mathrm{i}\boldsymbol{k}\cdot x} \mathrm{d}\boldsymbol{x}$$

$$G(\boldsymbol{k}) = \int_A g(\boldsymbol{x}) \mathrm{e}^{-\mathrm{i}\boldsymbol{k}\cdot x} \mathrm{d}\boldsymbol{x}$$

将式（6-7）代入到式（6-6）中，则可得到波数空间下的声场声压

$$P(\boldsymbol{k}) = G(\boldsymbol{k}) W(\boldsymbol{k}) \tag{6-8}$$

对式（6-8）两边同时做二维逆傅里叶变换，则在物理坐标系下的声压分布可写为

$$p(\boldsymbol{x}) = \frac{1}{4\pi^2} \int_R G(\boldsymbol{k}) W(\boldsymbol{k}) \mathrm{e}^{\mathrm{i}\boldsymbol{k}\cdot x} \mathrm{d}\boldsymbol{k} \tag{6-9}$$

Cremer 于 1988[134] 年给出 $G(\boldsymbol{k})$ 的具体表达式

$$G(\boldsymbol{k}) = \int_R -\frac{\rho\omega^2}{2\pi|\boldsymbol{k}|} \mathrm{e}^{-\mathrm{i}k_a|k|} \mathrm{d}\boldsymbol{k} = \frac{\mathrm{i}\omega\rho c k_a}{\sqrt{k_a^2 - |\boldsymbol{k}|^2}} \tag{6-10}$$

代入到式（6-9）中

$$p(\boldsymbol{x}) = \frac{1}{4\pi^2} \int_R \left(\frac{\mathrm{i}\omega\rho c k_a}{\sqrt{k_a^2 - k^2}} \right) W(\boldsymbol{k}) \mathrm{e}^{\mathrm{i}\boldsymbol{k}\cdot x} \mathrm{d}\boldsymbol{k} \tag{6-11}$$

式（6-11）由 Williams 和 Maynard[135] 于 1982 年给出，该式给出了波数空间下 Rayleigh 积分形式，描述了波数空间下声场受挡面上的位移与声压的相互关系（阻抗特性）。由于具

体位移形式 $w(\boldsymbol{x})$ 未知，因此无法对式（6-11）直接进行积分，下节将具体研究该问题。

6.1.2　受挡声场的动刚度矩阵

6.1.1 节基于 Rayleigh 积分给出了受挡面连接的位移与声压的相互关系，但是位移形式未知，无法直接计算积分。本节主要通过广义坐标的声场辐射面位移形式建立广义坐标系下的受挡混合面连接的动刚度矩阵。

设声场有效辐射区域位置 $\boldsymbol{x}=\begin{bmatrix} x_1 & x_2 \end{bmatrix}^{\mathrm{T}}$ 的响应为 $w(\boldsymbol{x})$，且可通过广义自由度 $a_n(n=1,2,\cdots,N)$ 描述

$$w(\boldsymbol{x}) = \sum_n a_n u_n(\boldsymbol{x}) \tag{6-12}$$

其中 $u_n(\boldsymbol{x})(n=1,2,\cdots,N)$ 为给定的形函数。将式（6-12）代入式（6-2），应用卷积的定义，则受挡声场由于给定位移而在位置 $\boldsymbol{x}$ 处产生的总声压分布为

$$\begin{aligned}
p(\boldsymbol{x}) &= \int_A g(\boldsymbol{x}-\boldsymbol{x}') w(\boldsymbol{x}') \mathrm{d}\boldsymbol{x}' \\
&= \sum_n a_n \int_A g(\boldsymbol{x}-\boldsymbol{x}') u_n(\boldsymbol{x}') \mathrm{d}\boldsymbol{x}' \\
&= \sum_n a_n g(\boldsymbol{x}) * u_n(\boldsymbol{x})
\end{aligned} \tag{6-13}$$

总声压 $p(\boldsymbol{x})$ 在广义坐标系 a_m 上产生的广义载荷 f_m 为

$$f_m = \int_A p(\boldsymbol{x}) u_m(\boldsymbol{x}) \mathrm{d}\boldsymbol{x} \tag{6-14}$$

直接采用式（6-13）计算式（6-14）需要进行四重积分，计算效率低，因此需要对式（6-13）进行处理。应用傅里叶变换的卷积定理式（6-7），则式（6-13）可改写为

$$p(\boldsymbol{x}) = \frac{1}{4\pi^2} \sum_n a_n \int_R G(\boldsymbol{k}) U_n(\boldsymbol{k}) \mathrm{e}^{\mathrm{i}\boldsymbol{k}\cdot\boldsymbol{x}} \mathrm{d}\boldsymbol{k} \tag{6-15}$$

其中

$$U_n(\boldsymbol{k}) = \int_A u_n(\boldsymbol{x}) \mathrm{e}^{-\mathrm{i}\boldsymbol{k}\cdot\boldsymbol{x}} \mathrm{d}\boldsymbol{x}$$

将式（6-15）代入式（6-14）有

$$f_m = \frac{1}{4\pi^2} \sum_n a_n \int_A \left[\int_R G(\boldsymbol{k}) U_n(\boldsymbol{k}) \mathrm{e}^{\mathrm{i}\boldsymbol{k}\cdot\boldsymbol{x}} \mathrm{d}\boldsymbol{k} \right] u_m(\boldsymbol{x}) \mathrm{d}\boldsymbol{x} \tag{6-16}$$

交换式（6-16）的积分顺序

$$f_m = \frac{1}{4\pi^2} \sum_n a_n \int_R G(\boldsymbol{k}) U_m^*(\boldsymbol{k}) U_n(\boldsymbol{k}) \mathrm{d}\boldsymbol{k} \tag{6-17}$$

式（6-17）可简写为

$$f_m = \sum_n D_{mn} a_n \tag{6-18}$$

其中

$$D_{mn} = \frac{1}{4\pi^2} \int_R G(\boldsymbol{k}) U_m^*(\boldsymbol{k}) U_n(\boldsymbol{k}) \mathrm{d}\boldsymbol{k} \tag{6-19}$$

式（6-19）即为声场动刚度矩阵的 mn 项，由该式也可给出声场的速度阻抗的具体形式

$$Z_{mn} = \frac{D_{mn}}{\mathrm{i}\omega} \tag{6-20}$$

式（6-19）即是受挡边界下声场的面连接辐射动刚度矩阵，结构通过该耦合面向声场内部辐射能量，这些能量是未经过任何边界反射的能量，也就是混合方法中所描述的直接场，式（6-19）即为建立声场混合面连接的直接场动刚度矩阵，要计算式（6-19），必须构造响应的位移形函数，该内容将在下节进行详细介绍。

6.1.3　形函数的构造

（1）笛卡儿坐标系下的位移描述与二维 sinc 形函数

式（6-12）中的形函数 u_n 可采用多种方法构造。例如，用可扩展到整个结构的 Fourier 级数定义全局形函数，或者用有限元定义只在结构有限区域作用的局部形函数。Newland[136] 提出类似于小波理论的形函数来描述系统的运动，根据该理论，第 n 个形函数可写为

$$u_n(\boldsymbol{x}) = u(\boldsymbol{x} - \boldsymbol{x}_n) \tag{6-21}$$

式（6-21）中，$u(\boldsymbol{x})$ 为极大值位于 $\boldsymbol{x}=0$ 的小波函数。式（6-12）与式（6-21）不能完全描述系统的响应，更加完备的形函数为

$$u_n(\boldsymbol{x}) = \sum_j u(s_j \boldsymbol{x} - \boldsymbol{x}_n) \tag{6-22}$$

式中　s_j——尺度缩放因子。

结合式（6-12）和式（6-22），辐射区域的运动可以写为

$$w(\boldsymbol{x}) = \sum_n \sum_j a_n u(s_j \cdot \boldsymbol{x} - \boldsymbol{x}_n) \tag{6-23}$$

式（6-21）只给出了形函数的平移，而式（6-22）则同时给出了形函数的平移和缩放。虽然式（6-22）给出的形函数更加完备，但是在此只考虑形函数的平移，响应的收敛则可通过增加节点的数目来实现。

形函数 $u(x)$ 必须在数学上严格收敛，可采用 sinc 函数（Shannon 小波函数），基于二维 sinc 函数的形函数可写为如式（6-24）所示形式

$$u(\boldsymbol{x}) = \sin(k_\mathrm{S} x_1)\sin(k_\mathrm{S} x_2)/(k_\mathrm{S}^2 x_1 x_2) \tag{6-24}$$

式中　k_S——网格波数，一般取决于辐射面上的网格划分。

二维 sinc 形函数的波形如图 6-2 所示，可以看出该函数不具有轴对称特性。

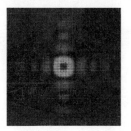

图 6-2　二维 Shannon 小波函数波形

二维 sinc 函数的 Fourier 变换在波数空间下是有界的，其变换为

$$U(\boldsymbol{k}) = \int_{-\infty}^{\infty}\int_{-\infty}^{\infty} \sin(k_S x)\sin(k_S y)/(k_S^2 xy)\,\mathrm{e}^{(-ik_1 x - ik_2 y)}\,\mathrm{d}x\mathrm{d}y$$

$$= \int_{-\infty}^{\infty}\frac{\sin(k_S x)}{k_S x}\,\mathrm{e}^{-ik_1 x}\mathrm{d}x\int_{-\infty}^{\infty}\frac{\sin(k_S y)}{\sin(k_S y)}\,\mathrm{e}^{-ik_2 y}\mathrm{d}y$$

$$= \frac{\pi^2}{k_S^2}\big[H(k_1+k_S)-H(k_1-k_S)\big]\big[H(k_2+k_S)-H(k_2-k_S)\big] \qquad (6-25)$$

式中　$H(x)$——Heaviside 阶跃函数，其在波数空间下的波形如图6-3所示。

可以看出，当$|k_1|\geqslant k_S$且$|k_2|\geqslant k_S$时，$U(\boldsymbol{k})=0$。

图 6-3　Heaviside 函数波形图

采用该形函数计算式（6-19）优点在于，积分由奇异积分变为有界积分；但是其缺点在于该函数不是轴对称的，计算动刚度矩阵需要进行二重积分。

（2）极坐标系下的位移描述与 Jinc 形函数

在极坐标系下，采用具有对称特性的形函数可以将式（6-19）简化为一重积分。笛卡儿坐标系下第 n 个形函数为

$$u_n(\boldsymbol{x})=u(\boldsymbol{x}-\boldsymbol{x}_n) \qquad (6-26)$$

运用傅里叶变换的时移特性，式（6-19）中形函数相应的傅里叶变换为

$$U_n(\boldsymbol{k})=U(\boldsymbol{k})\mathrm{e}^{-ik r_n} \qquad (6-27)$$

$$U_m^*(\boldsymbol{k})=U^*(\boldsymbol{k})\mathrm{e}^{ik r_m} \qquad (6-28)$$

在极坐标 (r,θ) 下，为不失一般性，定义 $\theta=0$ 的方向为矢量 $\boldsymbol{k}$ 的方向。矢量 $\boldsymbol{k}$ 与 $\boldsymbol{r}$ 的夹角为 θ。若形函数具有轴对称性，则经过坐标变换后 $U(\boldsymbol{k})$ 在极坐标系下的积分为

$$U(\boldsymbol{k}) = \int_A u(\boldsymbol{x})\,\mathrm{e}^{-i\boldsymbol{k}\cdot\boldsymbol{x}}\mathrm{d}\boldsymbol{x}$$

$$= \int_0^{\infty}\int_0^{2\pi} u(r)\,\mathrm{e}^{-ik r\cos(\theta)}\,\mathrm{d}r\mathrm{d}\theta \qquad (6-29)$$

α 阶第一类贝塞尔函数的定义式为

$$J_a(x) = \frac{(-i)^a}{2\pi}\int_0^{2\pi}\mathrm{e}^{\mathrm{i}[-a\tau-x\cos(\tau)]}\mathrm{d}\tau \qquad (6-30)$$

将式（6-30）代入式（6-29）中有

$$U(\boldsymbol{k}) = 2\pi\int_0^{\infty}u(r)\,J_0(kr)r\mathrm{d}r \qquad (6-31)$$

式（6-31）中，$J_0(x)$ 为零阶第一类贝塞尔函数，式（6-31）又称为 Hankel 变换。

将式（6 - 27）、式（6 - 28）及式（6 - 31）代入式（6 - 19），则受挡混合面连接的动刚度矩阵可由二重积分降阶为一重积分

$$D_{mn} = \frac{1}{4\pi^2} \int_R G(\boldsymbol{k}) \, U^*(\boldsymbol{k}) U(\boldsymbol{k}) \mathrm{e}^{-\mathrm{i}\boldsymbol{k}\cdot(\boldsymbol{x}_n-\boldsymbol{x}_m)} \mathrm{d}\boldsymbol{k}$$

$$= \frac{1}{2\pi} \int_0^\infty G(\boldsymbol{k}) \, |U(\boldsymbol{k})|^2 \left(\frac{1}{2\pi} \int_0^{2\pi} \mathrm{e}^{-\mathrm{i}\boldsymbol{k}r_{mn}\cos(\theta)} \mathrm{d}\theta \right) \mathrm{d}\boldsymbol{k}$$

$$= \frac{1}{2\pi} \int_0^\infty G(\boldsymbol{k}) \, |U(\boldsymbol{k})|^2 \, J_0(\boldsymbol{k}r_{mn}) \mathrm{d}\boldsymbol{k} \qquad (6 - 32)$$

其中
$$r_{mn} = r_{nm} = |\boldsymbol{x}_n - \boldsymbol{x}_m|$$

式（6 - 32）的计算要求形函数具有对称特性，Jinc 函数具有平滑的边界和对称特性，同时其 Hankel 变换，式（6 - 31）为有界变换，因而在声场的辐射特性研究中具有广泛的应用[137]。

Jinc 函数的波形图如图 6 - 4 所示，其定义为

$$\mathrm{Jinc}(\boldsymbol{x}) = \frac{J_1(r)}{r} \qquad (6 - 33)$$

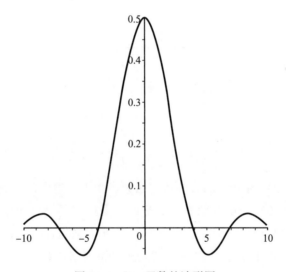

图 6 - 4　Jinc 函数的波形图

若定义 $r = \sqrt{x^2 + y^2}$，则可以得到如图 6 - 5 所示的三维空间下 Jinc 形函数的波形，由于该形函数具有轴对称特性，可用于式（6 - 32）中形函数的构造。

考虑到 Jinc 函数在零点的取值，取形函数为

$$u(r) = \frac{2J_1(k_S r)}{k_S r} = 2\mathrm{Jinc}(k_S r) \qquad (6 - 34)$$

式（6 - 34）中，k_S 与受挡面边界上的网格相关，波数空间下该形函数（如图 6 - 6 所示）的 Hankel 变换为

$$U(k) = \begin{cases} 0 & k > k_S \\ 4\pi/k_S^2 & k \leqslant k_S \end{cases} \qquad (6 - 35)$$

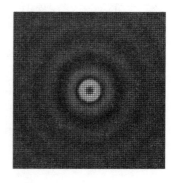

图 6-5　三维 Jinc 函数波形图

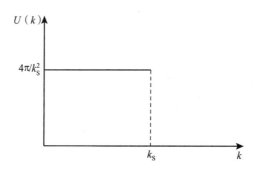

图 6-6　波数空间下的 Jinc 形函数

将式（6-10）和式（6-35）代入式（6-32）中有

$$D_{nm}(r,\,\omega) = \frac{1}{2\pi}\int_0^{k_S}\left[\frac{i\omega\rho c k_a}{\sqrt{k_a^2 - k^2}}\right]\left(\frac{16\pi^2}{k_S^4}\right)J_0(kr_{nm})\mathrm{d}k \qquad (6-36)$$

通过傅里叶变换和采用 Jinc 函数构造形函数，受挡面边界条件下的声场系统的动刚度矩阵简化为如式（6-36）一重有界积分，这就是受挡声场混合面连接的模型。这里仍然存在两个问题需要继续研究：一是式（6-36）是在广义坐标a_n下建立的，还需要构造实际物理坐标与广义坐标之间的投影关系；二是积分中网格波数k_S为关键参数，如何确定这个参数也是核心问题。下面就针对这两个问题展开研究。

（3）坐标映射及网格波数k_S

首先研究广义坐标与物理坐标之间的关系。由式（6-12）可以看出a_n与节点位置$\boldsymbol{x}_n$相关，记$a_n = a(\boldsymbol{x}_n)$，则式（6-12）可进一步写为

$$w(\boldsymbol{x}) = \sum_n a(\boldsymbol{x}_n)u(\boldsymbol{x} - \boldsymbol{x}_n) \qquad (6-37)$$

若面网格上沿x_1方向和x_2方向的网格间距分别为 $\mathrm{d}x_1$ 和 $\mathrm{d}x_2$（如图 6-7 所示），则式（6-37）进一步可改写为

$$w(\boldsymbol{x}) = \frac{1}{\mathrm{d}x_1\mathrm{d}x_2}\sum_n\left[a(x_n)u(\boldsymbol{x} - \boldsymbol{x}_n)\mathrm{d}x_1\mathrm{d}x_2\right] \qquad (6-38)$$

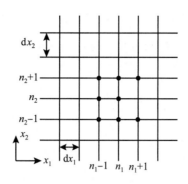

图 6 - 7　面连接网格离散示意图

注意到面连接上任意一点的坐标可表示为 $\boldsymbol{x}_n = (n_1 dx_1, n_2 dx_2)$，代入式（6 - 38）中有

$$
\begin{aligned}
w(\boldsymbol{x}) &= \frac{1}{dx_1 dx_2} \sum_{n_1} \sum_{n_2} \left[a(n_1 dx_1, n_2 dx_2) u(x_1 - n_1 dx_1, x_2 - n_2 dx_2) dx_1 dx_2 \right] \\
&= \frac{1}{dx_1 dx_2} \iint_A a(x_1', x_2') u(x_1 - x_1', x_2 - x_2') dx_1' dx_2' \\
&= \frac{1}{dx_1 dx_2} \iint_A a(\boldsymbol{x}') u(\boldsymbol{x} - \boldsymbol{x}') d\boldsymbol{x}'
\end{aligned} \tag{6-39}
$$

式（6 - 39）可写为卷积形式

$$
w(\boldsymbol{x}) = \frac{1}{dx_1 dx_2} a(\boldsymbol{x}) * u(\boldsymbol{x}) \tag{6-40}
$$

式（6 - 40）两边做傅里叶变换有

$$
w(\boldsymbol{k}) = a(\boldsymbol{k}) U(\boldsymbol{k}) / dx_1 dx_2 \tag{6-41}
$$

将式（6 - 35）代入式（6 - 41）得

$$
w(k) = \begin{cases} 0 & k > k_S \\ 4\pi a(k)/(dx_1 dx_2 k_S^2) & k \leqslant k_S \end{cases} \tag{6-42}
$$

为了简化推导，设 x_n 为等间距，取 $dx_1 = dx_2$，如图 6 - 8 所示。在节点之间所能捕捉到的最小波长为

$$
\lambda = \sqrt{2} dx_1 \tag{6-43}
$$

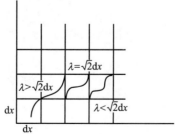

图 6 - 8　波长与网格节点距离的相互关系

当波长 $\lambda < \sqrt{2}\mathrm{d}x$ 时，网格密度已经不能描述系统中波的传递。在实际的工程分析中，为了满足计算精度，通常取一个波长内至少有 4～6 个网格。这里取 $\lambda_S = \sqrt{2}\mathrm{d}x$ 为临界波长，定义系统所能捕获的最大临界波数为网格波数

$$k_S = \frac{2\pi}{\lambda_S} = \sqrt{2}\pi/\mathrm{d}x \tag{6-44}$$

将式（6-44）代入到式（6-42）中有

$$w(k) = (2/\pi)a(k) \Rightarrow a_n = (\pi/2)w(x_n) \tag{6-45}$$

式（6-44）和式（6-45）给出了网格波数 k_S 及广义坐标与物理坐标的投影关系，结合式（6-36）就可以建立物理坐标系下声场的受挡混合面连接的动刚度矩阵。

6.1.4 声场动刚度矩阵的化简

本节主要对刚度矩阵进一步进行推导，以便数值建模。式（6-36）为 ω 和 r 的函数，可记为

$$D_{nm}(r,\omega) = D(r_{nm},\omega) \tag{6-46}$$

根据式（6-36），声场的受挡混合面连接的动刚度矩阵可进一步改写为

$$
\begin{aligned}
D_{nm}(r,\omega) &= \frac{1}{2\pi}\int_0^{k_S}\left(\frac{\mathrm{i}\omega\rho c k_a}{\sqrt{k_a^2-k^2}}\right)\left(\frac{16\pi^2}{k_S^4}\right)J_0(kr_{nm})k\,\mathrm{d}k \\
&= \frac{\mathrm{i}8\pi\omega\rho c k_a}{k_S^4}\int_0^{k_S}\frac{J_0(kr_{nm})k}{\sqrt{k_a^2-k^2}}\,\mathrm{d}k \\
&= \frac{\mathrm{i}8\pi\omega\rho c\, k_a}{k_S^4}\left(\int_0^{k_a}\frac{J_0(kr_{nm})k}{\sqrt{k_a^2-k^2}}\,\mathrm{d}k + \int_{k_a}^{k_S}\frac{J_0(kr_{nm})k}{\sqrt{k_a^2-k^2}}\,\mathrm{d}k\right)
\end{aligned} \tag{6-47}
$$

式（6-47）右边项第一个积分有解析解

$$\int_0^{k_a}\frac{J_0(kr_{nm})k}{\sqrt{k_a^2-k^2}}\,\mathrm{d}k = \frac{\sin(k_a r)}{r} = k_a\,\mathrm{sinc}(k_a r) \tag{6-48}$$

其中
$$\mathrm{sinc}(x) = \sin(x)/x$$

式（6-47）右边项第二个积分做积分变换，令 $x = k_S/k_a$，则有

$$
\begin{aligned}
\int_{k_a}^{k_S}\frac{J_0(kr)k}{\sqrt{k_a^2-k^2}}\,\mathrm{d}k &= \int_1^{k_S/k_a}\frac{J_0(k_a xr)k_a x}{\sqrt{k_a^2-(k_a x)^2}}\,\mathrm{d}(k_a x) \\
&= k_a\int_1^{k_S/k_a}\frac{J_0(k_a xr)x}{\sqrt{1-x^2}}\,\mathrm{d}x \\
&= k_a\left[\frac{1}{\mathrm{i}}\int_1^{k_S/k_a}\frac{J_0(k_a xr)x}{\sqrt{x^2-1}}\,\mathrm{d}x\right] \\
&= -\mathrm{i}k_a f(k_a r)
\end{aligned} \tag{6-49}
$$

$$f(z) = \int_1^{k_S/k_a}\frac{J_0(zx)x}{\sqrt{x^2-1}}\,\mathrm{d}x \tag{6-50}$$

式（6-47）进一步改写为

$$D_{nm}(r,\ \omega) = \frac{\mathrm{i}8\pi\omega\rho c k_a^2}{k_S^4}\big[\operatorname{sinc}(k_a r) - \mathrm{i} f(k_a r)\big] \tag{6-51}$$

$f(z)$ 可进一步简化为

$$f(z) = \int_1^{k_S/k_a} \frac{J_0(zx)x}{\sqrt{x^2-1}}\mathrm{d}x$$

$$= \int_1^\infty \frac{J_0(zx)x}{\sqrt{x^2-1}}\mathrm{d}x - \int_{k_S/k_a}^\infty \frac{J_0(zx)x}{\sqrt{x^2-1}}\mathrm{d}x \tag{6-52}$$

式（6-52）中的第一个积分有解析解

$$\int_1^\infty \frac{J_0(zx)x}{\sqrt{x^2-1}}\mathrm{d}x = \frac{\cos(z)}{z} \tag{6-53}$$

上述推导中，k_a 为声场的波数，k_S 与系统网格密度相关，一般分析时，$k_S/k_a \gg 1$，即 $x \gg 1$

$$\lim_{x\to\infty} \frac{x}{\sqrt{x^2-1}} = 1 \tag{6-54}$$

则式（6-52）的第二项积分可近似为

$$-\int_{k_S/k_a}^\infty \frac{J_0(zx)x}{\sqrt{x^2-1}}\mathrm{d}x$$

$$\approx -\int_{k_S/k_a}^\infty J_0(zx)\mathrm{d}x$$

$$= -\int_0^\infty J_0(zx)\mathrm{d}x + \int_0^{k_S/k_a} J_0(zx)\mathrm{d}x \tag{6-55}$$

式（6-55）第一个积分做积分变换 $y=zx$，有

$$-\int_0^\infty J_0(zx)\mathrm{d}x$$

$$= -\int_0^\infty J_0(y)\mathrm{d}\frac{y}{z}$$

$$= -\frac{1}{z}\int_0^\infty J_0(y)\mathrm{d}y \tag{6-56}$$

式（6-56）中积分存在解析解

$$\int_0^\infty J_0(y)\mathrm{d}y = 1 \tag{6-57}$$

故式（6-56）的积分值为

$$-\int_0^\infty J_0(zx)\mathrm{d}x = -\frac{1}{z} \tag{6-58}$$

同时，式（6-55）中第二个积分可进一步化简为

$$\int_0^{k_S/k_a} J_0(zx)\mathrm{d}x = \frac{1}{z}\int_0^{zk_S/k_a} J_0(x)\mathrm{d}x$$

$$= \frac{k_S}{k_a}J_0(zk_S/k_a) - \frac{k_S\pi}{2k_a}J_0(zk_S/k_a)\,S_1(zk_S/k_a) -$$

$$\frac{k_S \pi}{2k_a} J_1(zk_S/k_a) S_0(zk_S/k_a) \tag{6-59}$$

式中　$S_v(x)$——第 v 阶 Struve 函数，该函数为非齐次 Bessel 方程的解

$$x^2 y'' + xy' + (x-v)y = \frac{4(1/2x)^{v+1}}{\pi^{1/2}\Gamma(v+1/2)} \tag{6-60}$$

其显式表达式为

$$S_v = \frac{2\left(\frac{z}{2}\right)^v}{\Gamma\left(v+\frac{1}{2}\right)\Gamma\left(\frac{1}{2}\right)} \int_0^1 (1-t^2)^{v-\frac{1}{2}} \sin(zt)\,dt \tag{6-61}$$

其中

$$\Gamma(z) = \int_0^\infty e^{-t} t^{z-1} dt \tag{6-62}$$

式（6-59）中积分也可用 Bessel 函数逼近

$$\int_0^{k_S/k_a} J_0(zx)\,dx = \frac{2}{z} \sum_{i=1}^\infty J_{2k+1}(zk_S/k_a) \tag{6-63}$$

式（6-52）进一步可写为

$$f(z) = \frac{\cos(z)}{z} - \frac{1}{z} + \frac{1}{z} \int_0^{zk_S/k_a} J_0(x)\,dx$$
$$= \frac{\cos(z)-1}{z} + \frac{2}{z} \sum_{k=1}^\infty J_{2k+1}(zk_S/k_a) \tag{6-64}$$

结合式（6-51）可得

$$D(r,\omega) = \frac{i8\pi\omega\rho c k_a^2}{k_S^4} \left\{ \mathrm{sinc}(k_a r) - i\left[\frac{\cos(k_a r)-1}{k_a r} + \frac{2}{z} \sum_{k=1}^\infty J_{2k+1}(zk_S/k_a)\right] \right\} \tag{6-65}$$

采用式（6-65）可计算受挡混合面连接的动刚度矩阵。但是在计算时，一般采用数值积分比采用 Bessel 函数求和更加高效

$$D(r,\omega) = \frac{i8\pi\omega\rho c k_a^2}{k_S^4} \left\{ \mathrm{sinc}(k_a r) - i\left[\frac{\cos(k_a r)-1}{k_a r} + \frac{1}{k_a r} \int_0^{k_S r} J_0(x)\,dx\right] \right\} \tag{6-66}$$

式（6-66）中所有的项均可以提前计算，然后在分析时直接调用，这样就大幅度地提高了计算效率，必须注意当 $r=0$ 时有

$$\lim_{r\to 0}\left[\mathrm{sinc}(k_a r)\right] = 1 \tag{6-67}$$

$$\lim_{r\to 0}\frac{1}{k_a r}\left[\cos(k_a r)-1\right] = 0 \tag{6-68}$$

$$\lim_{r\to 0}\frac{1}{r} \int_0^{k_S r} J_0(x)\,dx = k_S \tag{6-69}$$

因此有

$$D(0,\omega) = \frac{8i}{k_S^4}\pi\omega\rho_a c_a k_a^2 \left(1 - i\frac{k_S}{k_a}\right) \tag{6-70}$$

由式（6-66）和式（6-70）可得到受挡声场的动刚度矩阵，其也是受挡声场系统的混合面连接模型

$$\boldsymbol{D}_{\mathrm{dir},mn} = \boldsymbol{D}(r_{mn}, \ \omega) \tag{6-71}$$

6.1.5　基于受挡系统的声辐射特性分析

（1）声辐射效率

本节主要基于受挡混合面连接模型研究了简支板的单侧声辐射特性，并与采用傅里叶变换计算得到的结果进行对比，以验证本节所建立的受挡面连接模型的正确性。板的辐射功率可通过声-结构耦合面处的速度与等效载荷计算得到

$$P_{\mathrm{rad}} = \langle \boldsymbol{v}^{\mathrm{H}} \boldsymbol{f} \rangle = \frac{1}{2} \mathrm{Re}\{\boldsymbol{v}^{\mathrm{H}} \boldsymbol{f}\} \tag{6-72}$$

式中　$\boldsymbol{v}$——板所有节点的速度矢量；

$\boldsymbol{f}$——相应节点的声压。

在辐射面上位移与声压的关系可由动力学方程描述

$$\boldsymbol{D}_{\mathrm{dir}} \boldsymbol{a} = \boldsymbol{f} \tag{6-73}$$

则

$$\langle \boldsymbol{v}^{\mathrm{H}} \boldsymbol{f} \rangle = \langle \boldsymbol{f}^{\mathrm{H}} \boldsymbol{v} \rangle = \langle -\mathrm{i}\omega \boldsymbol{a}^{\mathrm{H}} \boldsymbol{D}_{\mathrm{dir}} \boldsymbol{a} \rangle \tag{6-74}$$

将式（6-74）代入到式（6-72）中有

$$P_{\mathrm{rad}} = \frac{1}{2} \mathrm{Re}\{-\mathrm{i}\omega \boldsymbol{a}^{\mathrm{H}} \boldsymbol{D}_{\mathrm{dir}} \boldsymbol{a}\} = \frac{\omega}{2} \boldsymbol{a}^{\mathrm{H}} \mathrm{Im}\{\boldsymbol{D}_{\mathrm{dir}}\} \boldsymbol{a} \tag{6-75}$$

阻抗矩阵与动刚度矩阵的关系为

$$\boldsymbol{Z}_{\mathrm{dir}} = \boldsymbol{D}_{\mathrm{dir}}/\mathrm{i}\omega \tag{6-76}$$

辐射功率可写为

$$\begin{aligned} P_{\mathrm{rad}} &= \frac{\omega^2}{2} \mathrm{Re}\{\mathrm{Re}\{\boldsymbol{a}^{\mathrm{H}} \boldsymbol{D}_{\mathrm{dir}} \boldsymbol{a}/(\mathrm{i}\omega)\}\} \\ &= \frac{\omega^2}{2} \mathrm{Re}\{\boldsymbol{a}^{\mathrm{H}} \boldsymbol{Z}_{\mathrm{dir}} \boldsymbol{a}\} \end{aligned} \tag{6-77}$$

辐射阻为 $R_{\mathrm{rad}} = \mathrm{Re}\{\boldsymbol{Z}_{\mathrm{dir}}\}$，辐射抗为 $I_{\mathrm{rad}} = \mathrm{Im}\{\boldsymbol{Z}_{\mathrm{dir}}\}$。辐射效率 σ 定义为

$$\sigma = \frac{P_{\mathrm{rad}}}{P'_{\mathrm{rad}}} \tag{6-78}$$

式中　P_{rad}——结构振动辐射到半空间的功率；

P'_{rad}——具有与结构相同面积和均方速度的刚性平板辐射到半空间的功率，其定义为

$$P'_{\mathrm{rad}} = \rho_{\mathrm{a}} c_{\mathrm{a}} A_{\mathrm{s}} \langle v^2 \rangle \tag{6-79}$$

（2）板结构的模态辐射效率验证

考虑 1 m×1 m×0.001 m 的简支板结构，分析频率为 1~2 000 Hz。声场空间的声速为 $c_{\mathrm{a}} = 343$ m/s，空气密度为 $\rho_{\mathrm{a}} = 1.21$ kg/m³。考虑到结果中的波长，取节点间的距离为 0.025 mm，每个边上共 41 个节点，共 1 681 个节点，节点编号和部分节点之间的距离矩阵如图6-9所示。

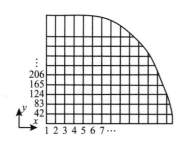
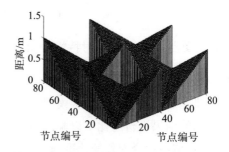

图 6-9　节点编号及部分节点距离矩阵

对于简支板，模态可表示为（图 6-10）

$$w(x_1,\ x_2)=\sin\left(\frac{n\pi x_1}{L}\right)\sin\left(\frac{m\pi x_2}{L}\right) \tag{6-80}$$

式（6-80）中 n, $m=1$, 2, $\cdots$, N，为整数。

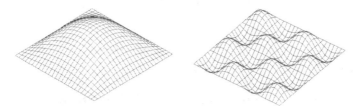

图 6-10　简支板的典型模态

在简谐振动下其速度响应为

$$v(x_1,\ x_2)=\mathrm{i}\omega\sin\left(\frac{n\pi x_1}{L}\right)\sin\left(\frac{m\pi x_2}{L}\right) \tag{6-81}$$

则相应模态的均方速度为

$$\begin{aligned}
\langle v^2\rangle &= \frac{1}{A}\int_\Omega \frac{1}{2}\mathrm{Re}\{v(x_1,\ x_2)v^*(x_1,\ x_2)\}\mathrm{d}s \\
&= \frac{\omega^2}{2A}\int_{-L/2}^{L/2}\int_{-L/2}^{L/2}\sin^2\left(\frac{n\pi x_1}{L}\right)\sin^2\left(\frac{m\pi x_1}{L}\right)\mathrm{d}x_1\mathrm{d}x_2 \\
&= \frac{\omega^2}{8} \tag{6-82}
\end{aligned}$$

将式（6-83）代入式（6-79）有

$$P'_{\mathrm{rad}}=\omega^2\rho_\mathrm{a}c_\mathrm{a}A_\mathrm{a}/8 \tag{6-83}$$

则无量纲辐射效率 σ（辐射阻系数）为

$$\sigma=\frac{\omega^2}{2}\frac{1}{\omega^2\rho_\mathrm{a}c_\mathrm{a}A_\mathrm{a}/8}\mathrm{Re}\{\boldsymbol{a}^\mathrm{H}\boldsymbol{D}_{\mathrm{dir}}\boldsymbol{a}/(\mathrm{i}\omega)\}=\frac{4}{\rho_\mathrm{a}c_\mathrm{a}A_\mathrm{a}}\mathrm{Re}\{\boldsymbol{a}^\mathrm{H}\boldsymbol{D}_{\mathrm{dir}}\boldsymbol{a}/(\mathrm{i}\omega)\} \tag{6-84}$$

同样辐射抗系数 κ 为

$$\kappa=\frac{4}{\rho_\mathrm{a}c_\mathrm{a}A_\mathrm{a}}\mathrm{Im}\{\boldsymbol{a}^\mathrm{H}\boldsymbol{D}_{\mathrm{dir}}\boldsymbol{a}/(\mathrm{i}\omega)\} \tag{6-85}$$

令 $z = \boldsymbol{a}^{\mathrm{H}} \boldsymbol{D}_{\mathrm{dir}} \boldsymbol{a} / (\mathrm{i}\omega)$，则

$$\sigma = \frac{4\mathrm{Re}\{z\}}{\rho_{\mathrm{a}} c_{\mathrm{a}} L^2} \tag{6-86}$$

$$\kappa = \frac{4\mathrm{Im}\{z\}}{\rho_{\mathrm{a}} c_{\mathrm{a}} L^2} \tag{6-87}$$

图 6-11 给出了采用本节建立的受挡声场系统的直接场动刚度矩阵计算得到的单侧模态的辐射效率与采用傅里叶变换方法（Wallace，1970）[138] 计算得到的结果对比。

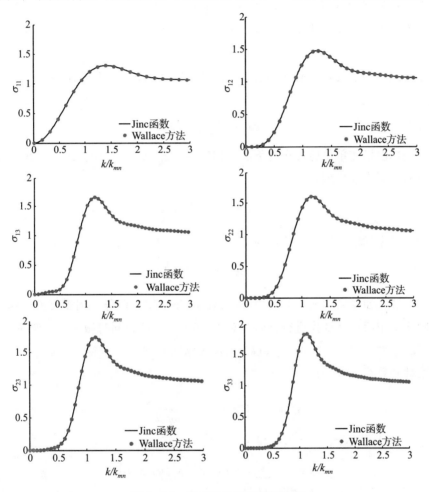

图 6-11　简支板的单侧辐射效率

从图 6-11 中可以看出，两种方法计算得到的模态辐射效率完全吻合，基于受挡面连接模型描述板单侧辐射特性是正确的，该受挡声场混合面连接的模型可应用于混合 FE - SEA 分析中。

6.2　非受挡声场系统的混合面连接模型

声场的非受挡边界又可称为自由边界，本节主要研究非受挡声场系统的混合面连接建模方

法。考虑到边界条件的特性，非受挡声场系统的辐射特性应通过导纳矩阵（Receptance Matrix）描述，然后通过导纳矩阵与动刚度矩阵的关系建立非受挡声场系统的直接场动刚度矩阵。

6.2.1　非受挡声场系统的导纳矩阵

声场的非受挡边界可理解为自由边界，在非辐射区域 A' 中声压恒为零，数学上可写为

$$p(\boldsymbol{x}) \equiv 0 \quad \forall \boldsymbol{x} \in A' \tag{6-88}$$

声压在非辐射区域 A' 中恒为零的边界也可称为声压的释放边界。鉴于声压的有界特性，以声压为基本变量描述非受挡声场的辐射特性更为简单。系统导纳矩阵 $\boldsymbol{R}$ 定义为

$$\boldsymbol{R}\boldsymbol{p} = \boldsymbol{w} \tag{6-89}$$

对于非受挡声场系统，在有效辐射面上任意位置 $\boldsymbol{x} = [x_1 \quad x_2]^{\mathrm{T}}$ 的声压可写为广义坐标 b_n 的形式

$$p(\boldsymbol{x}) = \sum_n b_n u_n(\boldsymbol{x}) \tag{6-90}$$

定义非受挡声场在单位脉冲压力下的位移响应为 $g_{\mathrm{R}}(\boldsymbol{x})$，类似于 Rayleigh 积分，$p(\boldsymbol{x})$ 作用下的位移可写为卷积形式

$$w(\boldsymbol{x}) = \int_A g_{\mathrm{R}}(\boldsymbol{x} - \boldsymbol{x}') p(\boldsymbol{x}') \mathrm{d}\boldsymbol{x} \tag{6-91}$$

作用于广义坐标 b_m 上的广义位移为

$$w_m = \int_A w(\boldsymbol{x}) u_m(\boldsymbol{x}) \mathrm{d}\boldsymbol{x} \tag{6-92}$$

类似 6.1 节，如果采用式（6-91）直接对式（6-92）积分，则需要进行四重数值积分，因此同样采用傅里叶变换进行化简。对式（6-91）两边同时做傅里叶变换

$$w(\boldsymbol{k}) = G_{\mathrm{R}}(\boldsymbol{k}) p(\boldsymbol{k}) \tag{6-93}$$

其中格林函数 $G_{\mathrm{R}}(\boldsymbol{k})$ 为

$$G_{\mathrm{R}}(\boldsymbol{k}) = G^{-1}(\boldsymbol{k}) = \frac{\sqrt{k_{\mathrm{a}}^2 - |\boldsymbol{k}|^2}}{\mathrm{i}\omega \rho c k_{\mathrm{a}}} \tag{6-94}$$

将式（6-90）代入式（6-91）得

$$\begin{aligned} w(\boldsymbol{x}) &= \sum_n b_n \int_A g_{\mathrm{R}}(\boldsymbol{x} - \boldsymbol{x}') u_n(\boldsymbol{x}') \mathrm{d}\boldsymbol{x} \\ &= \sum_n b_n g_{\mathrm{R}}(\boldsymbol{x}) {}^* u_n(\boldsymbol{x}) \end{aligned} \tag{6-95}$$

将式（6-95）的右边项改写为逆傅里叶变换形式

$$g_{\mathrm{R}}(\boldsymbol{x}) * u_n(\boldsymbol{x}) = \int_A G^{-1}(\boldsymbol{k}) U_n(\boldsymbol{k}) \mathrm{e}^{\mathrm{i}\boldsymbol{k}\cdot\boldsymbol{x}} \mathrm{d}\boldsymbol{k} \tag{6-96}$$

将式（6-96）代入式（6-95）有

$$w(\boldsymbol{x}) = \sum_n b_n \int_A G^{-1}(\boldsymbol{k}) U_n(\boldsymbol{k}) \mathrm{e}^{\mathrm{i}\boldsymbol{k}\cdot\boldsymbol{x}} \mathrm{d}\boldsymbol{k} \tag{6-97}$$

将式（6-97）代入到式（6-92）得到

$$w_m = \sum_n b_n \int_A u_m(\boldsymbol{x}) \left[\int_R G^{-1}(\boldsymbol{k}) U_n(\boldsymbol{k}) e^{i\boldsymbol{k}\cdot\boldsymbol{x}} d\boldsymbol{k} \right] d\boldsymbol{x} \qquad (6-98)$$

交换积分顺序有

$$w_m = \sum_n b_n R_{mn} \qquad (6-99)$$

其中

$$R_{mn} = \int_R G^{-1}(\boldsymbol{k}) U_m^*(\boldsymbol{k}) U_n(\boldsymbol{k}) d\boldsymbol{k} \qquad (6-100)$$

式（6-100）即为非受挡声场的导纳矩阵求解格式。可以看出，该式也依赖于形函数的选取。

6.2.2　基于 Jinc 形函数的导纳矩阵及节点坐标投影

类似于式（6-34），形函数 $u_n(x)$ 也采用 Jinc 小波函数构造，在极坐标系下，式（6-100）可写为

$$R_{mn} = \frac{1}{2\pi} \int_0^\infty G^{-1}(k) |U(k)|^2 J_0(kr_{mn}) k dk \qquad (6-101)$$

$U(k)$ 和 $G^{-1}(k)$ 由式（6-35）和式（6-94）给出，代入式（6-101）后可得

$$R_{mn} = -\frac{i8\pi}{\omega\rho c k_a k_S^4} \int_0^{k_S} \sqrt{k_a^2 - k^2} J_0(kr_{mn}) k dk \qquad (6-102)$$

式（6-102）是基于广义坐标建立的，同样需要建立广义坐标和实际节点坐标的投影关系。类似于 6.2.1 节，式（6-90）可以用梯形近似写为卷积形式

$$p(\boldsymbol{x}) \approx \int_A b(\boldsymbol{x}') u(\boldsymbol{x} - \boldsymbol{x}') d\boldsymbol{x}' / dx_1 dx_1 \qquad (6-103)$$

对式（6-103）两边进行傅里叶变换有

$$p(k) = \begin{cases} 0 & k > k_S \\ 4\pi b(k)/(dx_1 dx_1 k_S^2) & k \leqslant k_S \end{cases} \qquad (6-104)$$

k_S 的选取可参考式（6-44），则有

$$p(k) = \begin{cases} 0 & k > k_S \\ 2b(k)/\pi & k \leqslant k_S \end{cases} \qquad (6-105)$$

对式（6-105）两边做傅里叶变换得

$$b_n = \frac{\pi}{2} p(x_n) \qquad (6-106)$$

6.2.3　导纳矩阵与动刚度矩阵的转换

混合建模中需要采用动刚度矩阵建模，因此需要将基于 Jinc 函数的非受挡导纳矩阵进行转换得到其相应的动刚度矩阵。为了简化推导，仍然定义自由面上的网格为等间距，即 $dx_1 = dx_2 = dx$。将式（6-90）代入到式（6-14）中有

$$f_m = \int_A \sum_n b_n u(\boldsymbol{x} - \boldsymbol{x}_n) u(\boldsymbol{x} - \boldsymbol{x}_m) d\boldsymbol{x} \qquad (6-107)$$

对式（6-107）等号右侧部分项首先采用梯形近似计算求和

$$p(\boldsymbol{x}) = \sum_{n} b_n u(\boldsymbol{x} - \boldsymbol{x}_n) \rightarrow p(\boldsymbol{x}) \approx \frac{2}{\pi} b(\boldsymbol{x}) \qquad (6-108)$$

将式（6-108）代入到式（6-107）中有

$$f_m = \frac{2}{\pi} \int_A b(\boldsymbol{x}) u(\boldsymbol{x} - \boldsymbol{x}_m) \mathrm{d}\boldsymbol{x} \qquad (6-109)$$

对式（6-109）运用傅里叶变换的卷积定理有

$$f(k) = (2/\pi)^2 (\mathrm{d}x)^2 b(k) \qquad (6-110)$$

式（6-110）两边做傅里叶逆变换可得

$$f_m = (2/\pi)^2 (\mathrm{d}x)^2 b_m \qquad (6-111)$$

同理可得

$$w_m = (2/\pi)^2 (\mathrm{d}x)^2 a_m \qquad (6-112)$$

由于

$$\begin{bmatrix} f_1 \\ f_2 \\ \vdots \\ f_n \end{bmatrix} = \begin{bmatrix} D_{11} & D_{12} & \cdots & D_{1n} \\ D_{21} & D_{22} & \cdots & \vdots \\ \vdots & \vdots & \ddots & \vdots \\ D_{n1} & D_{n2} & \cdots & D_{nn} \end{bmatrix} \begin{bmatrix} a_1 \\ a_2 \\ \vdots \\ a_n \end{bmatrix} \qquad (6-113)$$

而

$$\begin{bmatrix} f_1 \\ f_2 \\ \vdots \\ f_n \end{bmatrix} = (2/\pi)^2 (\mathrm{d}x)^2 \begin{bmatrix} b_1 \\ b_2 \\ \vdots \\ b_n \end{bmatrix} \qquad (6-114)$$

$$(2/\pi)^2 (\mathrm{d}x)^2 \begin{bmatrix} b_1 \\ b_2 \\ \vdots \\ b_n \end{bmatrix} = \begin{bmatrix} D_{11} & D_{12} & \cdots & D_{1n} \\ D_{21} & D_{22} & \cdots & \vdots \\ \vdots & \vdots & \ddots & \vdots \\ D_{n1} & D_{n2} & \cdots & D_{nn} \end{bmatrix} \begin{bmatrix} a_1 \\ a_2 \\ \vdots \\ a_n \end{bmatrix} \qquad (6-115)$$

而

$$\begin{bmatrix} w_1 \\ w_2 \\ \vdots \\ w_n \end{bmatrix} = (2/\pi)^2 (\mathrm{d}x)^2 \begin{bmatrix} a_1 \\ a_2 \\ \vdots \\ a_n \end{bmatrix} \qquad (6-116)$$

代入式（6-115）有

$$(2/\pi)^2 (\mathrm{d}x)^2 \begin{bmatrix} b_1 \\ b_2 \\ \vdots \\ b_n \end{bmatrix} = \begin{bmatrix} D_{11} & D_{12} & \cdots & D_{1n} \\ D_{21} & D_{22} & \cdots & \vdots \\ \vdots & \vdots & \ddots & \vdots \\ D_{n1} & D_{n2} & \cdots & D_{nn} \end{bmatrix} \frac{1}{(2/\pi)^2 (\mathrm{d}x)^2} \begin{bmatrix} w_1 \\ w_2 \\ \vdots \\ w_n \end{bmatrix} \qquad (6-117)$$

$$\left[(2/\pi)^2(\mathrm{d}x)^2\right]^2
\begin{bmatrix} b_1 \\ b_2 \\ \vdots \\ b_n \end{bmatrix}
=
\begin{bmatrix}
D_{11} & D_{12} & \cdots & D_{1n} \\
D_{21} & D_{22} & \cdots & \vdots \\
\vdots & \vdots & \ddots & \vdots \\
D_{n1} & D_{n2} & \cdots & D_{nn}
\end{bmatrix}
\begin{bmatrix} w_1 \\ w_2 \\ \vdots \\ w_n \end{bmatrix}
\tag{6-118}$$

由于

$$\boldsymbol{R}^{-1}
\begin{bmatrix} w_1 \\ w_2 \\ \vdots \\ w_n \end{bmatrix}
=
\begin{bmatrix} b_1 \\ b_2 \\ \vdots \\ b_n \end{bmatrix}
\tag{6-119}$$

则有

$$\boldsymbol{D}=(2/\pi)^4(\mathrm{d}x)^4\boldsymbol{R}^{-1} \tag{6-120}$$

式（6‑120）即为非受挡声场的混合面连接模型。

6.2.4　声场导纳矩阵的化简

为了方便数学建模，对式（6‑102）进行进一步化简，则该式积分可进一步改写为

$$R(r,\omega)=-\frac{\mathrm{i}8\pi}{\omega\rho c k_\mathrm{a} k_\mathrm{S}^4}\left[\int_0^{k_\mathrm{a}}\sqrt{k_\mathrm{a}^2-k^2}\,J_0(kr)k\mathrm{d}k+\int_{k_\mathrm{a}}^{k_\mathrm{S}}\sqrt{k_\mathrm{a}^2-k^2}\,J_0(kr)k\mathrm{d}k\right] \tag{6-121}$$

式（6‑121）中第一个积分具有解析解，作积分代换 $x=k/k_\mathrm{a}$，则有

$$\int_0^{k_\mathrm{a}}\sqrt{k_\mathrm{a}^2-k^2}\,J_0(kr)k\mathrm{d}k=k_\mathrm{a}\int_0^1\sqrt{1-x^2}\,J_0(k_\mathrm{a}xr)\,k_\mathrm{a}x\mathrm{d}(k_\mathrm{a}x)$$

$$=k_\mathrm{a}^3\int_0^1\sqrt{1-x^2}\,J_0(k_\mathrm{a}xr)x\mathrm{d}x$$

$$=k_\mathrm{a}^3\left[\frac{\sin(k_\mathrm{a}r)}{(k_\mathrm{a}r)^3}-\frac{\cos(k_\mathrm{a}r)}{(k_\mathrm{a}r)^2}\right] \tag{6-122}$$

由于

$$\lim_{k_\mathrm{a}r\to0}\left[\frac{\sin(k_\mathrm{a}r)}{(k_\mathrm{a}r)^3}-\frac{\cos(k_\mathrm{a}r)}{(k_\mathrm{a}r)^2}\right]=\frac{1}{3} \tag{6-123}$$

因此

$$\lim_{k_\mathrm{a}r\to0}\int_0^{k_\mathrm{S}}\sqrt{k_\mathrm{a}^2-k^2}\,J_0(kr)k\mathrm{d}k=k_\mathrm{a}^3/3 \tag{6-124}$$

则导纳矩阵可写为

$$R(r,\omega)=-\frac{\mathrm{i}8\pi k_\mathrm{a}^2}{\omega\rho c k_\mathrm{S}^4}\left[\frac{\sin(k_\mathrm{a}r)}{(k_\mathrm{a}r)^3}-\frac{\cos(k_\mathrm{a}r)}{(k_\mathrm{a}r)^2}+\frac{1}{k_\mathrm{a}^3}\int_{k_\mathrm{a}}^{k_\mathrm{S}}\sqrt{k_\mathrm{a}^2-k^2}\,J_0(kr)k\mathrm{d}k\right] \tag{6-125}$$

式（6‑125）中第二个积分可作积分代换 $x=k/k_\mathrm{a}$，则有

$$\frac{1}{k_\mathrm{a}^3}\int_{k_\mathrm{a}}^{k_\mathrm{S}}\sqrt{k^2-k_\mathrm{a}^2}\,J_0(kr)k\mathrm{d}k=\frac{1}{k_\mathrm{a}^3}\int_1^{k_\mathrm{S}/k_\mathrm{a}}\sqrt{k_\mathrm{a}^2-(k_\mathrm{a}x)^2}\,J_0(k_\mathrm{a}xr)\,k_\mathrm{a}x\mathrm{d}k_\mathrm{a}x$$

$$=\int_1^{k_\mathrm{S}/k_\mathrm{a}}\sqrt{1-x^2}\,J_0(k_\mathrm{a}xr)x\mathrm{d}x$$

$$=\mathrm{i}\int_1^{k_\mathrm{S}/k_\mathrm{a}}\sqrt{1-x^2}\,J_0(k_\mathrm{a}xr)x\mathrm{d}x$$

$$=\mathrm{i}g(k_\mathrm{a}r) \tag{6-126}$$

其中
$$g(z) = \int_1^{k_S/k_a} \sqrt{x^2-1}\, J_0(zx) x \mathrm{d}x \tag{6-127}$$

$g(z)$ 的积分可由 6.1.4 节中 $f(z)$ 的积分求解，$f(z)$ 的积分可由式（6-50）给出

$$f(k_a r) = \frac{1}{k_a} \int_{k_a}^{k_S} \frac{J_0(kr)k}{\sqrt{k^2-k_a^2}} \mathrm{d}k \tag{6-128}$$

$$g(k_a r) = \frac{1}{k_a^3} \int_{k_a}^{k_S} \sqrt{k^2-k_a^2}\, J_0(kr) k \mathrm{d}k \tag{6-129}$$

对 $g(k_a r)k_a^3$ 求导有

$$\begin{aligned}
\frac{\mathrm{d}}{\mathrm{d}k_a}\big[k_a^3 g(k_a r)\big] &= -k_a \int_{k_a}^{k_S} \frac{J_0(kr)k}{\sqrt{k^2-k_a^2}} \mathrm{d}k \\
&= -k_a^2 f(k_a r) \\
&\approx -k_a^2 \left[\frac{\cos(k_a r)-1}{k_a r} - \frac{1}{k_a r}\int_0^{k_S r} J_0(x)\mathrm{d}x\right]
\end{aligned} \tag{6-130}$$

式（6-130）利用了下式（6-131）所示结果

$$f(k_a r) = \frac{\cos(k_a r)-1}{k_a r} + \frac{1}{k_a r}\int_0^{k_S r} J_0(x)\mathrm{d}x \tag{6-131}$$

式（6-130）两边对 k_a 进行积分，则第一项积分为

$$-\int k_a^2 \frac{\cos(k_a r)-1}{k_a r}\mathrm{d}k_a = -\frac{1}{r^3}\left[\cos(k_a r) + k_a r\sin(k_a r) - \frac{1}{2}k_a^2 r^2\right] + C_1 \tag{6-132}$$

第二项积分为

$$-\int k_a^2 \frac{1}{k_a r}\mathrm{d}k_a \int_0^{k_S r} J_0(x)\mathrm{d}x = -\frac{1}{2}\frac{k_a^2}{r}\int_0^{k_S r} J_0(x)\mathrm{d}x + C_2 \tag{6-133}$$

则

$$\begin{aligned}
k_a^3 g(k_a r) \approx -\frac{1}{r}\bigg\{ &\frac{k_a \sin(k_a r)}{r} + \frac{\cos(k_a r)}{r^2} \\
&- \frac{k_a^2}{2}\Big[1 - \int_0^{k_S r} J_0(x)\mathrm{d}k\Big]\bigg\} + C
\end{aligned} \tag{6-134}$$

常数 C 可由极限获得

$$\begin{aligned}
\lim_{k_a \to \infty} k_a^3 g(k_a r) &= \lim_{k_a \to \infty} \int_{k_a}^{k_S} J_0(kr)k\sqrt{k^2-k_a^2}\,\mathrm{d}k \\
&= \int_{k_a}^{k_S} J_0(kr)\, k^2 \mathrm{d}k \\
&= \frac{1}{r^3}\int_0^{k_S r} J_0(x)\, x^2 \mathrm{d}x
\end{aligned} \tag{6-135}$$

已知
$$\lim_{k_a \to 0}\big[k_a^3 g\ (k_a r)\big] \approx -\frac{1}{r^3} + C \tag{6-136}$$

因此，积分常数 C 为

$$C = \frac{1}{r^3}\Big[1 + \int_0^{k_S r} x^2 J_0(x)\mathrm{d}x\Big] \tag{6-137}$$

则有
$$g(k_a r) \approx -\frac{1}{k_a^3 r} \left\{ \frac{k_a \sin(k_a r)}{r} + \frac{\cos(k_a r)}{r^2} - \frac{k_a^2}{2}\left[1 - \int_0^{k_S r} J_0(x)\mathrm{d}x\right] \right\} +$$
$$\frac{1}{k_a^3 r^3}\left[1 + \int_0^{k_S r} x^2 J_0(x)\mathrm{d}x\right]$$
$$= -\frac{\sin(k_a r)}{(k_a r)^2} + \frac{1-\cos(k_a r)}{k_a^3 r^3} + \frac{1}{2k_a r}\left[1 - \int_0^{k_S r} J_0(x)\mathrm{d}x\right] +$$
$$\frac{1}{k_a^3 r^3}\left[1 + \int_0^{k_S r} x^2 J_0(x)\mathrm{d}x\right] \tag{6-138}$$

注意到
$$\lim_{r \to 0}\left\{ \begin{array}{l} -\dfrac{\sin(k_a r)}{(k_a r)^2} + \dfrac{1-\cos(k_a r)}{k_a^3 r^3} + \dfrac{1}{2k_a r}\left[1 - \displaystyle\int_0^{k_S r} J_0(x)\mathrm{d}x\right] + \\[3mm] \dfrac{1}{k_a^3 r^3}\displaystyle\int_0^{k_S r} x^2 J_0(x)\mathrm{d}x \end{array} \right\}$$
$$= (k_S/k_a)^3/3 - (k_S/k_a)/2 \tag{6-139}$$
$$g'(0) \approx (k_S/k_a)^3/3 - (k_S/k_a)/2 \tag{6-140}$$

实际上，$g(0)$ 的精确解应为
$$g(0) = \lim_{r \to 0}\left[\frac{1}{k_a^3}\int_{k_a}^{k_S}\sqrt{k^2 - k_a^2}\, J_0(kr)\mathrm{d}k\right]$$
$$= \frac{1}{3}\frac{(k_S^2 - k_a^2)}{k_a^3}\sqrt{k_S^2 - k_a^2}$$
$$= \frac{1}{3}\left[\left(\frac{k_S}{k_a}\right)^2 - 1\right]^{3/2} \tag{6-141}$$

式（6-141）展开成级数形式有
$$\frac{1}{3}\left[\left(\frac{k_S}{k_a}\right)^2 - 1\right]^{3/2} = \frac{1}{3}\left(\frac{k_S}{k_a}\right)^3 - \frac{1}{2}\left(\frac{k_S}{k_a}\right) + \frac{1}{8\left(\frac{k_S}{k_a}\right)} + \frac{1}{48\left(\frac{k_S}{k_a}\right)} + O\left[1/\left(\frac{k_S}{k_a}\right)^5\right] \tag{6-142}$$

式（6-141）与式（6-142）的误差为 $O(k_a/k_S)$，当 $k_a \ll k_S$ 时，即声场网格足够密时，近似积分的误差就变得很小，如图 6-12 所示。通过式（6-125），（6-126），（6-138）即可计算非受挡板系统的导纳矩阵，该系统的直接场动刚度矩阵则由式（6-120）给出。

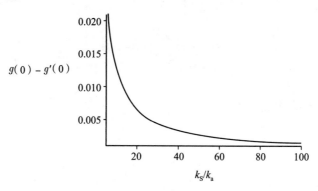

图 6-12　$g(x)$ 的近似积分误差

6.3　多边界的混合面连接模型

6.3.1　刚度矩阵的缩聚

在很多情况下，声场的辐射边界无法用单一的受挡或者非受挡边界描述，即多边界（或者部分受挡、非受挡边界）。在非受挡边界上压力恒为零，这些边界又可以称为压力释放边界（Pressure Release Boundary，PRB）。面连接的多边界问题可通过重组受挡模型的刚度矩阵进行解决[130]：首先将整个辐射边界的自由度 a 划分为自由度 a_1 集和自由度 a_2 集，a_1 集为所有受挡边界的自由度集合，a_2 集为所有非受挡边界的集合，如图 6-13 所示。

采用受挡系统建立辐射边界的动刚度矩阵，然后分块重组有

$$\begin{bmatrix} \boldsymbol{D}_{11} & \boldsymbol{D}_{12} \\ \boldsymbol{D}_{21} & \boldsymbol{D}_{22} \end{bmatrix} \begin{bmatrix} \boldsymbol{a}_1 \\ \boldsymbol{a}_2 \end{bmatrix} = \begin{bmatrix} \boldsymbol{f}_1 \\ \boldsymbol{f}_2 \end{bmatrix} \tag{6-143}$$

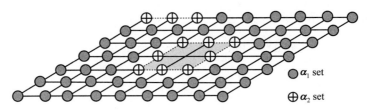

$\bullet\ \alpha_1$ set

$\oplus\ \alpha_2$ set

（实线为受挡边界，虚线为非受挡边界）

图 6-13　a_1 集和 a_2 集

将式（6-143）展开

$$\boldsymbol{D}_{11}\boldsymbol{a}_1 + \boldsymbol{D}_{12}\boldsymbol{a}_2 = \boldsymbol{f}_1 \tag{6-144}$$

$$\boldsymbol{D}_{21}\boldsymbol{a}_1 + \boldsymbol{D}_{22}\boldsymbol{a}_2 = \boldsymbol{f}_2 \tag{6-145}$$

在非受挡界自由度上声压载荷为零，将式（6-145）代入（6-144），则缩聚后的动刚度矩阵为

$$\boldsymbol{D}_{\text{red}}\boldsymbol{a}_1 = \boldsymbol{f}_1 \tag{6-146}$$

其中

$$\boldsymbol{D}_{\text{red}} = \boldsymbol{D}_{11} - \boldsymbol{D}_{12}\boldsymbol{D}_{22}^{-1}\boldsymbol{D}_{21} \tag{6-147}$$

式（6-146）则为受挡边界的响应。

6.3.2　非受挡边界的响应

式（6-145）可改写为

$$\boldsymbol{a}_2 = -\boldsymbol{D}_{22}^{-1}\boldsymbol{D}_{21}\boldsymbol{a}_1 \tag{6-148}$$

受挡边界 $\boldsymbol{a}_1$ 的响应通常由互谱形式给出，则 $\boldsymbol{a}_2$ 相应的响应为

$$\boldsymbol{S}_{a_2 a_2} = \langle \boldsymbol{a}_2 \boldsymbol{a}_2^{\text{H}} \rangle = \boldsymbol{D}_{22}^{-1}\boldsymbol{D}_{21}\boldsymbol{S}_{a_1 a_1}\boldsymbol{D}_{21}^{\text{H}}\boldsymbol{D}_{22}^{-\text{H}} \tag{6-149}$$

一般a_1集主要通过广义坐标建立，如果模态形函数为$\boldsymbol{\phi}_j$，相应的广义坐标为$q_j(j=1，\cdots，m)$，m为结构中保留的模态数目，则模态坐标q_j和节点坐标a_1之间的关系为

$$a_1 = \boldsymbol{\Phi} q \tag{6-150}$$

其中

$$\boldsymbol{\Phi} = [\boldsymbol{\phi}_1，\cdots，\boldsymbol{\phi}_m]^T; \quad q = [q_1，\cdots，q_m]^T \tag{6-151}$$

其互谱形式为

$$\langle \boldsymbol{S}_{a_1 a_1} \rangle = \boldsymbol{\Phi} \langle q\, q^H \rangle \boldsymbol{\Phi}^H = \boldsymbol{\Phi} S_{qq} \boldsymbol{\Phi}^H \tag{6-152}$$

将式（6-152）代入到式（6-149）中有

$$S_{a_2 a_2} = \langle a_2 a_2^H \rangle = D_{22}^{-1} D_{21} \boldsymbol{\Phi} S_{qq} \boldsymbol{\Phi}^H D_{21}^H D_{22}^{-H} \tag{6-153}$$

式（6-153）为非受挡边界的响应互谱，为了求解式（6-153），需要事先求解得到a集的响应，这可以通过混合 FE - SEA 分析获得。

6.4 板结构的混合面连接模型

本节主要研究无限板结构的横向振动的直接场动刚度矩阵。在板结构中，面内纵波和剪切波与面外弯曲波解耦。根据薄板理论（忽略转动惯量和剪切应变），薄板结构在单位面载荷$p_y(x，y，t)$作用下的横向运动方程可写为

$$D\left[\frac{\partial^4 \eta(x，z，t)}{\partial x^4} + 2\frac{\partial^4 \eta(x，z，t)}{\partial x^2 \partial z^2} + \frac{\partial^4 \eta(x，z，t)}{\partial z^4}\right] + m\frac{\partial^2 \eta(x，z，t)}{\partial t^2}$$
$$= p_y(x，y，t) \tag{6-154}$$

式中：D——弯曲刚度，$D = Eh^3/12(1-v^2)$；

m——面积质量。

图 6-14 给出了柱坐标下结构上位置$P(r，\alpha)$在点载荷F_y作用下的板结构横向振动$\tilde{\eta}$的响应。

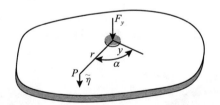

图 6-14 板结构响应示意图

动力学方程式（6-154）存在数值解，$\tilde{\eta}$的具体表达式为

$$\tilde{\eta}(r，\alpha) = \frac{-\mathrm{i}F_y}{8Dk_b^2}\left[H_0^{(2)}(k_b r) - \mathrm{i}\frac{2}{\pi}K_0(k_b r)\right]$$
$$= \frac{-\mathrm{i}F_y}{8Dk_b^2}\left[H_0^{(2)}(k_b r) - H_0^{(2)}(-\mathrm{i}k_b r)\right] \tag{6-155}$$

板结构的格林函数为

$$g(r) = \left(-\frac{\mathrm{i}}{8D\,k_{\mathrm{b}}^2}\right)\left[H_0^{(2)}(k_{\mathrm{b}}r) - H_0^{(2)}(-\mathrm{i}k_{\mathrm{b}}r)\right] \tag{6-156}$$

式中　k_{b}——弯曲波数，$k_{\mathrm{b}} = (\rho h/D)^{1/4}\omega^{1/2}$；

　　　$H_0^{(2)}$——零阶第二类 Hankel 函数；

　　　K_0——第二类修正的 Bessel 函数。

假设对板结构进行离散，定义节点 m、n 之间的距离为 r_{mn}，作用在节点 m 处的点载荷 F_m 在节点 n 处产生的位移记为 η_n，则有

$$G_{mn}F_m = \eta_n \tag{6-157}$$

写成矩阵形式有

$$\begin{bmatrix} G_{11} & G_{12} & \cdots & G_{1N} \\ G_{21} & G_{22} & \cdots & G_{2N} \\ \vdots & \vdots & \ddots & \vdots \\ G_{N1} & G_{N2} & \cdots & G_{NN} \end{bmatrix} \begin{bmatrix} F_1 \\ F_2 \\ \vdots \\ F_4 \end{bmatrix} = \begin{bmatrix} \eta_1 \\ \eta_2 \\ \vdots \\ \eta_4 \end{bmatrix} \tag{6-158}$$

则

$$\boldsymbol{D}_{\mathrm{dir}}\boldsymbol{\eta} = \boldsymbol{F} \tag{6-159}$$

$$\boldsymbol{D}_{\mathrm{dir}} = \boldsymbol{G}^{-1} \tag{6-160}$$

图 6-15 和图 6-16 给出了尺寸为 2 m×2 m×3 mm 的 Al 板在 200 Hz 和 1 000 Hz 的格林函数波形。

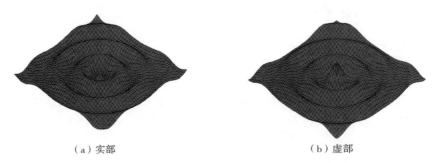

（a）实部　　　　　　　　　　　　　（b）虚部

图 6-15　200 Hz 时 G 函数波形图

（a）实部　　　　　　　　　　　　　（b）虚部

图 6-16　1 000 Hz 时 G 函数波形图

注意到，$G(r_{jk})$ 在 $r_{jk}=0$ 处奇异，因此当 $r_{jk}=0$ 时，$G(r)$ 的值取极限

$$G(0)=\lim_{r\to 0}\left(-\frac{\mathrm{i}}{8Dk^2}\right)\left[H_0^{(2)}(k_b r)-H_0^{(2)}(-\mathrm{i}k_b r)\right]$$

$$=-\frac{\mathrm{i}}{8Dk^2} \qquad\qquad\qquad (6-161)$$

6.5　仿真算例

本节通过典型算例的分析来验证 6.2 节～6.4 节中建立的混合面连接模型，验证算法采用 FEM - Monte Carlo 仿真验证算法。由于验证算法涉及声场建模，因此需建立有限元结构与有限元声场耦合模型。为了描述中高频响应对参数摄动的敏感，在结构中引入随机分布的质量块以描述参数摄动，然后进行 Monte Carlo 仿真试验。以 Monte Carlo 仿真试验的平均结果为参考，验证受挡边界、非受挡边界和多边界声场混合面连接模型。

6.5.1　基于受挡混合面连接的声场-结构耦合系统分析

在实际工程中，航天器声振预示时结构上的响应往往是工程师们关注的重点，为了满足工程要求，一般结构需要采用有限元建模，而对于较大的声场系统则采用统计能量模型建模。受挡板结构-声场系统的耦合模型如图 6 - 17 所示，激励为板结构上的点载荷激励，考察板结构上 3 个位置的加速度响应结果，具体如图 6 - 18 所示。板结构材料为铝合金，弹性模量为 71 GPa，密度为 2 700 kg/m³，尺寸为 1 m×1 m×1 mm，损耗因子为 1%。声场尺寸为 10 m×10 m×20 m，声速为 343 m/s，空气密度为 1.21 kg/m³，损耗因子为 1%。

分析频率为 1～1 000 Hz，为了描述响应的不确定性，在板结构中引入随机分布的质量块来描述参数摄动，采用基于有限元的能量流模型- Monte Carlo 仿真方法进行对比验证。

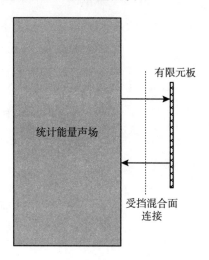

图 6 - 17　受挡板结构-声场耦合系统

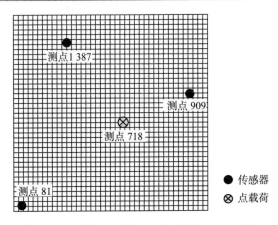

图 6-18　结构上载荷施加点与响应测点示意

图 6-19 为声场的能量响应对比，图 6-20 为结构响应结果对比。预示结果表明，本章给出的混合面连接模型整体上能够描述能量在混合面连接处的传递特性。结构响应中，部分频点处的结果与 Monte Carlo 试验存在差异，这是由于 Monte Carlo 仿真样本数目太少导致的，增加样本可有效地改善这种差异。

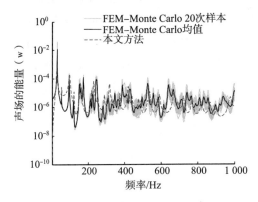

图 6-19　声场的能量响应（见彩插）

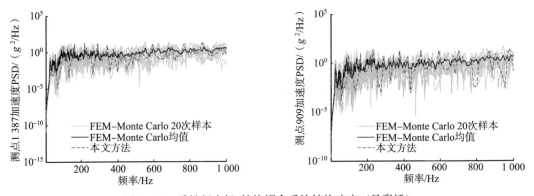

图 6-20　受挡板声场-结构耦合系统结构响应（见彩插）

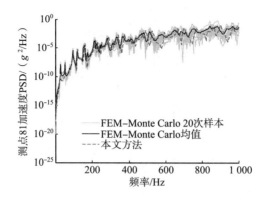

图 6-20 受挡板声场-结构耦合系统结构响应（续）（见彩插）

6.5.2 基于受挡混合面连接的声场-结构-声场耦合系统分析

考虑如图 6-21 所示的耦合系统。系统中两个有界声场通过中间的板结构进行耦合。系统中声场 1 受到激励，作用在声腔 1 的外表面，幅值为 1 Pa，声压通过板结构传递到声场 2 中，分析频率范围 1～1 000 Hz。板结构材料为铝，弹性模量为 71 GPa，密度为 2 700 kg/m³，尺寸为 1 m×1 m×1 mm，损耗因子为 1%。为了简化模型，两侧声场采用相同模型，尺寸为 10 m×10 m×20 m，声速为 343 m/s，损耗因子为 1%。

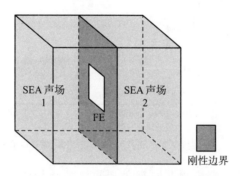

图 6-21 声场-结构-声场耦合系统

系统的耦合拓扑如图 6-22 所示，声场与有限元的连接通过受挡混合面连接进行耦合。考虑到结构的对称性，结构上共布置 5 个响应测点，其位置如图 6-23 所示。

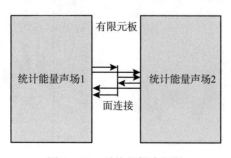

图 6-22 系统的耦合拓扑

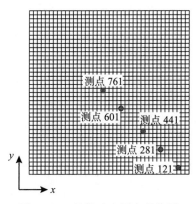

图 6 - 23　结构响应测点的位置

　　图 6 - 24 给出了受挡混合面连接建模方法与 Monte Carlo 仿真得到的声场能量响应对比曲线。从图中可以看出，声场 2 的能量预示结果在变化趋势和平均量级上与 Monte Carlo 仿真吻合，但是在一些峰值存在差异，这是由于采用统计能量模型对声场进行建模时丢失了声场的模态信息，进而导致在共振频率处能量存在差异。

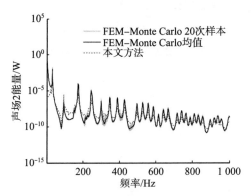

图 6 - 24　受挡混合面连接声场能量响应（见彩插）

　　图 6 - 25 为结构上 5 个响应测点加速度 PSD 谱的预示结果对比曲线。从图中可以看出，采用混合分析方法得到的结构响应曲线与 Monte Carlo 仿真得到的曲线相吻合，且能

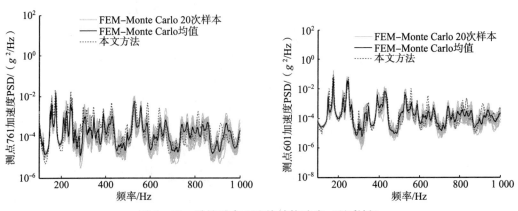

图 6 - 25　受挡混合面连接结构响应（见彩插）

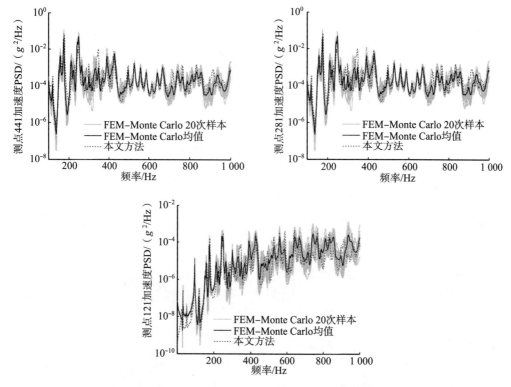

图 6 - 25　受挡混合面连接结构响应（续）（见彩插）

够基本描述结构响应在相关模态处的振荡特性。另外，在计算效率上，混合分析方法优于 Monte Carlo 仿真（本章方法计算耗时 343.53 s，20 次 Monte Carlo 仿真结果大约需要 6 h），有效提高了计算分析效率。

6.5.3　基于非受挡混合面连接的声场-结构耦合系统分析

采用非受挡混合面连接模型分析 6.5.1 节中的声场-结构系统，验证非受挡混合面连接模型的有效性，并对比非受挡和受挡混合面连接的预示结果，初步分析误差原因。图 6 - 26 为采用非受挡混合面连接模型预示得到的声场响应，图 6 - 27 为结构上 3 个测点的响应。可以看出，非受挡面连接模型与 Monte Carlo 仿真结果基本吻合，但是由于 Monte Carlo 样本少，部分频段存在误差。

图 6 - 28 和图 6 - 29 为受挡和非受挡混合面连接模型的预示结果对比，可以看出，结构上的响应测点两种模型是吻合的，但是声场结果在低频处差异较大，而高频处基本吻合，这是由于两种模型本质的区别在于对声场面连接外无限平面动力学行为的描述不同。受挡面连接假设在辐射面外位移恒为零，而非受挡面连接则假设在辐射面外压力恒为零，实际上面连接在无限平面上引起的扰动是有限的。在无限远处，随着声场的耗散，位移和压力均趋于零；而频率越高，衰减越快，采用两种模型建立的混合面连接预示结果的差异越小[139]。

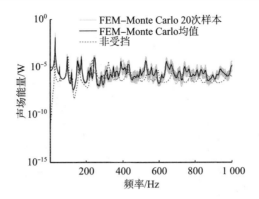

图 6 - 26   非受挡混合面连接声场响应（见彩插）

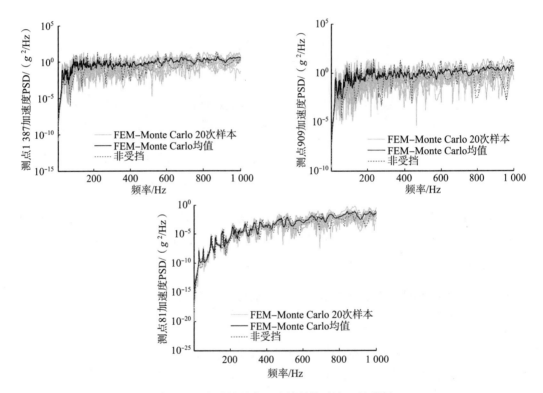

图 6 - 27   非受挡混合面连接结构响应（见彩插）

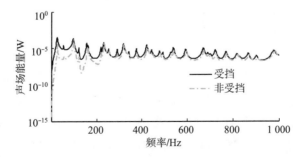

图 6 - 28   受挡和非受挡混合面连接的声场响应对比（见彩插）

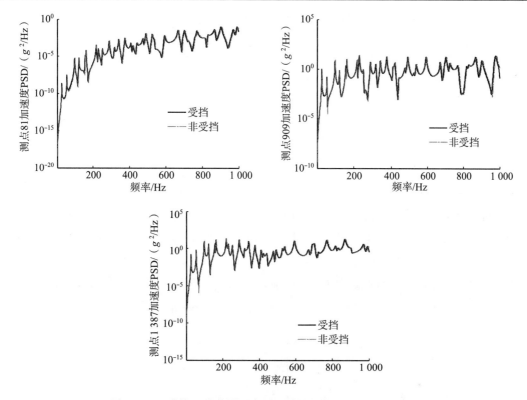

图 6 - 29　受挡和非受挡混合面连接结构响应对比（见彩插）

6.5.4　基于多边界的混合面连接声场-结构耦合系统分析

本节主要验证多边界条件下的混合面连接模型，验证模型如图6 - 30 所示。模型为带孔板声场-结构的耦合系统，结构边界固支，孔边界为非受挡边界，结构的辐射表面为多边界条件辐射表面。混合面连接则采用 6.3 节中的多边界模型建立。为了预示结构上的响应，结构采用有限元建模，而声场采用统计能量方法建模。

表 6 - 1 为耦合系统的特征参数。

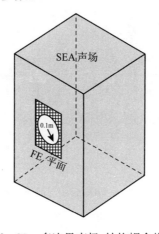

图 6 - 30　多边界声场-结构耦合模型

表 6 - 1　　多边界模型系统参数

结构	值	声场	值
厚度	10^{-3} m	尺寸	10 m×10 m×20 m
尺寸	1 m×1 m	空气密度	1.21 kg/m³
杨氏模量	71 GPa	声速	343 m/s
密度	2 700 kg/m³	损耗因子	1%
泊松比	0.329 6	—	—
损耗因子	1%	—	—

　　系统的混合耦合模型如图 6-31 所示。系统中载荷为施加在结构上的单位点载荷，结构上共布置 8 个测点，其中 PRB 传感器（PRB Sensor）和正常传感器（Normal Sensor）各布置 4 个，具体位置如图 6-32 所示，分析频率范围 1～1 000 Hz。为了提高分析效率，在混合模型中结构采用模态坐标描述，图 6-33 为结构几个典型模态。

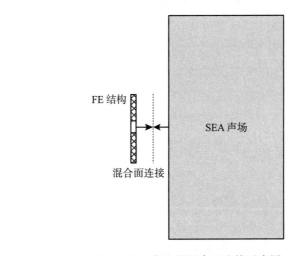

图 6 - 31　　多边界混合面连接示意图

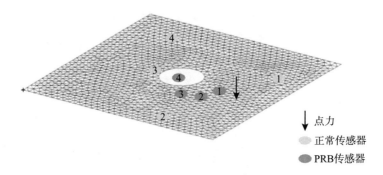

图 6 - 32　　结构载荷与测点示意

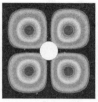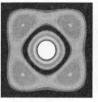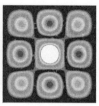

图 6 - 33　带孔板的典型模态

（1）声场的响应

系统中 SEA 声场的直接场动刚度矩阵采用多边界混合面连接建模，通过混合 FE - SEA 分析，首先求解得到 SEA 声场子系统的响应，如图 6 - 34 所示，可以看出声场响应与 Monte Carlo 仿真基本吻合。然而由于在混合模型中丢失了声场模态，且 Monte Carlo 仿真样本太少，混合预示模型与 Monte Carlo 试验在某些频段仍存在一些差异。

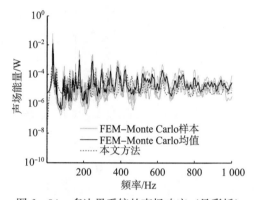

图 6 - 34　多边界系统的声场响应（见彩插）

（2）受挡边界的响应

从受挡节点的加速度响应（图 6 - 35）结果可以看出，有 4 个测点在趋势上均与 Monte Carlo 试验结果基本吻合，局部的差异是由参数摄动和声场的模态丢失导致的。对于非受挡边界，则需要利用受挡边界的响应通过式（6 - 153）求得。

（3）非受挡边界的响应

图 6 - 36 为非受挡边界的加速度响应，整体趋势也与 Monte Carlo 试验的响应基本吻合，但是在某些频点其预示值与试验值差异较大，这与声场网格与结构网格的匹配有关。在 Monte Carlo 试验中，有限元结构的网格与有限元声场的网格不匹配，只能采用插值方法建立耦合关系，这对 Monte Carlo 的试验结果的精度产生影响。同时，在混合方法中为了便于直接场辐射动刚度与有限元节点耦合，采用的是非等间距非均匀的结构网格对混合面连接进行划分，导致了参数 k_S 的取值困难与精度下降，对混合预示结果产生较大影响，后续应开展非均匀的声场网格波数 k_S 建模方法的研究。

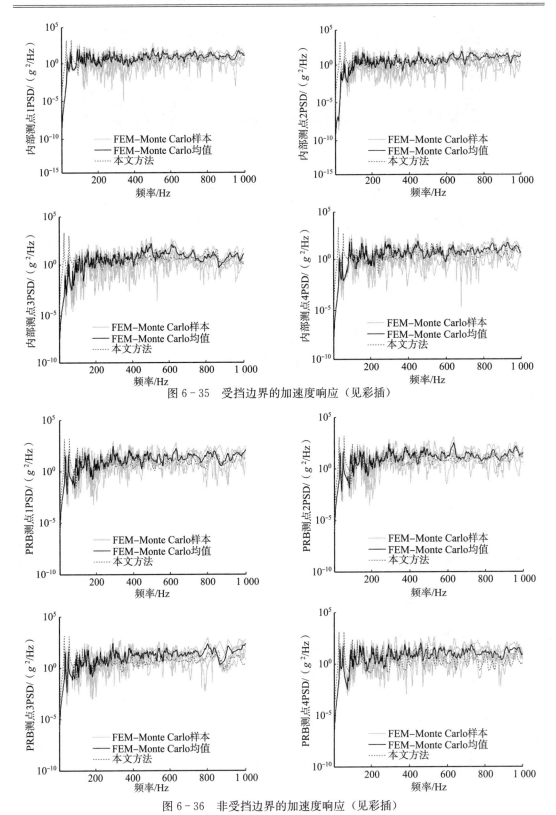

图 6 - 35　受挡边界的加速度响应（见彩插）

图 6 - 36　非受挡边界的加速度响应（见彩插）

6.6　小结

本章主要研究了声场的混合面连接建模方法。依据声场边界的不同，分别建立了受挡声场混合面连接、非受挡声场混合面连接以及多边界混合面连接模型，并应用典型系统开展了模型的有效性验证。

1) 基于二重傅里叶变换方法与 Jinc 形函数的混合面连接方法具有建模简单、适于工程应用的特点。若采用瑞利积分方法直接建立声场面连接的直接场动刚度矩阵，则需要求解复杂的四重积分并且给出具体的连接位移形式，其建模过程繁琐。基于二重傅里叶变换方法，将上述问题转化为二重积分计算问题，并利用轴对称特性可将建模问题简化为一重积分。根据轴对称特性的要求，面连接上的位移形函数采用了具有轴对称特性和变换为窗函数的 Jinc 函数构造，通过这种构造方法可将声场的混合面连接建模问题转化为一重定积分问题，大幅提高了计算效率，更加适合于工程应用。

2) 多边界混合面连接的建模与仿真验证丰富了混合面连接建模理论。目前混合面连接应用以受挡边界和非受挡边界为主，商用软件中也没有多边界混合连接模型。本章介绍了采用动刚度矩阵缩聚的方法，建立了多边界混合面连接模型，进一步丰富了混合建模方法。仿真验证表明该建模是有效的，具有较好的预示精度。后续应当进一步完善建模方法，开发相关分析程序，开展该模型的工程应用及试验验证。

本章研究混合面连接建模理论时，网格波数 k_S 是基于均匀等距的面连接网格建立的；然而在实际工程应用中，结构的网格不可能完全均匀等距，导致了声场网格波数的确定变得非常困难，该参数对预示结果有着比较大的影响。因此，解决结构网格与声场混合面连接处的网格映射与匹配问题，建立更加准确的网格波数模型是后续需要进一步研究的重点。

第 7 章　混响声场的载荷建模方法

噪声环境是航天器发射过程中经历的重要的力学环境，对其进行有效预示需要解决两个问题：首先从其能量传递机理上看，航天器不仅要受到整流罩内的内声场混响载荷的作用，同时也会通过表面向声场辐射能量，这些必须在建模过程中予以考虑；其次航天器结构复杂，采用传统的声-固耦合方法进行宽频带预示非常困难，尤其是建模过程异常繁琐复杂。简化建模和分析过程是目前航天工程中亟待解决的问题，将噪声分析简化为传统的结构动力学问题是一个非常有效的解决途径。本章研究了声场模型的等效建模方法——混响场载荷模型，并对其进行了完善；随后基于该方法研究了声场边界和声场载荷空间相关性对预示结果的影响；最后将该建模方法应用于太阳翼噪声预示中验证了模型的有效性。

7.1　混响声场的载荷模型

7.1.1　混响声场的载荷模型

航天器的实际噪声环境中，航天器结构和整流罩内声场（混响室）的相互作用可以概括为两部分：一是混响声压作用在结构上的混响载荷，二是结构通过辐射阻抗向声空间中辐射能量（声辐射）。如果在工程应用中直接通过混响场的声压建立结构外表面的混响载荷，就能省略复杂的外声场和声-固耦合建模，从而简化模型，方便于工程应用，如图 7 - 1 所示。

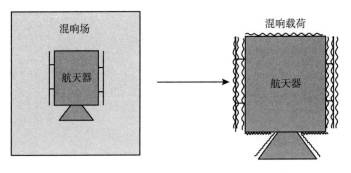

图 7 - 1　混响场与混响载荷

结构在混响场载荷作用下的响应包括结构受到的声载荷激励和结构的声辐射影响，如图 7 - 2 所示。

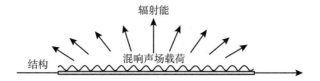

图 7 - 2　结构混响载荷下的响应

假设声结构耦合面上的位移可通过广义坐标 ϕ_n 描述，由 Rayleigh 积分可以给出该位移形函数下的声压分布

$$p(x) = \frac{-\omega^2 \rho}{2\pi} \int_s \frac{\exp(-\mathrm{i}\,k_a r)}{r} \phi_n(x')\mathrm{d}x' \tag{7-1}$$

其中

$$r = |x - x'|\,,\ k_a = \omega/c_a$$

式中　c_a——声速；

　　　ω——圆频率。

该分布声压在形函数 $\phi_m(x)$ 上的等效广义载荷即为该面连接处的直接场动刚度矩阵的第 mn 项

$$D_{\mathrm{dir},\,mn} = \int_s \phi_m(x)\,p(x)\mathrm{d}x = \frac{-\omega^2 \rho}{2\pi} \int_s \int_{s'} \frac{\exp(-\mathrm{i}\,k_a r)}{r} \phi_m(x)\phi_n(x')\mathrm{d}x\,\mathrm{d}x' \tag{7-2}$$

对于声场，在不考虑声场面和周长因素的情况下（不考虑边界效应），其能量和模态密度为

$$E = V \frac{\langle \overline{p}^2 \rangle}{\rho_a c_a^2} \tag{7-3}$$

$$n = \frac{V\omega^2}{2\pi^2 c_a^3} \tag{7-4}$$

式中　V——声场的体积；

　　　$\langle \overline{p}^2 \rangle$——混响场的远场声压。

由互易关系可以给出声场能量与节点等效载荷的关系

$$S_{\mathrm{ff}} = \langle \overline{p}^2 \rangle \frac{8\pi c_a}{\rho\omega^3} \mathrm{Im}\{\boldsymbol{D}_{\mathrm{dir}}\} \tag{7-5}$$

7.1.2　结构响应

声场流体在结构表面的等效阻抗可由表面处声场的直接场动刚度矩阵 $\boldsymbol{D}_{\mathrm{dir}}$ 描述，载荷可分为直接施加在结构上的外载荷和混响场对结构的声载荷（混响载荷）。如果仅考虑混响场载荷，则有

$$(\boldsymbol{D}_{\mathrm{d}} + \boldsymbol{D}_{\mathrm{dir}})\boldsymbol{q} = \boldsymbol{f} \tag{7-6}$$

在式（7-6）中引入声场的直接场动刚度矩阵 $\boldsymbol{D}_{\mathrm{dir}}$ 是为了考虑结构振动时的声辐射。进一步的结构响应的互谱可以表示为

$$\langle \boldsymbol{q}\,\boldsymbol{q}^{\mathrm{H}} \rangle = (\boldsymbol{D}_{\mathrm{d}} + \boldsymbol{D}_{\mathrm{dir}})^{-1} \langle \boldsymbol{f}\,\boldsymbol{f}^{\mathrm{H}} \rangle (\boldsymbol{D}_{\mathrm{d}} + \boldsymbol{D}_{\mathrm{dir}})^{-\mathrm{H}} \tag{7-7}$$

将式 (7-5) 代入式 (7-7) 有

$$S_{qq} = \langle \boldsymbol{q}\,\boldsymbol{q}^{\mathrm{H}} \rangle = \langle \overline{p}^2 \rangle \frac{8\pi c_a}{\rho\omega^3} (\boldsymbol{D}_d + \boldsymbol{D}_{\mathrm{dir}})^{-1} \mathrm{Im}\{\boldsymbol{D}_{\mathrm{dir}}\} (\boldsymbol{D}_d + \boldsymbol{D}_{\mathrm{dir}})^{-\mathrm{H}} \tag{7-8}$$

注意式 (7-8) 在求解结构响应时考虑了声场对结构的阻抗效应 $\boldsymbol{D}_{\mathrm{dir}}$，在分析时不用再额外考虑因声辐射导致的能量损耗；同时，根据与瑞利积分的推导过程对比发现，式 (7-8) 考虑了声场硬边界条件和声压的空间相干性，因此求解结构响应时不用额外考虑硬边界条件。

7.1.3　结构的声辐射功率

基于式 (7-8) 可以计算得到混响场载荷下的结构响应，此时声场的辐射功率为

$$P_{\mathrm{rad}} = \langle \boldsymbol{v}_0^{\mathrm{H}} \boldsymbol{p}_0 \rangle = \frac{1}{2} \mathrm{Re}\{\boldsymbol{v}_0^{\mathrm{H}} \boldsymbol{p}_0\} \tag{7-9}$$

式中　$\boldsymbol{p}_0$ 和 $\boldsymbol{v}_0$——结构与流体连接边界处的声压和速度矢量，在声场与结构的连接面上，相同位置结构的速度与声场的速度相同。

由辐射直接场动刚度矩阵可以建立声压与速度之间的相互关系

$$\boldsymbol{p}_0 = \boldsymbol{D}_{\mathrm{dir}} \boldsymbol{q} \tag{7-10}$$

其中　　　　　　　　　　　　$\boldsymbol{q} = \boldsymbol{q}_0$

考虑到 $\boldsymbol{v}_0 = \mathrm{i}\omega\boldsymbol{q}$，将式 (7-10) 代入式 (7-9) 有

$$\begin{aligned}
P_{\mathrm{rad}} &= \frac{1}{2} \mathrm{Re}\{(\mathrm{i}\omega\boldsymbol{q})^{\mathrm{H}} \boldsymbol{D}_{\mathrm{dir}} \boldsymbol{q}\} \\
&= \frac{1}{2} \mathrm{Re}\Big\{ \sum_{jk} (\mathrm{i}\omega q_j)^* D_{\mathrm{dir},jk}\, q_k \Big\} \\
&= \frac{\omega}{2} \mathrm{Re}\Big\{ \sum_{jk} \mathrm{Im}\{D_{\mathrm{dir},jk}\} S_{qq,jk} \Big\}
\end{aligned} \tag{7-11}$$

求解式 (7-11) 时需注意用考虑流体阻抗后求得的实际结构响应。

7.1.4　结构的总辐射效率及模态辐射效率

类似于前文中结构声辐射效率的定义，结构的声辐射效率可描述为实际结构的辐射功率与具有相同面积和相同均方速度的刚性板的辐射功率的比值，即

$$\sigma = \frac{P_{\mathrm{rad}}}{A\rho_a c_a \langle v_0^2 \rangle} \tag{7-12}$$

$$\langle v_0^2 \rangle = \Big(\frac{1}{A_p}\Big) \iint_{A_p} \frac{1}{2} v(x, y)^2 \,\mathrm{d}x\,\mathrm{d}y \tag{7-13}$$

式中　A_p——板结构的面积。

为了计算模态的辐射效率，可以将模态引入到结构响应的求解中，单独求解该阶模态对系统响应的贡献，从而计算其响应的辐射效率和等效平均均方速度。设第 j 个模态为 $\boldsymbol{\phi}_j$，则第 j 阶模态对系统总响应的贡献为

$$\boldsymbol{q}_j = a_j \boldsymbol{\phi}_j \tag{7-14}$$

结构响应的动力学方程为

$$\boldsymbol{\phi}_j^{\mathrm{T}}(\boldsymbol{D}_{\mathrm{d}}+\boldsymbol{D}_{\mathrm{dir}})\boldsymbol{\phi}_j a_j=\boldsymbol{\phi}_j^{\mathrm{T}}\boldsymbol{f} \tag{7-15}$$

注意到 $\boldsymbol{\phi}_j^{\mathrm{T}}(\boldsymbol{D}_{\mathrm{d}}+\boldsymbol{D}_{\mathrm{dir}})\boldsymbol{\phi}_j$ 为一标量，则有

$$S_{qq,jj}=\langle\overline{p}^2\rangle\frac{8\pi c_{\mathrm{a}}}{\rho_{\mathrm{a}}\omega^3}\boldsymbol{\phi}_j\big[\boldsymbol{\phi}_j^{\mathrm{T}}(\boldsymbol{D}_{\mathrm{d}}+\boldsymbol{D}_{\mathrm{dir}})\boldsymbol{\phi}_j\big]^{-1}\mathrm{Im}\{\boldsymbol{D}_{\mathrm{dir}}\}(\boldsymbol{\phi}_j^{\mathrm{T}}(\boldsymbol{D}_{\mathrm{d}}+\boldsymbol{D}_{\mathrm{dir}})\boldsymbol{\phi}_j)^{-\mathrm{H}}\boldsymbol{\phi}_j^{\mathrm{T}} \tag{7-16}$$

将式（7-16）代入式（7-11）可求得第 j 阶模态的辐射功率和等效平均均方速度，然后代入式（7-12）可求得该阶模态的辐射效率。

7.2　有界声场的混响载荷修正模型

前述推导中混响场的混响载荷模型中没有考虑声场的有界性（几何边界的影响），实际上航天器混响试验和实际飞行过程中所处的声场均为有界声场，本节将建立可考虑声场边界的混响载荷模型。

假定给出了混响场的平均均方声压值 $\langle\overline{p}^2\rangle$，则混响场的能量为

$$E=V\frac{\langle\overline{p}^2\rangle}{\rho_{\mathrm{a}}c_{\mathrm{a}}^2} \tag{7-17}$$

由互易关系可得到在结构表面上等效的声场受挡力

$$\boldsymbol{S}_{\mathrm{ff}}=\frac{4E}{\pi\omega m}\mathrm{Im}\{\boldsymbol{D}_{\mathrm{dir}}\} \tag{7-18}$$

对于有界声场，其模态密度与其几何形状相关，可表示为

$$n_{\mathrm{c}}(\omega)=\frac{2}{c_{\mathrm{a}}}V\left(\frac{\omega}{2\pi c_{\mathrm{a}}}\right)^2+\frac{1}{4c_{\mathrm{a}}}A\left(\frac{\omega}{2\pi c_{\mathrm{a}}}\right)+\frac{1}{2\pi}\frac{L}{8c_{\mathrm{a}}} \tag{7-19}$$

结构表面的受挡混响力为

$$S_{\mathrm{ff}}=\frac{64E\pi c_{\mathrm{a}}^3}{(8V\omega^2+2A\omega\pi c_{\mathrm{a}}+L\pi c_{\mathrm{a}}^2)\omega}\mathrm{Im}\{\boldsymbol{D}_{\mathrm{dir}}\} \tag{7-20}$$

将式（7-17）代入式（7-20）有

$$\boldsymbol{S}_{\mathrm{ff}}=\frac{64\langle\overline{p}^2\rangle V\pi c_{\mathrm{a}}}{\rho_{\mathrm{a}}(8V\omega^2+2A\omega\pi c_{\mathrm{a}}+L\pi c_{\mathrm{a}}^2)\omega}\mathrm{Im}\{\boldsymbol{D}_{\mathrm{dir}}\} \tag{7-21}$$

比较式（7-21）和式（7-5）可以看出，式（7-21）在计算混响载荷时充分考虑了声场边界效应（体积，周长和面积），此时结构的响应为[140]

$$\langle\boldsymbol{qq}^{\mathrm{H}}\rangle=\frac{64\langle\overline{p}^2\rangle V\pi c_{\mathrm{a}}}{\rho_{\mathrm{a}}(8V\omega^2+2A\omega\pi c_{\mathrm{a}}+L\pi c_{\mathrm{a}}^2)\omega}(\boldsymbol{D}_{\mathrm{d}}+\boldsymbol{D}_{\mathrm{dir}})^{-1}\mathrm{Im}\{\boldsymbol{D}_{\mathrm{dir}}\}(\boldsymbol{D}_{\mathrm{d}}+\boldsymbol{D}_{\mathrm{dir}})^{-\mathrm{H}} \tag{7-22}$$

7.3　声场载荷的空间相关性

7.3.1　理论空间相关性模型

空间相关性是声场载荷的重要特征之一，在时域上可通过不同位置之间的声压信号

的相干分析得到，在频域上则表现为不同位置之间的声压互谱。定义在空间两点 A 和 B 的声压分别为 $p_A(t)$ 和 $p_B(t)$，则声场声压的空间相关性可定义为[141]

$$R = \langle p_A(t) p_B(t) \rangle / [\langle p_A^2(t) \rangle \langle p_B^2(t) \rangle]^{1/2} \qquad (7-23)$$

式中　$p_A(t)$ 和 $p_B(t)$——分别为 A 点和 B 点在 t 时刻的瞬时声压；

〈·〉表示为时间平均值，对于以周期 T 变化的声压，则有

$$\langle p_A p_B \rangle = \frac{1}{T} \int_0^T p_A(t) p_B(t) dt \qquad (7-24)$$

则式（7-23）可变为

$$R = \int_0^T p_A(t) p_B(t) dt / \left[\int_0^T p_A(t) p_A(t) dt \int_0^T p_B(t) p_B(t) dt \right]^{1/2} \qquad (7-25)$$

利用 Schwarz 不等式不难证明 $-1 \leqslant R \leqslant 1$。假设声压 $p_A(t)$ 和 $p_B(t)$ 频率相同且按照正弦（余弦）形式进行周期波动，但是两者的幅值和相位不相同，两点的声压可写为

$$p_A = A\cos(\omega t) \qquad (7-26)$$

$$p_B = B\cos(\omega t - \phi) \qquad (7-27)$$

假设波长为 λ 的波以夹角 θ 由 A 向 B 行进（如图 7-3 所示），两点间的距离为 r，则两个点位置的相位差为

$$\phi = 2\pi \frac{r\cos(\theta)}{\lambda_a} = k_a r\cos(\theta) \qquad (7-28)$$

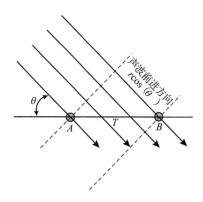

图 7-3　声波传播示意图

将式（7-26）~式（7-28）代入式（7-25）可得

$$R = \cos[k_a r\cos(\theta)] \qquad (7-29)$$

对式（7-29）在整个空间进行平均，则在球坐标系下有

$$\overline{R} = \frac{1}{4\pi} \int_0^\pi \int_0^{2\pi} \cos[k_a r\cos(\theta)]\sin(\theta) d\varphi d\theta = \frac{\sin(k_a r)}{k_a r} \qquad (7-30)$$

系数 $1/4\pi$ 表示在单位球表面上进行平均。式（7-30）即为当声波数为 k_a 时空间声场在距离为 r 的两点的互相关系数。在实际工程中，如航天器受整流罩内声场作用，则航天器典型大面质比部件（如壁板等）仅单侧受混响载荷作用，因此只需对半三维空间进行平均，式（7-30）需修正为

$$\overline{R} = \frac{1}{2\pi} \int_0^\pi \int_0^\pi \cos[k_a r \cos(\theta)] \sin(\theta) \, d\varphi d\theta = \frac{\sin(k_a r)}{k_a r} \qquad (7-31)$$

系数 $1/2\pi$ 表示在半球表面（混响载荷作用面）上进行平均。虽然修正后的载荷空间相关性式（7-31）与修正前式（7-30）是相同的，但是式（7-31）的推导更为严谨，更加符合工程实际。

三维声场的互相关性系数曲线如图 7-4 所示。若声场具有一定的频宽 $[k_1, k_2]$，且每个频率处的加权值相同，则两点的等效空间相关系数为

$$\overline{R} = \frac{1}{k_2 - k_1} \int_{k_1}^{k_2} \frac{\sin(kr)}{kr} \, dk \qquad (7-32)$$

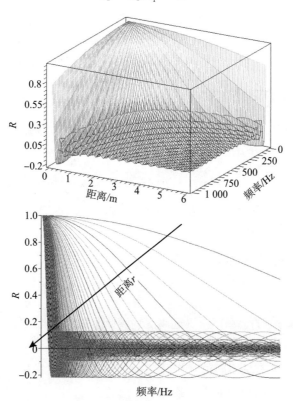

图 7-4　三维声场的互相关性系数曲线

对于二维声场，空间相关系数为

$$\overline{R} = \frac{1}{2\pi} \int_0^{2\pi} \cos[k_a r \cos(\theta)] \, d\theta = J_0(k_a r) \qquad (7-33)$$

式（7-30）和式（7-33）表明三维空间和二维空间下声场的相关系数是不相同的，图 7-5 给出了当 $k_a = 3$ 时三维空间和二维空间的空间相关系数变化曲线。混响场载荷的空间相关性建模主要是考虑在混响场内，结构表面的混响载荷不同位置之间的相关性，通常由载荷的互谱描述。后续的章节将证明通过 Rayleigh 积分和互易关系建立的混响载荷模型满足空间相关性要求。

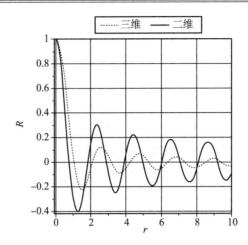

图 7 - 5　$k_a = 3$ 时三维与二维声场的空间相关系数

7.3.2　混响载荷模型的空间相关性证明

假设混响场在结构作用面的位移形式可由广义基函数 ϕ_n 描述，则随机分布声压值在结构表面产生的等效受挡力为

$$S_{ff,mn} = \iint_S \int_{s'} \langle p(s) p^*(s') \rangle \phi_m(s) \phi_n(s') \mathrm{d}s \mathrm{d}s' \tag{7-34}$$

$\langle p(s) \rangle$ 为 s 点的压力幅值，压力幅值与均方值的关系为

$$\langle p \rangle^2 = 2 \overline{p}^2 \tag{7-35}$$

在混响声场作用下，结构表面实际的声压值与远场声压值之间的关系为

$$\langle p(s) p^*(s') \rangle = 2 \langle \overline{p}(s) \overline{p}^*(s') \rangle = 4 \langle \overline{p}^2 \rangle \frac{\sin(k_a r)}{k_a r} \tag{7-36}$$

式中　$\langle \overline{p}^2 \rangle$——混响场中的远场声压（远离混响场壁面和结构表面）；

　　　$\overline{p}(s)$ ——结构表面的实际均方声压；

　　$\sin(kr)/(kr)$——声场不同位置声压值的相干系数，该式是在考虑声场壁面和结构表面的硬边界条件下得出的。

将式（7 - 36）代入式（7 - 34）有[142]

$$S_{ff, mn} = \frac{4 \langle \overline{p}^2 \rangle}{k_a} \iint_S \int_{s'} \frac{\sin(k_a r)}{r} \phi_m(s) \phi_n(s') \mathrm{d}s \mathrm{d}s' \tag{7-37}$$

式（7 - 37）是基于声场的理论空间相关性得到的。由于需要计算四重积分，因此建模过程繁琐且依赖于形函数的构造和辐射面的具体形状等，不利于实际的工程应用。

实际上将式（7 - 2）～式（7 - 4）代入式（7 - 5）有

$$S_{ff, mn} = \frac{4 \langle \overline{p}^2 \rangle}{k_a} \iint_S \int_{s'} \frac{\sin(k_a r)}{r} \phi_m(s) \phi_n(s') \mathrm{d}s \mathrm{d}s' \tag{7-38}$$

可以看出式（7 - 37）和式（7 - 38）是完全等价的，即采用基于 Rayleigh 积分描述声场声压的分布，然后结合互易关系建立的混响场载荷模型，与直接通过理论相关性建立的混响载荷是等价的，后续将研究空间相关性对声振分析结果的影响。虽然式（7-2）仍然为一个四重积分，但是可以通过第 6 章中运用二重傅里叶变换与 Jinc 形函数构造直接场动刚度矩阵的方法解决这个问题。

7.4　算例分析及应用

7.4.1　板结构单侧混响载荷下的响应预示

考虑参数为 1 m×1 m×1 mm 铝合金板在单侧混响载荷下的响应进行建模及分析，模型和测点位置如图 7-6 所示。为了简化模型，混响场载荷的声压 PSD 谱取 1 Pa²/Hz。

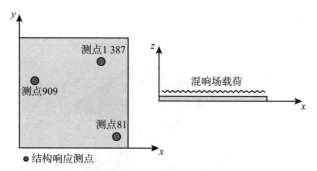

图 7-6　板结构单侧混响载荷下的响应分析模型

为了验证上述混响载荷的加载方法，对声场采用混合 FE-SEA 的建模方法对照分析，混响载荷下结构测点响应与有限元结构-统计能量声场耦合模型（混合方法中不考虑边界）的对比如图 7-7 所示。由式（7-7）和式（7-12）可以求出混响载荷下结构的声辐射功率和总辐射效率，其与混合方法计算结果的对比如图 7-8 所示。

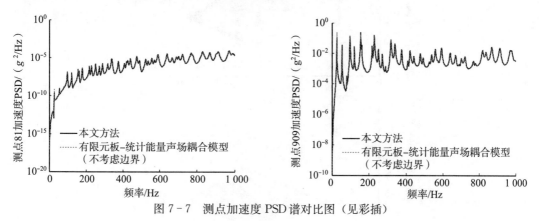

图 7-7　测点加速度 PSD 谱对比图（见彩插）

图 7-9 为部分结构模态的辐射效率对比曲线。可以看出采用混响载荷直接对结构施加载荷与建立声场子系统施加载荷分析的结果是吻合的，但是需注意此处声场假设为无限大，即体积 V→∞，这种假设条件一般是不能满足的，需采用修正式（7-21）进行分析，式（7-8）与式（7-22）的分析误差将在后续予以讨论。

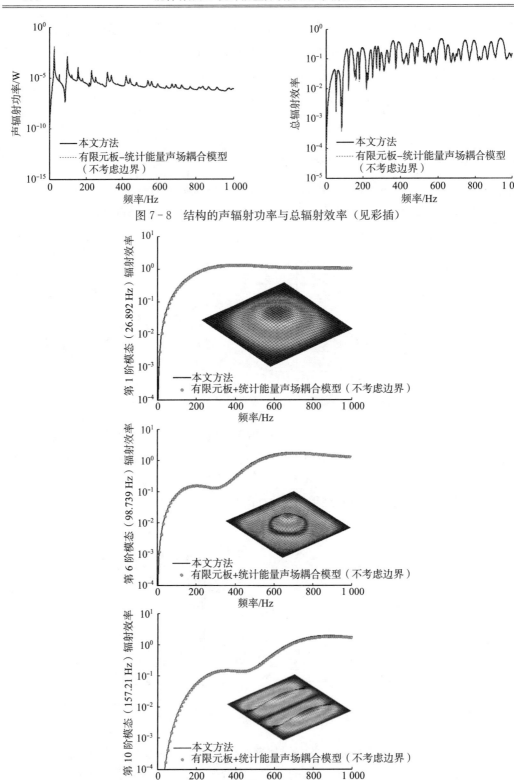

图 7 - 8　结构的声辐射功率与总辐射效率（见彩插）

图 7 - 9　部分结构模态辐射效率对比曲线

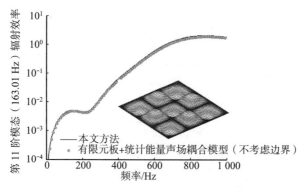

图 7-9 部分结构模态辐射效率对比曲线（续）

7.4.2 声场几何边界对预示结果的影响

针对图 7-6 的模型，采用式（7-8）和式（7-22）研究不同声场边界对结构响应的影响。

（1）2 000 m³ 混响场修正结果对比

声场尺寸为 10 m×10 m×20 m，分别采用式（7-8）和式（7-22）计算结构的响应（分别为不考虑边界和考虑边界）。图 7-10 为 2 000 m³ 声场边界对测点加速度和辐射功率的影响，分析结果显示声场边界的影响主要集中于低频，具体最大误差分布如表 7-1 所示。对于 2 000 m³ 混响场，考虑边界和不考虑边界两种模型的差异随着分析频率的提高而减小，在 180 Hz 后误差减小到 0.5 dB 以下。

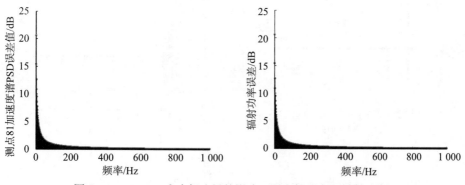

图 7-10 2 000 m³ 声场边界的影响（测点加速度和辐射功率）

结构辐射效率误差如图 7-11 所示，结构部分模态的辐射效率误差如图 7-12 所示。从对比结果发现，声场边界对辐射效率的影响很小，这是由于声场边界影响的是结构的载荷，而辐射效率是结构的固有特性。

表 7-1　2 000 m³ 声场边界影响的最大误差

节点 81	节点 909	节点 1387	辐射功率	最大误差
$f \geqslant 17$ Hz	$f \geqslant 17$ Hz	$f \geqslant 17$ Hz	$f \geqslant 17$ Hz	4 dB
$f \geqslant 25$ Hz	$f \geqslant 25$ Hz	$f \geqslant 25$ Hz	$f \geqslant 25$ Hz	3 dB

续表

节点 81	节点 909	节点 1387	辐射功率	最大误差
$f \geqslant 40$ Hz	$f \geqslant 40$ Hz	$f \geqslant 40$ Hz	$f \geqslant 40$ Hz	2 dB
$f \geqslant 56$ Hz	$f \geqslant 56$ Hz	$f \geqslant 56$ Hz	$f \geqslant 56$ Hz	1.5 dB
$f \geqslant 86$ Hz	$f \geqslant 86$ Hz	$f \geqslant 86$ Hz	$f \geqslant 86$ Hz	1 dB
$f \geqslant 179$ Hz	$f \geqslant 179$ Hz	$f \geqslant 179$ Hz	$f \geqslant 179$ Hz	0.5 dB

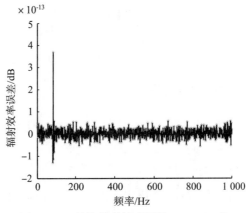

图 7 - 11　结构辐射效率误差（2 000 m³）

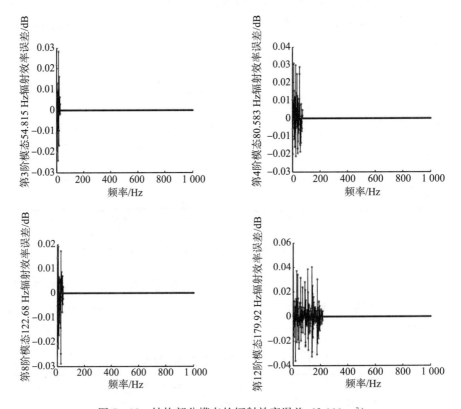

图 7 - 12　结构部分模态的辐射效率误差（2 000 m³）

（2）128 m³ 混响场修正结果对比

声场尺寸为 4 m×4 m×8 m，测点加速度和辐射功率误差如图7-13 所示，具体最大误差如表 7-2 所示。对比可以看出，边界的影响也表现为随着频率的提高而衰减。但是对于该声场，声场边界对于该声场的影响比 2 000 m³ 的声场要大，到 480 Hz 左右声场边界的影响才能降到 0.5 dB 以下。结构辐射效率误差和结构部分模态辐射效率误差如图 7-14 和图 7-15 所示，结论与前述相同。

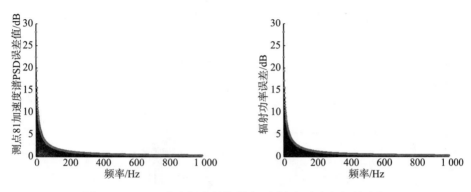

图 7-13　128 m³ 声场边界的影响（测点加速度和辐射功率）

表 7-2　128 m³ 声场边界影响的最大误差

节点 81	节点 909	节点 1387	辐射功率	最大误差
$f \geqslant 46$ Hz	$f \geqslant 46$ Hz	$f \geqslant 46$ Hz	$f \geqslant 46$ Hz	4 dB
$f \geqslant 66$ Hz	$f \geqslant 66$ Hz	$f \geqslant 66$ Hz	$f \geqslant 66$ Hz	3 dB
$f \geqslant 106$ Hz	$f \geqslant 106$ Hz	$f \geqslant 106$ Hz	$f \geqslant 106$ Hz	2 dB
$f \geqslant 147$ Hz	$f \geqslant 147$ Hz	$f \geqslant 147$ Hz	$f \geqslant 147$ Hz	1.5 dB
$f \geqslant 229$ Hz	$f \geqslant 229$ Hz	$f \geqslant 229$ Hz	$f \geqslant 229$ Hz	1 dB
$f \geqslant 476$ Hz	$f \geqslant 476$ Hz	$f \geqslant 476$ Hz	$f \geqslant 476$ Hz	0.5 dB

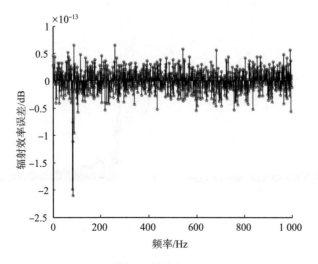

图 7-14　结构辐射效率误差（128 m³）

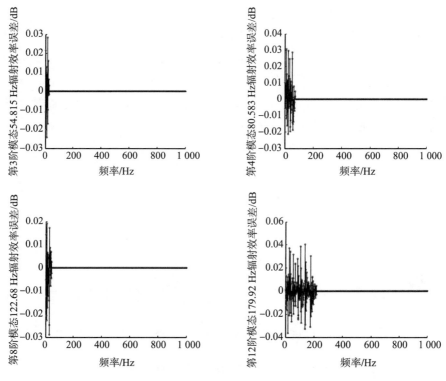

图 7-15　结构部分模态的辐射效率误差（128 m³）

（3）1 m³ 混响场修正结果对比

声场尺寸为 1 m×1 m×1 m，测点加速度和辐射功率的误差如图 7-16 所示，具体最大误差见表 7-3。对于该声场，边界因素的影响在整个分析频率范围内都比较大，在 1 000 Hz 后仍然具有 1 dB 的误差。图 7-17 和图 7-18 为系统的辐射效率误差和部分模态辐射效率误差，可以看出边界对辐射效率的影响非常小。

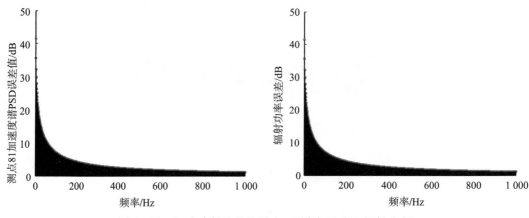

图 7-16　1 m³ 声场边界的影响（测点加速度和辐射功率）

表 7 - 3　1 m³ 声场边界影响的最大误差

节点 81	节点 909	节点 1387	辐射功率	最大误差
$f \geqslant 213$ Hz	$f \geqslant 213$ Hz	$f \geqslant 213$ Hz	$f \geqslant 213$ Hz	4 dB
$f \geqslant 304$ Hz	$f \geqslant 304$ Hz	$f \geqslant 304$ Hz	$f \geqslant 304$ Hz	3 dB
$f \geqslant 488$ Hz	$f \geqslant 488$ Hz	$f \geqslant 488$ Hz	$f \geqslant 488$ Hz	2 dB
$f \geqslant 674$ Hz	$f \geqslant 674$ Hz	$f \geqslant 674$ Hz	$f \geqslant 674$ Hz	1.5 dB
$f \geqslant 1\,000$ Hz	$f \geqslant 1\,000$ Hz	$f \geqslant 1\,000$ Hz	$f \geqslant 1\,000$ Hz	1 dB
—	—	—		0.5 dB

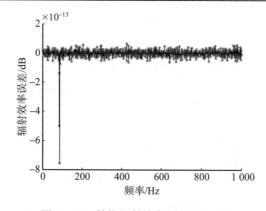

图 7 - 17　结构辐射效率误差（1 m³）

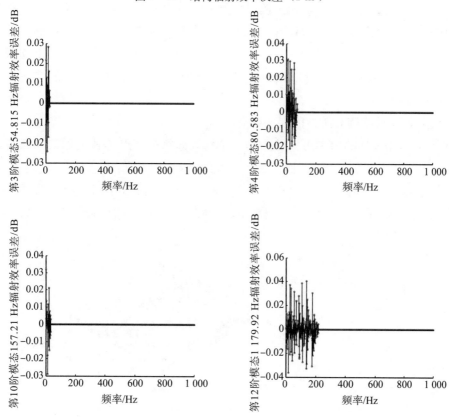

图 7 - 18　结构部分模态的辐射效率误差（1 m³）

通过本节的研究可得出如下结论：声场边界因素对混响载荷的影响与频率和声场的大小相关。总体来讲，低频影响大，高频影响小；小声场影响大，而大声场影响小。考虑声场边界的混响载荷建模方式是对载荷模型的一种修正，不影响系统的固有特征，因而声场边界对结构的辐射效率和模态辐射效率影响不大，这与预示结果吻合。另外须注意一点，本节主要是研究边界因素的影响，而其中涉及到的统计能量模型的适用频段并没有考虑。

7.4.3　声场载荷空间相关性影响分析

在实际的建模分析过程中，鉴于多种因素不可避免地需要将结构分解为多个子系统。在施加混响场载荷时需要在所有结构与声场的接触表面进行加载，对于同一个模型，不同的区域划分会导致不同的加载方式。不同的区域加载方式直接影响声场载荷的空间相关性，本节主要针对板结构单侧受混响载荷的系统，通过对 4 类加载方式（单区域、双区域、四区域和无穷区域-不考虑空间相关性）的预示结果进行对比分析，研究分析加载方式（混响载荷的空间相关性）对声场-结构的影响。

（1）施加整体考虑空间相关性的混响载荷

该模型中通过整个结构表面声场的 D_{dir} 建立混响载荷，如图 7-19 所示；单区域加载 200 Hz 混响载荷自谱如图 7-20 所示；图 7-21 给出的是单区域加载 200 Hz 混响载荷时结构上四个不同位置（三个加速度测点与测点 761）的载荷互谱与理论值的对比结果图，其中实心球为混响载荷模型计算结果，曲面为基于理论相关性计算得到的结果。单区域加载 1 000 Hz 混响载荷自谱如图 7-22 所示，四个位置的混合载荷互谱如图 7-23 所示。由图 7-21 和图 7-23 可以较为直观地看出，在该工况中，载荷的空间相关性在整个区域内与理论值吻合。

（2）施加不考虑空间相关性的混响载荷

不考虑空间相关性的模型可以认为是在结构表面每个节点单独施加混响载荷，不同的混响载荷之间没有空间相关性，各个节点的载荷相互独立，如图 7-24 所示。图 7-25 与图 7-27 分别为 200 Hz 与 1 000 Hz 时混响载荷自谱，图 7-26 和图 7-28 为四个测点的混响载荷互谱。通过互谱可以看出声载荷的空间相关性类似于阶跃函数。

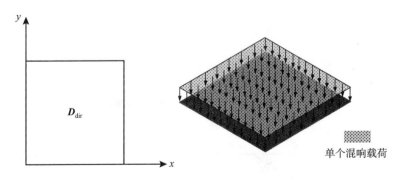

图 7-19　单区域加载示意图

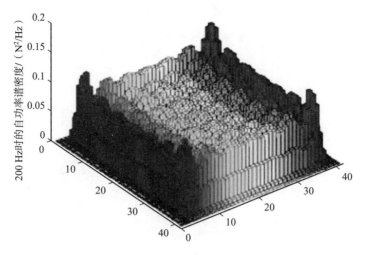

图 7 - 20　单区域加载 200 Hz 混响载荷自谱

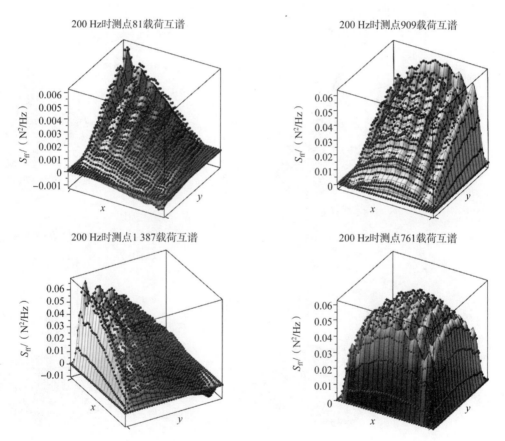

图 7 - 21　单区域加载 200 Hz 混响载荷互谱

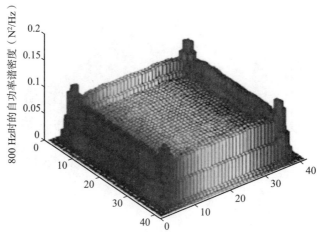

图 7-22　单区域加载 1 000 Hz 混响载荷自谱

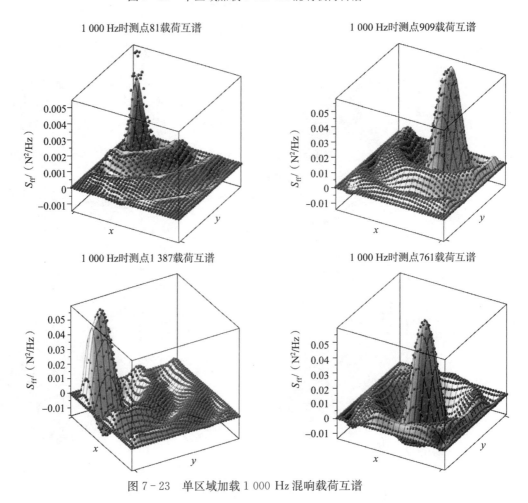

图 7-23　单区域加载 1 000 Hz 混响载荷互谱

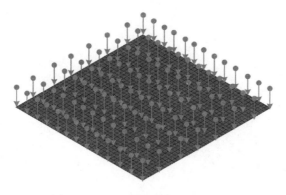

图 7 - 24　无空间相关性的混响载荷

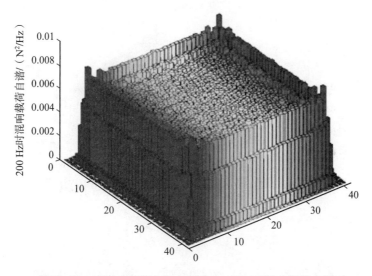

图 7 - 25　不考虑载荷空间相关性 200 Hz 时混响载荷自谱

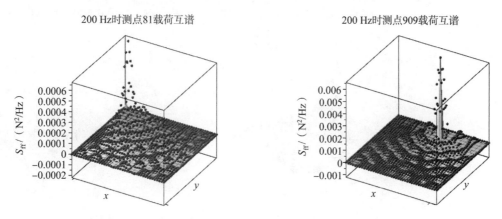

图 7 - 26　不考虑载荷空间相关性 200 Hz 时混响载荷互谱

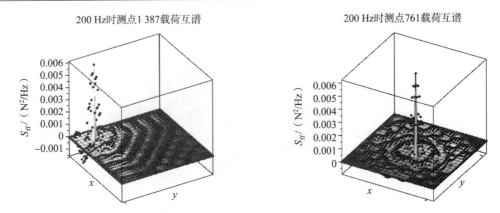

图 7 - 26　不考虑载荷空间相关性 200 Hz 时混响载荷互谱（续）

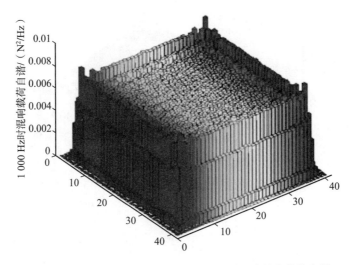

图 7 - 27　不考虑载荷空间相关性 1 000 Hz 时混响载荷自谱

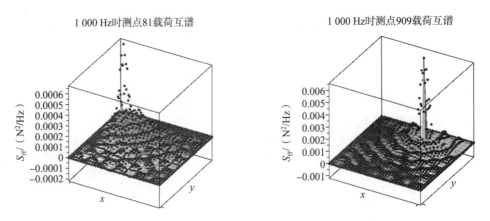

图 7 - 28　不考虑载荷空间相关性 1 000 Hz 时混响载荷互谱

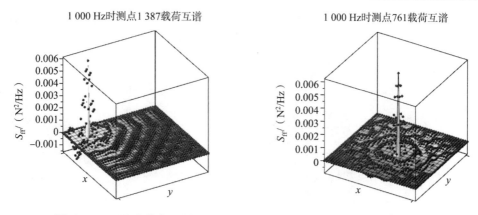

图 7 - 28　不考虑载荷空间相关性 1 000 Hz 时混响载荷互谱（续）

（3）施加两个区域的考虑空间相关性的混响载荷

该工况为将声场作用面分为两块区域，在每个区域内所有载荷均具有空间相关性，而两块区域之间的载荷不具有空间相关性，如图 7 - 29 所示。图 7 - 30 和图 7 - 32 为系统分别在 200 Hz 和 1 000 Hz 时各个节点的载荷自谱。在两块区域的交界处，载荷出现不连续现象。

图 7 - 31 和图 7 - 33 分别为 200 Hz 和 1 000 Hz 时结构上四个测点的混响载荷互谱。互谱表明：由于对声场采用两个区域进行划分，声场在各个区域内表现出非常明显的相关性；而在各个区域外，声场的载荷并没有相关性。同时可以看出，空间相关性与频率相关，频率越低，相关性影响的区域越大；频率越高，相关性影响的区域越小。

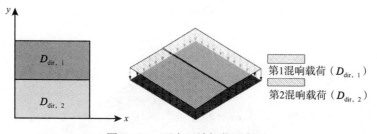

图 7 - 29　两个区域加载示意图

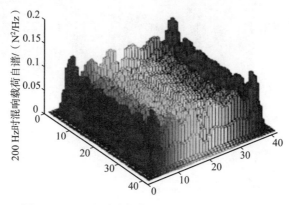

图 7 - 30　两个区域加载 200 Hz 时混响载荷自谱

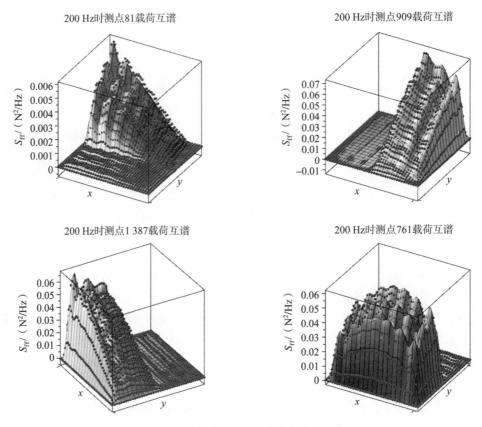

图 7-31　两个区域加载 200 Hz 时混响载荷互谱

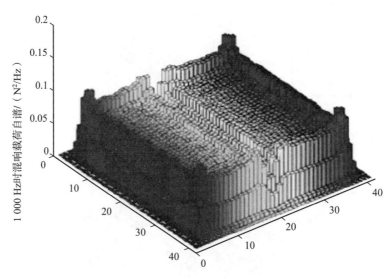

图 7-32　两个区域加载 1 000 Hz 时混响载荷自谱

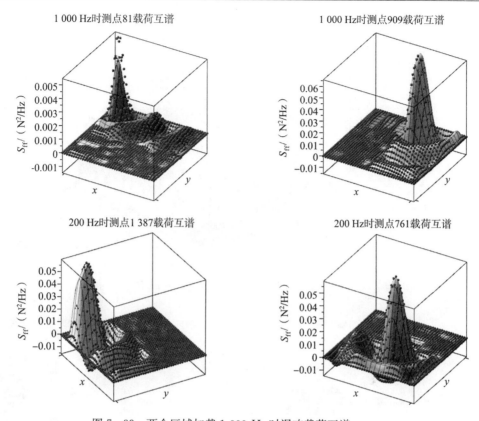

图 7 - 33　两个区域加载 1 000 Hz 时混响载荷互谱

（4）施加四个区域的考虑空间相关性的混响载荷

与（3）类似，该工况为将声场载荷区域分为四块区域，在每个区域内所有载荷均具有空间相关性，而四块区域之间的载荷均不具有空间相关性，如图 7 - 34 所示。图 7 - 35 和图 7 - 37 为系统在 200 Hz 和 1 000 Hz 时的自谱，图 7 - 36 和图 7 - 38 为 200 Hz 和 1 000 Hz 时的四个位置混响载荷互谱。同样可以看出载荷表现为明显的区域空间相关性。

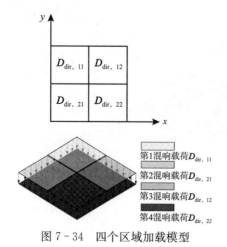

图 7 - 34　四个区域加载模型

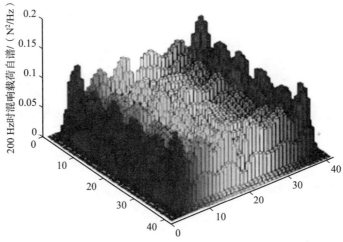

图 7 - 35　四个区域加载 200 Hz 时混响载荷自谱

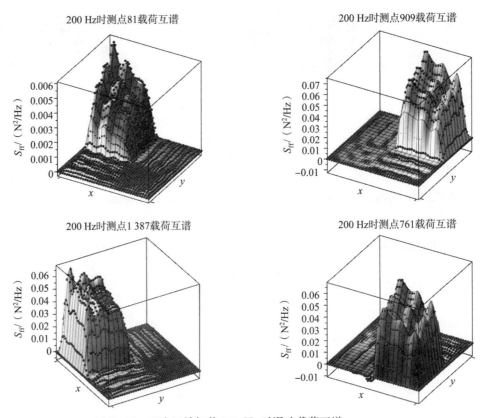

图 7 - 36　四个区域加载 200 Hz 时混响载荷互谱

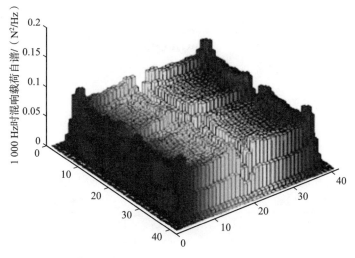

图 7 - 37　四个区域加载 1 000 Hz 时混响载荷自谱

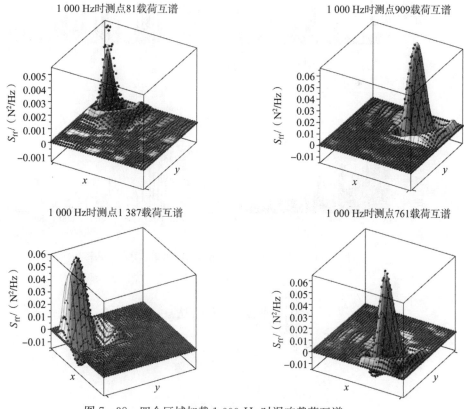

图 7 - 38　四个区域加载 1 000 Hz 时混响载荷互谱

图 7 - 39、图 7 - 41 和图 7 - 43 为上述四种不同工况下三个测点的加速度响应谱对比，从结果对比可以看出不考虑空间相关性与考虑空间相关性在低频处的差异较大。以整个区域考虑空间相关性的计算结果为标准（与实际结构载荷模型相符），其余三种工况与其的对比结果分别如图 7 - 40、图 7 - 42 和图 7 - 44 所示。

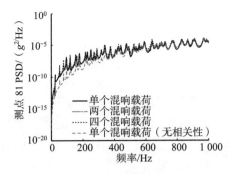

图 7 - 39　不同混响载荷下测点 81 的加速度响应（见彩插）

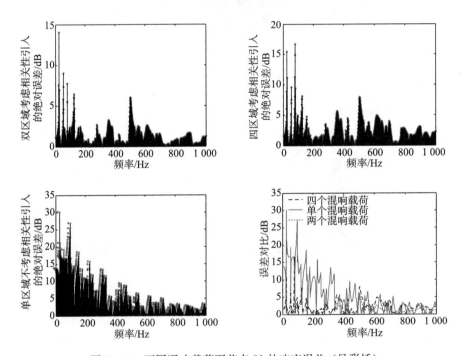

图 7 - 40　不同混响载荷下节点 81 的响应误差（见彩插）

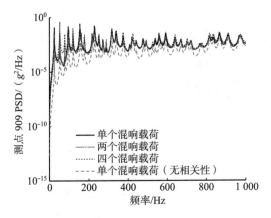

图 7 - 41　不同混响载荷下测点 909 的加速度响应（见彩插）

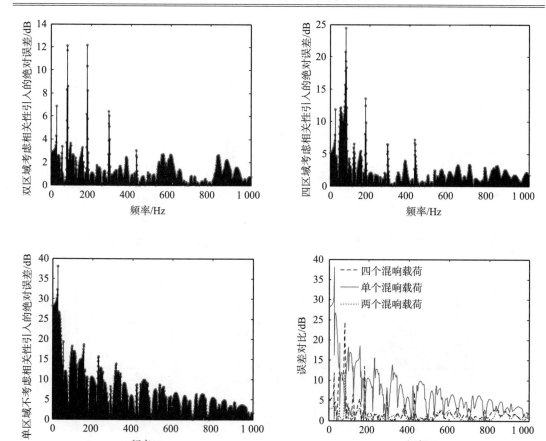

图 7-42 不同混响载荷下测点 909 的响应误差（见彩插）

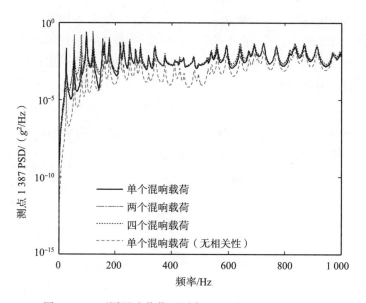

图 7-43 不同混响载荷下测点 1 387 的响应（见彩插）

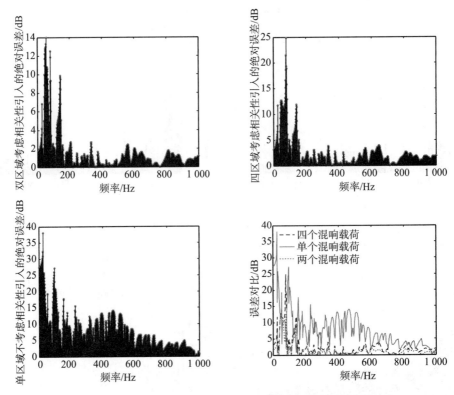

图 7 - 44　不同混响载荷下测点 1 387 的响应误差（见彩插）

三个测点的分析结果表明，空间相关性的影响总体随着频率的提高误差逐渐减小，这与理论空间相关性模型一致。混响载荷的空间相关性对声场-结构影响比较显著，尤其是不考虑空间相关性会引入较大的分析误差。如对于测点 909，采用双区域加载与参考工况加速度总均方根值的误差为 0.25 dB，四区域加载的误差为 1.01 dB，而不考虑空间相关性的总均方根值误差达到 5.61 dB。在低频，不考虑空间相关性对结构声振预示结果的影响不可忽略，如对于测点 1 387，在 1～100 Hz 之间误差最大为 30.153 7 dB，而在 600 Hz 以后，最大误差降低到 3.78 dB。通过进一步对比发现，误差的极值往往出现在系统的各阶模态处，而其性质（极大或极小）则与模态的振型、区域划分和测点的位置相关。因此，为了保证分析结果的正确性，在进行建模分析时，应尽可能保证声场载荷的空间相关性。

7.5　小结

本章从航天工程应用的实际需求出发研究了混响场载荷建模方法。首先基于互易关系将混响场的混响声压转化为结构表面的混响载荷，以简化声振分析建模过程，方便工程应用。然后提出了可考虑声场边界的混响载荷模型，并研究了声场几何边界和混响载荷的空间相关性对预示结果的影响。最后将该建模方法应用于太阳翼噪声分析中，并与试验结果进行对比，验证了该建模方法的有效性。

1）混响载荷模型能够简化外声场的建模，避免建立复杂的外声场及声固耦合模型，便于工程应用。值得注意的是，混响场载荷仅描述了声场对结构的作用，而结构对声场的声辐射则需要通过在结构响应求解时引入辐射阻抗矩阵来考虑。同时，该模型认为外声场为混响场，没有考虑结构对声场的填充效应及结构声辐射对声场声压的影响。

2）提出可考虑声场几何边界的混响场载荷模型。目前混响场载荷建模方法无法考虑声场的几何边界，对边界的影响也没有相关的文献进行分析。本章将声场几何边界参数引入到混响载荷模型中，介绍可考虑声场几何边界影响的混响载荷模型。仿真分析表明：对于不同的声场，几何边界对分析结果的影响各不相同，主要表现为大声场边界的影响小，小声场边界的影响大；同时边界的影响随着频率的提高而减小，具体的影响范围和大小与声场的几何形状相关，工程应用时应当注意这一点。

3）通过理论推导与对比证明了基于互易关系的混响载荷模型能够满足声场载荷的空间相关性要求；同时，典型结构的声振分析表明，混响载荷的空间相关性对结构响应的影响比较大，尤其是在结构的共振模态处会出现较大的误差，这种影响总体趋势随着频率的提高而逐渐降低，误差的大小与测点的位置、载荷加载方式、分析频率和模态的具体振型相关。空间相关性对声振分析影响的研究结果表明其影响不可忽略，应当在工程应用中尽可能考虑声场的空间相关性建模。

4）太阳翼噪声预示结果与噪声试验的数据基本一致，验证了混响载荷建模方法的有效性。试验验证表明，声场声压数据、测点位置及结构的内损耗因子对预示结果的影响非常大，因此工程应用中应当对这些参数准确建模，本章的验证工作为后续开展整星和系统级噪声预示积累了经验。

太阳翼噪声预示及验证表明，由于航天器结构材料和动力学特征复杂，因此对其内损耗因子准确进行建模非常困难：一是缺乏相关航天器部件及结构的内损耗因子试验数据，二是目前的理论无法对复杂结构的内损耗因子进行准确建模。这是目前力学环境预示的一个难题，也是今后提高预示精度的一个重要研究方向。

第 8 章　混合 FE - SEA 方法的试验验证

混合 FE - SEA 方法的适用性不但需要通过数值仿真验证，同时也需要经过充分的试验验证，为方法的工程应用提供可靠的理论支撑。为此，须专门进行试验，通过频响函数和高频参数的测量确定各子系统的内损耗因子和模态密度，并将其作为输入参数代入混合 FE - SEA 程序求得结构的响应。首先依据数值仿真验证的原理，通过试验得到结构的 20 个 Monte Carlo 仿真样本，并将其平均得到结构响应的集合平均值。然后将前述混合 FE - SEA 程序的结果与试验值进行比较验证方法适用性，从而完成混合 FE - SEA 方法的试验验证。最后基于试验数据分析完全混响假设的合理性及其影响分析。

本章主要包括试验件构成及主要参数，各子系统频响函数及高频参数测量、试验数据分析和数值仿真验证等内容。

8.1　试验件及主要参数

混合 FE - SEA 验证试验的结构为梁板组合结构，每块板分别通过四个位置的螺栓与"日"字型梁相连，如图 8 - 1 所示。其中，"日"字型梁为正方形横截面中空梁，横截面如图 8 - 2 所示，截面外边尺寸为 25 mm×25 mm，截面厚度为 4 mm；对于两矩形薄板，板 1 的面积和厚度分别为 600 mm×1 100 mm 和 1.5 mm，板 2 的面积和厚度分别为 800 mm×1 100 mm 和 1.2 mm；梁板间连接处螺钉的直径为 8 mm。梁和两平板均为铝制结构，铝的材料参数为：弹性模量为 71 GPa，泊松比为 0.33，密度为 2 700 kg/m³。

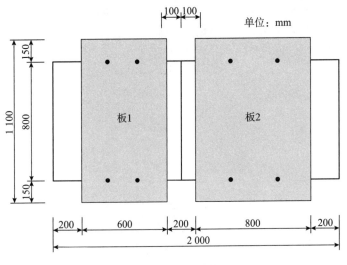

图 8 - 1　试验结构

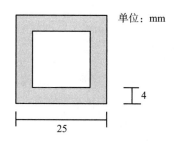

单位：mm

4

25

图 8 - 2　梁的正方形中空横截面

对图 8 - 1 所示结构，在 0～1 000 Hz 内"日"字型梁拥有 50 阶模态（包括 6 阶刚体模态），模态较稀疏，可将其划分为确定性子系统。而板 1 和板 2 弯曲、拉伸和剪切三个方向的波数如图 8 - 3 所示，波数均随频率的增大而单调增加。由 $k = 2\pi/\lambda$ 可得 50 Hz 和 1 000 Hz 时两板三个方向的波长分别如表 8 - 1 和表 8 - 2 所示。

由表 8 - 1 和表 8 - 2 可知，50 Hz 时板 1 弯曲方向的波长约为其对角线长度的 1/2，频率增长到 1 000 Hz 时其波长远小于对角线，因此可将板 1 弯曲方向的位移划分为随机子系统；而对于板 1 拉伸和剪切方向，由于其波数在 50 Hz 和 1 000 Hz 时均大于对角线长度，最小也为对角线长度的 2 倍，因此可将板 1 拉伸和剪切方向的位移与"日"字型梁组合得到整体系统的确定性子系统。

依据子系统的划分确定混合 FE - SEA 验证试验的主要内容包括获得梁和两薄板的内损耗因子、两薄板的模态密度及随机激励下整体结构的响应。

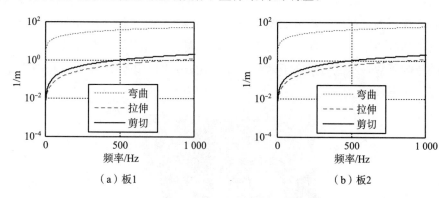

（a）板1　　　　　　　　　　（b）板2

图 8 - 3　单板弯曲、拉伸和剪切方向的波数

表 8 - 1　50 Hz 时，单板弯曲、拉伸和剪切方向的波长

薄板编号	弯曲方向波长	拉伸方向波长	剪切方向波长
1	0.544 m	108.649 m	62.882 m
2	0.486 m	108.649 m	62.882 m

表 8 - 2　1 000 Hz 时，单板弯曲、拉伸和剪切方向的波长

薄板编号	弯曲方向波长	拉伸方向波长	剪切方向波长
1	0.122 m	5.431 m	3.145 m
2	0.109 m	5.431 m	3.145 m

8.2 "日"字型梁频响函数的测量

通过测量"日"字型梁的频响函数可间接确定该结构的内损耗因子。内损耗因子是描述结构动力学特性的一个重要参数，也是应用各类数值方法求得结构响应的一个重要输入参数。由于"日"字型梁的内损耗因子很难通过直接测量得到，因此通过测量梁上频响函数矩阵中的项，间接推导出梁的内损耗因子。

8.2.1　试验基本原理

对任意一个结构，其频响函数矩阵 $H(\omega)$ 与其模态频响函数矩阵 $H_m(\omega)$ 的关系为

$$H(\omega) = H_m(\omega)\boldsymbol{\phi} \tag{8-1}$$

式中　$\boldsymbol{\phi}$——该结构的模态矩阵。

假设结构内损耗因子为结构阻尼且为常数 η，则矩阵 $H_m(\omega)$ 为

$$H_m(\omega) = -\omega^2 I + (1+i\eta)\mathrm{diag}(\omega_n^2) \tag{8-2}$$

根据式（8-1）和式（8-2），通过比较利用 FEM 求得的 $H_m(\omega)$ 与试验的测量结果，确定结构的结构阻尼 η。

8.2.2　试验方法及实施过程

模拟自由-自由状态，将图 8-1 所示梁的两端垂直悬吊；为保证激励能够全部加载在试件上，将激振器固定在地轨上（如图 8-4 所示）。梁上的测点位置如图 8-5 所示。试验时，在点 1 上加载集中力，方向为垂直于梁面，并同时测量点 1 和 2 处的频响函数。为准确得到梁的频响函数，本试验采用了两种激励方式，分别为正弦谐波激励和稳态宽频随机激励（1~2 048 Hz）。

图 8-4　垂直悬吊的梁

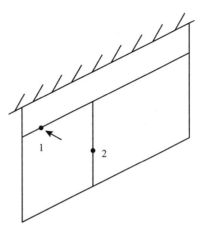

图 8-5　梁的测点分布

8.2.3　试验数据分析

由于点 2 离点 1 比较远，点 2 的频响函数受噪声影响比较大，因此仅选用点 1 的数据进行处理。将点 1 处两种激励方式测得的结果进行比较，如图 8-6 所示，正弦谐波激励和稳态宽频随机激励测得梁的频响函数基本一致，说明了测量的准确性。

将利用 FEM 所得的点 1 的频响函数与正弦激励的试验值进行比较。如图 8-7 所示，当 $\eta=0.001$ 时，在 900 Hz 以内数值解与试验结果吻合；而 900 Hz 以上，可能结构的非线性开始出现，而 FEM 假设结构为线性，因此两种结果出现偏差。通过上述分析，在 0~1 000 Hz 梁的内损耗因子取为 0.001。

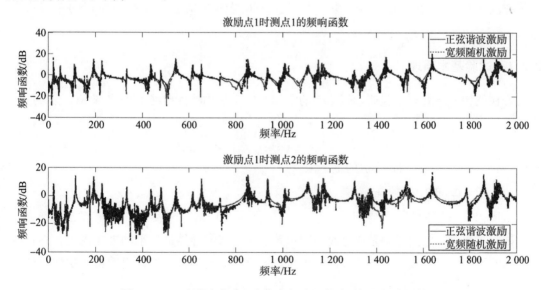

图 8-6　正弦谐波激励和稳态宽频随机激励测得的频响函数

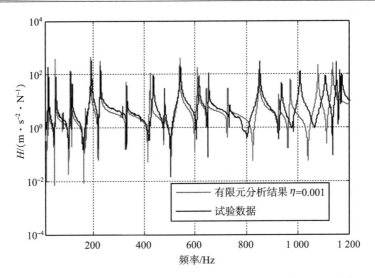

图 8 - 7　测点 1 处 FEM 所得的频响函数与正弦谐波激励的试验值

8.3　单板模态密度的测量

　　模态密度是指单位频带内的模态数目，是描述振动系统贮存能量能力大小的一个物理量，也是 SEA 和混合 FE - SEA 等中高频动力学分析方法的重要输入参数之一。本试验分别将两薄板的单板模态密度的理论值与试验值进行比较，从而验证理论值的正确性，确定能否将试验结构中两薄板的模态密度理论值作为混合 FE - SEA 的输入参数。模态密度的测量方法包括模态计数法和导纳法，本试验选取导纳法来分别获取两薄板的单板模态密度。

8.3.1　试验基本原理

　　若在结构上加载集中载荷，则结构的空间与频率平均输入导纳 Y 的实部 $\langle G \rangle_{\omega,\rho_s}$ 为

$$\langle G \rangle_{\omega,\rho_s} = \left\{ \frac{1}{\Delta \omega} \int_{\omega_1}^{\omega_2} \mathrm{Re}[\overline{Y}] \mathrm{d}\omega \right\} = \frac{n(f_c)}{4M} \qquad (8-3)$$

式中　ω_2，ω_1——$\Delta \omega = \omega_2 - \omega_1$ 的上下限；

　　　　f_c——$\Delta \omega$ 的中心频率；

　　　　$\mathrm{Re}[\overline{Y}]$——$\mathrm{Re}[Y]$ 的空间平均。

　　试验过程中，空间平均是通过对不同位置处激励点的导纳进行平均来实现的，即每次在结构的不同位置加载集中载荷，同时测量该激励点处的输入导纳，而后将多次测量的输入导纳进行平均从而实现导纳的空间平均，此时 $\langle G \rangle_{\omega,\rho_s}$ 变为

$$\langle G \rangle_{\omega,\rho_s} = \frac{1}{N} \sum_{m=1}^{m=N} \left\{ \frac{1}{\Delta \omega} \int_{\omega_1}^{\omega_2} \mathrm{Re}[Y_x] \mathrm{d}\omega \right\}_m = \frac{n(f_c)}{4M} \qquad (8-4)$$

式中　N——测量次数；

Y_x——每次测量时集中激励点处的输入导纳。

由式（8-4）可得，模态密度的测量可以简化为测量激励点的输入导纳。Y_x 可以表示为

$$Y_x(\omega) = \frac{V(\omega)}{F(\omega)} = \frac{-iA(\omega)}{\omega F(\omega)} \tag{8-5}$$

式（8-5）中，$F(\omega)$、$V(\omega)$、$A(\omega)$ 分别为激励点的激励力 $f(t)$、速度 $v(t)$、加速度 $a(t)$ 的傅里叶变换。

对于不考虑外噪声和反馈噪声的理想系统，如图 8-8 所示，输入点导纳可以用力与加速度的互谱公式表示

$$Y_x(f) = \frac{-i}{2\pi f} \cdot \frac{S_{af}(f)}{S_{ff}(f)} \tag{8-6}$$

式（8-6）中，$S_{af}(f)$、$S_{ff}(f)$ 分别为加速度 $a(t)$、激励力 $f(t)$ 的单边互谱密度和自谱密度。

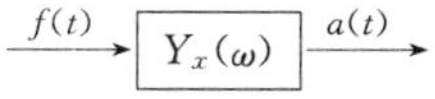

$$\xrightarrow{f(t)} \boxed{Y_x(\omega)} \xrightarrow{a(t)}$$

图 8-8　理想系统的激励点导纳

考虑到噪声信号的影响，使用原始信号 $s(t)$、激励力 $f(t)$ 和加速度 $a(t)$ 三通道信号时，可求得改进的导纳值（如图 8-9 所示）

$$Y_x(f) = \frac{-i}{2\pi f} \cdot \frac{S_{as}(f)}{S_{fs}(f)} \tag{8-7}$$

式中　$S_{as}(f)$，$S_{fs}(f)$ ——分别为 $a(t)$，$f(t)$ 与 $s(t)$ 的单边互谱密度。

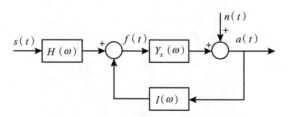

图 8-9　三通道信号的测量原理

图 8-9 中，$s(t)$ 为驱动功率放大器的原始信号（一般为宽频随机噪声信号）；$H(\omega)$ 为功率放大器的频响函数；$I(\omega)$ 为激振器与试件相互作用的反馈频响函数；$n(t)$ 为输出端的外噪声。

此外，试验时由于利用力传感器和加速度传感器组合在一起的阻抗头测量激励点处的阻抗或导纳，因此在测点与测量传感器之间存在附加质量和刚度，这些附加质量和刚度将直接影响导纳测量值的精度，需对测量结果进行修正。由于单板的结构辐射噪声由高导纳的弯曲波控制，因此本试验中可忽略附加刚度的影响，只对附加质量引起的误差进行修正。若只考虑附加质量，则附加质量必须满足力平衡条件

$$F_x = F_1 - F_M = F_1 - \Delta M \cdot A(f) \tag{8-8}$$

式中　F_x——激励点处试件的作用力；

　　　F_I——阻抗头测得的激励力；

　　　F_M——附加质量的惯性力；

　　　$A(f)$——附加质量的加速度；

　　　M——附加质量。

此时，激励点处的导纳 $Y_x(f)$ 变为

$$Y_x(f)=\frac{V_x}{F_x}=\frac{1}{\dfrac{F_1}{V_x}-2\mathrm{i}\pi f\Delta M}=\frac{1}{\dfrac{2\pi f}{-\mathrm{i}}\dfrac{S_{fs}(f)}{S_{as}(f)}-2\mathrm{i}\pi f\Delta M} \qquad (8-9)$$

则 $Y_x(f)$ 的实部为

$$\mathrm{Re}[Y_x(f)]=\mathrm{Im}\left[\frac{1}{2\pi f}\frac{1}{S_{fs}(f)/S_{as}(f)-\Delta M}\right] \qquad (8-10)$$

将式（8-10）中修正后的 $\mathrm{Re}[Y_x(f)]$ 带入式（8-4），最终推导出试件的模态密度。

8.3.2　试验方法及实施过程

本试验分别测量如图 8-1 所示两薄板的单板模态密度。单板模态密度测量的试验系统如图 8-10 所示：模拟自由-自由状态，将板的顶端和底端垂直悬吊，两侧水平拉紧，激励形式为宽频随机激励，方向垂直于板面。

图 8-10　单板模态密度测量的试验系统

由于板上的测点应不少于 3 个，因此每板上分别选取 4 个测点。测点的位置尽量避开结构的对称轴、边界及开孔附近等特殊位置，两板的测点位置如图 8-11 所示。用激振器分别激励单板上的 4 个测点，同时记录激励点处力的自谱密度、力与加速度的互谱密度、随机信号与力的互谱密度。

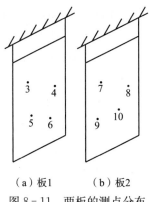

（a）板1　　　（b）板2

图 8 - 11　两板的测点分布

8.3.3　试验数据分析

自由-自由状态下，单板弯曲方向模态密度的理论计算公式为

$$n(f) = 2\pi n(\omega) = \frac{2\pi fA}{c_\phi c_g} \tag{8-11}$$

式中　A——板的面积；

c_ϕ，c_g——分别为板的弯曲波的相速度和群速度，且

$$c_g = 2c_\phi = 2(2\pi f\kappa c_1)^{1/2} \tag{8-12}$$

式中　κ——板截面的回转半径（$\kappa = h/\sqrt{12}$，h 为板的厚度）；

c_t——纵波速，$c_1 = [E/\rho(1-v^2)]^{1/2}$。

板 1 测点 3 上理想系统（以力为参考）与三通道信号测量（以功放输出信号为参考）所得的模态密度如图 8 - 12 所示，两种测量所得的结果差别不大，说明此时噪声的影响并不明显，推导模态密度时也可采用理想系统的测量值，但本试验中仍采用三通道信号的测量值推导模态密度。

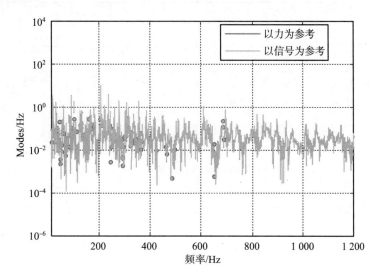

图 8 - 12　板 1 测点 3 处以力和信号为参考的模态密度

　　考虑阻抗头附加质量，将测量的附加质量 $\Delta M=20$ g 带入式(8-10)求得修正后的模态密度并与理论值进行比较。图 8-13 所示为带宽与测量带宽一致时（带宽为 0.25 Hz）测点 3 处的模态密度，图 8-14 所示为 1/3 倍频程测点 3 处的模态密度。由图 8-13 和图 8-14 可知测点 3 处由三通道信号测量数据直接推导的模态密度与理论值相比随频率增大差异明显，但应用质量修正后情况明显改善，修正值更接近理论值。同理，将板 1 上其他测点的数据在 1/3 倍频程内进行处理，并将所有测点的结果进行平均得到板 1 的模态密度。如图 8-15 所示，1/3 倍频程内所有测点平均后的模态密度，即频率与空间平均后的修正结果与板 1 模态密度的理论值基本吻合。因此，可将该理论值作为混合 FE-SEA 分析的输入参数。

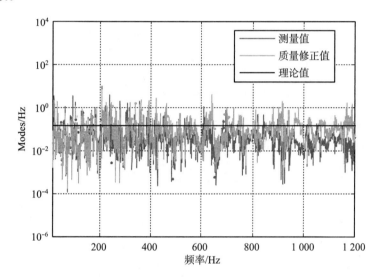

图 8-13　带宽与测量带宽一致时板 1 测点 3 处的模态密度

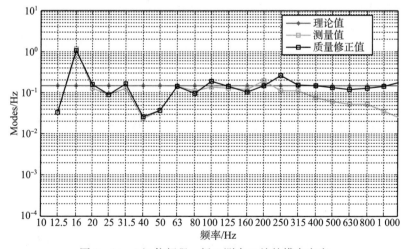

图 8-14　1/3 倍频程，板 1 测点 3 处的模态密度

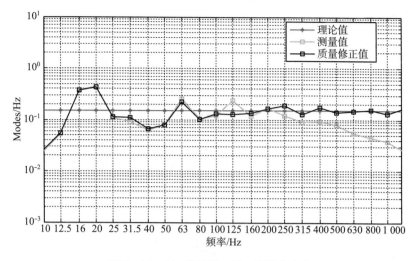

图 8 - 15　1/3 倍频程，板 1 的模态密度

与板 1 同理对板 2 进行测量，并将模态密度三通道直接测量值、质量修正值和理论值进行比较。如图 8 - 16 所示，1/3 倍频程内板 2 模态密度的测量修正平均值与其理论值基本吻合。因此，可将该理论值作为混合 FE - SEA 分析的输入参数。

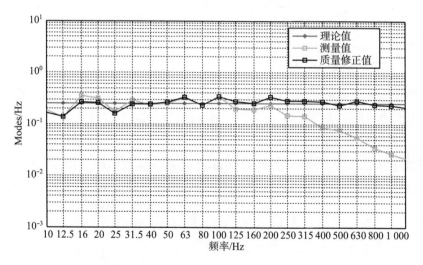

图 8 - 16　1/3 倍频程，板 2 的模态密度

8.4　单板内损耗因子的测量

内损耗因子是描述结构动力学特性的一个重要参数。试验法是获得内损耗因子最常用且最可靠的方法。在 SEA 中，内损耗因子与结构的输入功率和能量及其他表示阻尼特性的参数之间存在一定的关系，因此结构的内损耗因子可通过稳态能量流法或瞬态衰减法进行测量。

8.4.1　试验基本原理

稳态能量流法或瞬态衰减法是测量结构的内损耗因子较为常用的两类方法。稳态能量流法的原理为利用外激励源对结构输入功率P_{in}与能量E之间的关系

$$P_{in}=\Delta\omega\eta E \tag{8-13}$$

间接推导出结构的内损耗因子η。其方法的关键在于精确测量结构的输入功率P_{in}和能量E。试验中一般采用单点宽频随机激励，结构的输入功率P_{in}可表示为

$$P_{in}=\langle f(t)v(t)\rangle=\frac{1}{2}\text{Re}[FV^*]=\frac{1}{2}\text{Re}\Big[F\Big(\frac{A}{i\omega}\Big)^*\Big]$$

$$=\frac{1}{2}\text{Im}\Big[\Big(\frac{AF}{2\pi f}\Big)^*\Big]=\frac{1}{2}\text{Im}\Big[\int_{\omega_1}^{\omega_2}\frac{S_{af}}{2\pi f}\mathrm{d}\omega\Big]$$

$$=\frac{1}{2}\text{Im}\Big[\int_{f_1}^{f_2}\frac{S_{af}}{f}\mathrm{d}f\Big] \tag{8-14}$$

式中　S_{af}——激励点处的加速度与力的单边互谱密度。

结构的能量E可表示为

$$E=M\overline{\langle v^2(t)\rangle}=\frac{M}{N}\sum_{m=1}^{N}\langle V\rangle^2\}_m=\frac{M}{N}\sum_{m=1}^{N}\Big\{\Big|\frac{A}{i\omega}\Big|^2\Big\}_m=M\frac{|A|^2}{\omega^2}$$

$$=\frac{M}{N}\sum_{m=1}^{N}\Big\{\int_{\omega_1}^{\omega_2}\frac{S_{aa}(f)}{\omega^2}\mathrm{d}\omega\Big\}_m=\frac{M}{N}\sum_{m=1}^{N}\Big\{\int_{f_1}^{f_2}\frac{S_{aa}(f)}{2\pi f^2}\mathrm{d}f\Big\}_m \tag{8-15}$$

式中　M——结构的质量。

$v(t)$的空间平均是由多测点测量结果求平均而得的。在结构上加载P_{in}时，同时测量结构上N个点的加速度单边自谱密度$S_{aa}(f)$，再通过对这N个点的结果求平均得到结构的能量E。

前述测量过程仅为单次加载的测量，试验中还需改变激励的加载位置进行多次测量，最后将多次测量所得的结果进行平均来得到结构的内损耗因子η

$$\eta=\frac{1}{K}\sum_{j=1}^{K}\{\eta\}_j=\frac{1}{K}\sum_{j=1}^{K}\Big\{\frac{P_{in}}{2\pi fE}\Big\}_j \tag{8-16}$$

式中　K——测量次数，即激励点位置的个数。

瞬态衰减法是依据结构响应的衰减率DR与结构内损耗因子η的关系来间接测量结构的内损耗因子。当频段$\Delta\omega$内仅有一个模态时，两者间的关系为

$$DR=-\frac{\mathrm{d}L_x}{\mathrm{d}t}=27.3\eta f_n \tag{8-17}$$

式中　L_x——结构响应的振级；

　　　f_n——该模态的频率。

对于中高频段，由于模态越来越密集，有时在$\Delta\omega$内存在两个或更多的模态，此时在$\Delta\omega$内结构的内损耗因子是两个或多个模态间平衡的结果。因此，实际测量时将测量所得的DR看作$\Delta\omega$内中心频率f_c处的衰减率，令f_c替代式（8-17）中的f_n

$$\eta = \frac{DR}{27.3 f_c} \tag{8-18}$$

试验时一般采用单点脉冲激励，直接测量量为时域内结构上多个测点的加速度响应 $a(t)$。对单个测点，需对其加速度响应进行带通滤波获得对应 $\Delta\omega$ 的时域信号，并对其进行希耳伯特变换（Hilbert Transformation）得到幅值包络曲线；进而对包络曲线在微小时间 Δt 内进行积分，得到经平滑处理后的包络曲线[90]。瞬态衰减法的数据处理流程如图 8 - 17 所示。

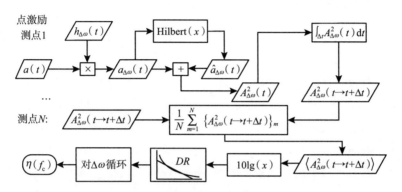

图 8 - 17　单点激励下瞬态衰减法测量结构内损耗因子的流程图

在上述数据处理过程中，希耳伯特变换解决了傅里叶变换中出现的负频问题。图 8 - 17 所示 Hilbert(x) 的具体过程为：对任意信号 $x(t)$，引入解析信号 $x_\sigma(t)$，且

$$x_\sigma(t) = x(t) + i\hat{x}(t) \tag{8-19}$$

其对应频谱为

$$X_\sigma(\omega) = X(\omega) + i\hat{X}(\omega) \tag{8-20}$$

令 $\hat{X}(\omega)$ 为

$$\hat{X}(\omega) = -i\,\mathrm{sgn}(\omega)X(\omega) = \begin{cases} -iX(\omega) & \omega > 0 \\ 0 & \omega = 0 \\ iX(\omega) & \omega < 0 \end{cases} \tag{8-21}$$

式（8 - 21）中，sgn(•) 表示正负号函数（Signum Function）。则据卷积定理可得

$$\hat{x}(t) = x(t) * \frac{1}{\pi t} = -\frac{1}{\pi} \int_{-\infty}^{+\infty} \frac{x(t-\tau)}{\tau} d\tau \tag{8-22}$$

式中　* ——表示卷积。

因此，希耳伯特变换相当于通过一个冲击响应为 $1/\pi$ 的线性网络，该网络也称为希耳伯特滤波器，$x(t)$ 与其希耳伯特变换 $\hat{x}(t)$ 是正交的。解析信号 $x_\sigma(t)$ 的幅值 $A_x(t)$ 和相位 $\varphi_x(t)$ 分别为

$$\begin{cases} A_x(t) = \sqrt{x^2 + \hat{x}^2(t)} \\ \varphi_x(t) = \tan^{-1}\left[\dfrac{x(t)}{\hat{x}(t)}\right] \end{cases} \tag{8-23}$$

试验中即对加速度响应 $a(t)$ 进行希耳伯特变换得到其在 $\Delta\omega$ 内变换幅值的平方 $A_{\Delta\omega}^2(t)$，然后对 $A_{\Delta\omega}^2(t)$ 进行平滑处理确定处理后的包络曲线的斜率。

在上述单点测量的基础上，试验时还需重复改变激励的加载位置进行多次测量，最后将多次测量所得的结果进行平均来得到结构的内损耗因子 η

$$\eta = \frac{1}{K}\sum_{j=1}^{K}\{\eta\}_j = \frac{1}{K}\sum_{j=1}^{K}\left\{\frac{DR}{27.3\,f_c}\right\}_j \tag{8-24}$$

式中　K——测量次数，即激励点位置的个数。

8.4.2　试验方法及实施过程

应用稳态能量流法分别测量图 8-1 所示两薄板的内损耗因子时，测量系统沿用模态密度的测量系统；不同的是，当加载单点宽频随机激励时，该板上所有测点的响应需要同时测量。例如，对板 1 在测点 3 处施加激励，同时需采集测点 3 处 S_{af} 及测点 3~6 所有 4 个测点的 S_{aa}，而后在测点 4~6 重复加载并进行测量。与板 1 同理对板 2 进行测试。

与应用稳态能量流法进行测量相比，瞬态衰减法的测量系统的区别表现在加载方式和测量量的不同：瞬态衰减法采用单点脉冲激励而稳态能量流法采用单点宽频随机激励；瞬态衰减法的测量量为单板上所有测点的时域响应 $a(t)$，而稳态能量流法的测量量均为频域内的测量量。

8.4.3　试验数据分析

对应用稳态能量流法和瞬态衰减法测量的数据分别进行处理得到两板的内损耗因子，并将两种试验方法的结果进行比较，最终确定两薄板的内损耗因子，数据处理时带宽均取 1/3 倍频程。对稳态能量流法，其数据分析过程较为简单，本节不再赘述；而对瞬态衰减法，衰减趋势的数据处理过程较为复杂，注意环节较多，本节中以几个测点的数据处理为例简要说明如图 8-17 所示的数据处理过程。

1/3 倍频程、中心频率小于 100 Hz 的频带均为窄带，对瞬态衰减法滤波后该带宽内的时域信号衰减趋势不明显，因此数据分析的起始频段取中心频率为 100 Hz 的频段。对板 1，在测点 3 处加载脉冲激励时，测点 5 处的加速度时域响应的衰减如图 8-18 所示，在 1/3 倍频程内对其进行带通滤波。滤波器的设计有多种形式，本章设计了 5 阶 butterworth 滤波器对测点的时域响应数据进行滤波。对滤波后的信号进行希耳伯特变换时需注意有效数据的甄别，因为在数据采集的开端及末尾采集到的数据很可能为噪声而不是真正的结构响应。变换后需对数据进行平滑处理，这里取 $\Delta t = 0.02$ s。1/3 倍频程中心频率为 100 Hz 时，测点 5 的平滑包络曲线如图 8-19 所示。重复上述过程，在 1/3 倍频程其余的频段上对测点 5 的数据进行处理，从而获得对应频段上测点 5 的平滑包络曲线。同理，对板 1 上其余测点的数据进行相同处理获得每个测点 1/3 倍频程内所有频段的平滑包络曲线。1/3 倍频程中心频率为 100 Hz 时，将该频段内所有测点的平滑包络曲线进行平均并取对数，而后对其进行线性拟合得到其斜率，即衰减率 DR，如图 8-20 所示。衰减的斜率曲线为单斜率曲线，说明该频段内板 1 的内损耗因子主要受单模态影响。1/3 倍频程中心频率为 200 Hz 时，其平滑包络曲线如图 8-21 所示，3.2 s 内板 1 的响应迅速衰减，

3.2 s 后衰减到噪声量级。由于此时包络线的后半部分为噪声,因此该频段内板 1 的 DR 为包络线前半部分的衰减斜率,即中心频率为 200 Hz 时,板 1 的内损耗因子仍主要受单模态影响。1/3 倍频程中心频率为 1 600 Hz 时,其平滑包络曲线如图 8‑22 所示。此时包络线分为前衰减、后衰减和噪声三部分,即前衰减部分表示高内损耗因子的模态对响应衰减的影响,后衰减则表示低内损耗因子模态对响应的影响,该频段内内损耗因子是由双模态同时作用的结果。因此,中心频率为 1 600 Hz 时,该频段内的 DR 应取曲线前两部分斜率的平均值。最后将 1/3 倍频程每个频段的衰减率 DR 带入式(8‑18),得到测点 3 处加载脉冲激励时对应每个频段板 1 的内损耗因子。同理,依次在板 1 的其他 3 个测点上加载脉冲激励,获得每次测量时板 1 的内损耗因子。最后将这 4 次所得的内损耗因子进行平均最终确定板 1 的内损耗因子。

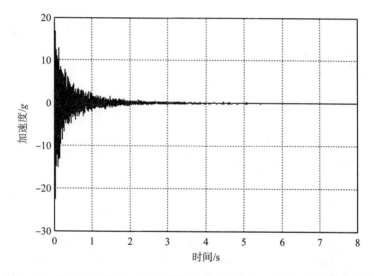

图 8‑18　板 1 上在测点 3 处加载脉冲激励时测点 5 处的加速度时域响应

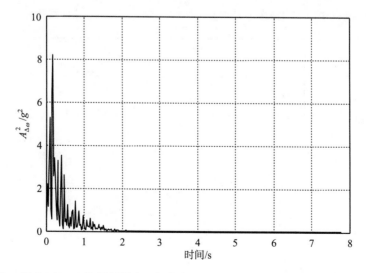

图 8‑19　1/3 倍频程中心频率为 100 Hz 时,测点 5 的包络曲线

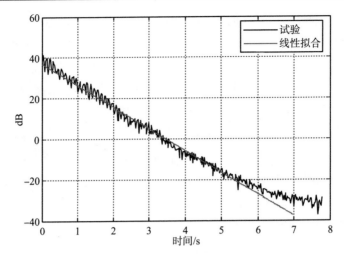

图 8-20　1/3 倍频程中心频率为 100 Hz 时，板 1 的包络曲线及其斜率

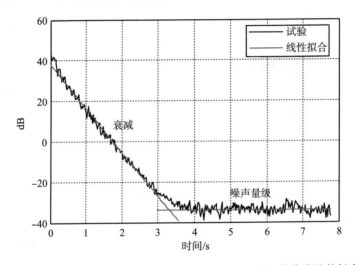

图 8-21　1/3 倍频程中心频率为 200 Hz 时，板 1 的包络曲线及其斜率

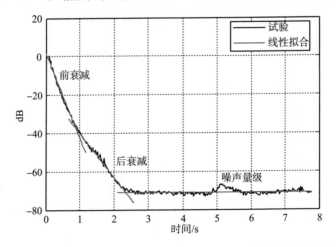

图 8-22　1/3 倍频程中心频率为 1 600 Hz 时，板 1 的包络曲线及其斜率

图 8-23 给出了分别应用稳态能量流法和瞬态衰减法得到的板 1 的内损耗因子。由图 8-23 可知，应用稳态能量流法的有效测量起始频率低于瞬态衰减法，应用稳态能量流法的测量频段更宽；而对于测量结果，稳态能量流方法测得板 1 的内损耗因子比瞬态衰减法测得结果偏大。这是由于在稳态激励下，系统损耗因子几乎与高阻尼振子的内损耗因子相等，其原因在于高阻尼振子在稳态振动的能量耗散中起到了主导作用；而当激励方式为冲击激励时，随着激励的撤销，高阻尼振子在衰减振动中快速撤销，使衰减较慢的低阻尼振子显示特性，此时系统的损耗因子较为复杂，一般采用求各模态阻尼算术平均值的方法。测量方法中所采用的激励方式的不同，使得两种方法的测量产生了一定的误差。但是这两种方法测得的内损耗因子都随着频率的升高而降低，量级变化都在 $10^{-2} \sim 10^{-3}$ 之间，可见这两种方法测得内损耗因子大致相同。本例中选取瞬态衰减法所得的板 1 的内损耗因子作为混合 FE-SEA 分析的输入参数。作为输入参数时，若要求内损耗因子数据的起始频率小于 100 Hz，则此时可应用样条插值对瞬态衰减法的结果外推获得 100 Hz 以下板 1 的内损耗因子。

同理，对板 2 也同样分别应用稳态能量流法和瞬态衰减法进行内损耗因子的测量。图 8-24 给出了分别应用稳态能量流法和瞬态衰减法得到的板 2 在 1/3 倍频程上的内损耗因子。当作为混合 FE-SEA 分析的输入参数时，也仍然选取瞬态衰减法所得的板 2 的内损耗因子。

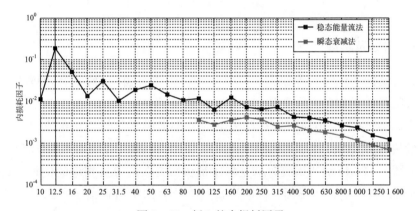

图 8-23 板 1 的内损耗因子

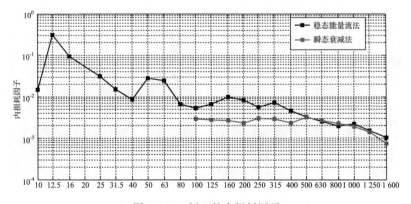

图 8-24 板 2 的内损耗因子

8.5　梁板组合结构响应的测量

混合 FE-SEA 方法的验证除数值验证外，还须试验验证的支撑。在完成前述各个部件的参数测量后，将各部件螺接组装，进行结构响应的测量并与混合 FE-SEA 的预示结果比较，完成混合 FE-SEA 方法的试验验证。

8.5.1　试验基本原理

将梁和两薄板的面内位移划分为确定性子系统，而两薄板的弯曲方向分别为两个随机子系统。因此，试验中需测量确定性子系统具体位置的加速度响应及随机子系统的能量。结构响应测量的基本原理采用 Monte Carlo 仿真方法，试验时须事先在随机子系统的随机位置上添加集中质量，而后分别测量梁和两薄板上测点的加速度响应。确定性子系统的响应为梁上测点的响应，而两随机子系统的能量参考模态密度的测量分别由两薄板上测点的加速度响应间接推导而得。随机改变随机子系统上各集中质量的位置，进行多次 Monte Carlo 仿真的样本试验，然后将这些样本的试验结果进行平均求得各子系统的响应的集合平均值。

8.5.2　试验方法及实施过程

梁板组合结构的试验系统如图 8-25 所示：模拟自由-自由状态，将梁的两端垂直悬吊，宽频随机激励加载在梁上一点。对于随机子系统上添加的集中质量，试验时在两薄板上分别添加 10 个集中质量，每块板上的每个集中质量约为该板质量的 2%，取 20个铝制质量块均为 54 g；据离散型均匀分布随机生成 20 组质量块的添加位置，试验的测点位置如图 8-26 所示。试验时事先将质量块粘接在两薄板相应的位置上；在梁上点1 处加载激励，方向垂直于梁面；同时测量点 1 处力的单边自谱密度和点 1～10 的加速度单边自谱密度。随后改变质量块的位置继续测量，最终完成 20 个 Monte Carlo 仿真样本的测量。

（a）正面　　　　　　　　　　　　（b）背面

图 8-25　梁板组合结构的试验系统

（c）集中质量

图 8 - 25　梁板组合结构的试验系统（续）

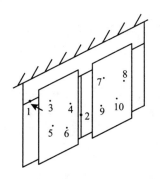

图 8 - 26　梁板组合结构上的测点位置

8.5.3　试验数据分析

将梁板组合结构按波数分别划分为确定性子系统和随机子系统后，将模态密度和内损耗因子相关参数代入混合模型及 Monte Carlo 仿真模型，分别求得梁和两薄板上的响应并进行比较。如图 8 - 27 所示，混合 FE - SEA 方法的结果与 Monte Carlo 仿真的 100 个样本的集合平均值吻合。

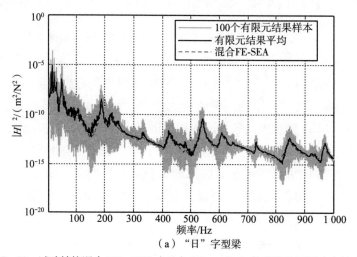

（a）"日"字型梁

图 8 - 27　试验结构混合 FE - SEA 方法与 Monte Carlo 仿真位移幅频响应的比较

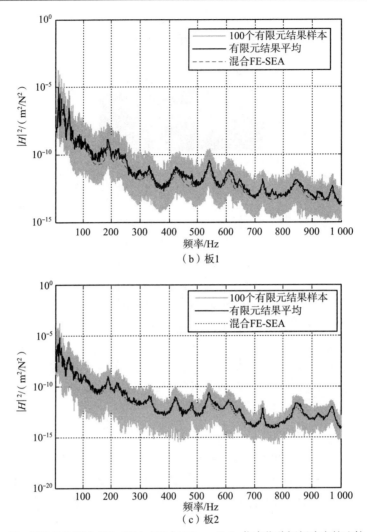

（b）板1

（c）板2

图 8 - 27　试验结构混合 FE - SEA 方法与 Monte Carlo 仿真位移幅频响应的比较（续）

　　通过数值验证后，将混合 FE - SEA 方法的结果与 20 个试验样本的集合平均值进行比较。如图 8 - 28 所示，虽然在个别频率处，如 500 Hz 附近，混合 FE - SEA 的结果与试验所得的集合平均值存在明显差异，但在 1～1 000 Hz 整个频段内，混合 FE - SEA 的结果与试验结果基本吻合。某些频率处两种结果的差异主要是由内损耗因子的测量误差产生的。对于混合 FE - SEA 模型中两薄板的内损耗因子，由于单板内损耗因子的数据处理过程中步骤较多且某些数据处理的方法因人而异（如带通滤波和包络线的斜率等），因此这些都可能引起内损耗因子的测量误差，间接地也会对混合 FE - SEA 结果的精度产生一定的影响。此外，鉴于效率、成本等，试验仅取得 20 个 Monte Carlo 仿真的样本，较少的样本数量也带来一部分误差。若从试验方面提高混合 FE - SEA 模型的精度，最主要的还是对结构的内损耗因子等基本输入参数的测量进行改进，提高这些输入参数的测量精度。Monte Carlo 仿真样本数的增加对混合 FE - SEA 模型精度的提高可提供更准确的参考。

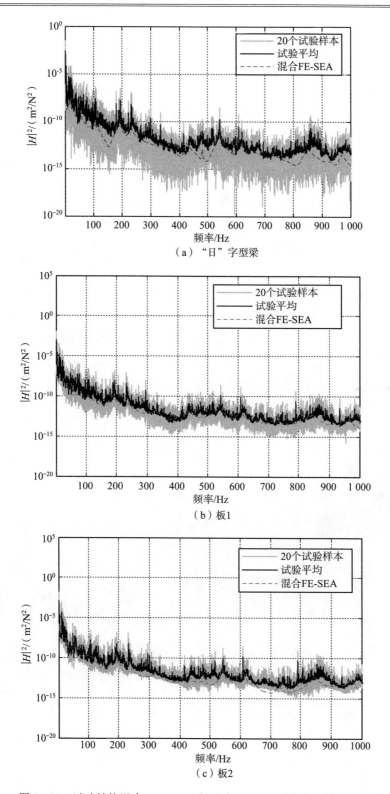

图 8 - 28　试验结构混合 FE – SEA 与试验测量的位移幅频响应的比较

8.6 完全混响假设的合理性及其影响

2.3 节的分析表明完全混响是一种理想条件。非完全混响载荷对分析结果的影响与模态重叠因子和混合连接的广义基数目相关：混合连接的广义基越多，越接近于完全混响状态，当基数目 $N \rightarrow \infty$ 时，系统可以看作是完全混响状态；同时，模态重叠因子（与内损耗因子和模态密度相关）越大，系统越接近混响状态。对于不同的混合连接形式，重要的差异在于混合连接基数目的变化。点、线和面三种连接中，混合点连接的广义基维数最低，非完全混响对分析结果的影响最大。本节主要基于试验数据对完全混响假设的合理性和其对混合连接建模预示精度的影响进行分析。

采用 2.3 节中非完全混响场互易关系和完全混响场互易关系分别建立混合预示模型，其中涉及到的混合点连接模型采用本章的无界结构混合点连接建模方法建模，板结构采用统计能量模型建模，梁采用有限元进行建模。梁结构测点 2 处的传函及两个薄板传函的预示结果与 20 个试验样本的对比结果如图 8-29～图 8-31 所示。基于不完全混响条件的混合分析比完全混响假设的混合分析与试验结果更为吻合，但是两者总体差异不大。而对于应用更加广泛的线、面连接等，其广义基的数目一般远大于点连接，系统更容易接近于完全混响条件，完全混响假设引入的分析误差更小，因此直接采用完全混响假设进行建模分析是合理的，误差在工程可接受的范围内。

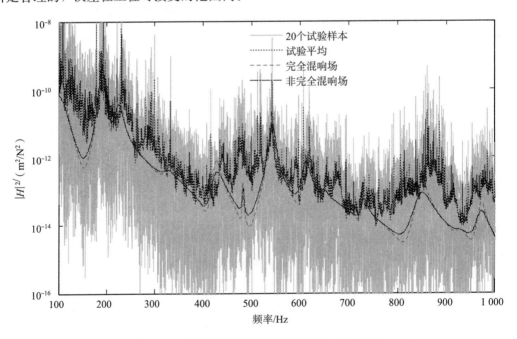

图 8-29　梁结构测点 2 处的传函对比（见彩插）

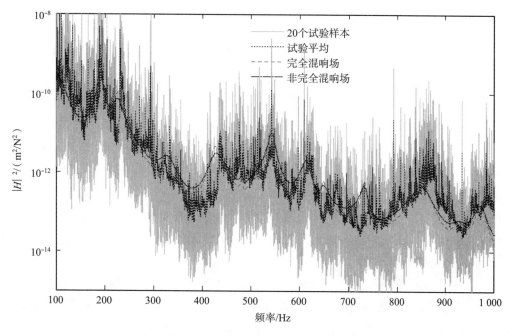

图 8 - 30　板 1 的传函对比（见彩插）

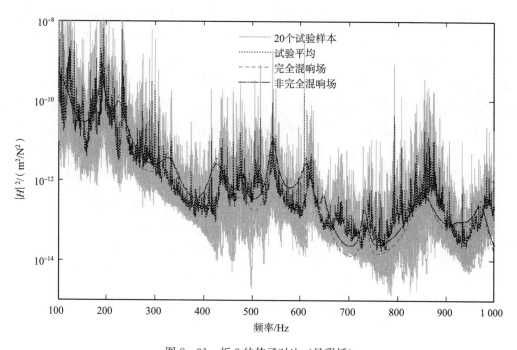

图 8 - 31　板 2 的传函对比（见彩插）

8.7　小结

本章以"日"字型梁与薄板组合结构为试验结构，对混合FE‐SEA方法展开试验研究。通过试验首先确定了梁及薄板的内损耗因子和模态密度，并将其作为混合 FE‐SEA 的输入参数。而后，依据 Monte Carlo 仿真的原理通过试验获得了组合结构响应的集合平均值，并将其结果与混合 FE‐SEA 的结果进行比较，验证混合 FE‐SEA 的适用性。

1）试验手段是获得各类结构参数非常有效的办法，通过频响函数和高频参数测量获得了梁及薄板的内损耗因子和模态密度，为混合 FE‐SEA 方法提供了有效的输入参数。

2）依据 Monte Carlo 仿真的数值验证，通过试验得到结构响应的集合平均值，并将其与混合 FE‐SEA 的结果进行比较。两种结果基本一致，证明了混合 FE‐SEA 的适用性。通过混合 FE‐SEA 的数值仿真验证和试验研究，充分验证了该方法的适用性，为后续的工程应用提供了可靠的理论支撑。

3）通过试验发现提高混合 FE‐SEA 方法预示精度的重点之一是提高子结构内损耗因子、模态密度等输入参数的精度。鉴于结构的复杂性，上述参数往往只能通过试验确定，其测量精度难以判断，因此今后需要进一步研究相关测量技术，以逐步提高对这些输入参数的测量精度。

4）基于试验数据的完全混响假设影响分析表明，完全混响假设对预示精度的影响很小，采用这种假设进行建模是合理的。目前在利用混合方法分析时通常认为混响场为完全混响场，然而分析表明完全混响假设是一种理想条件，与连接的维数、结构模态密度、内损耗因子和分析频率相关。基于模态理论建立非完全混响场条件下的混合分析方法，并结合试验数据研究完全混响假设对各种连接预示精度的影响。试验数据对比分析表明，对于连接维数较小的混合点连接，非完全混响模型相比于完全混响模型与试验结果更加吻合，但是二者相差不大。考虑到随着连接维数的增加，系统逐渐接近完全混响状态，对于连接维数更多的混合线和面连接，完全混响假设引入的误差更小，因此采用该假设建模是合理的，其对预示精度的影响可以不予考虑，该结论可为工程应用提供理论支撑。

第 9 章　混合 FE‑SEA 方法在航天工程中的应用

为了保证航天器在噪声环境下的可靠性，地面的噪声试验是重要的考核手段。在航天工程中，大型航天器一般做噪声试验，小型航天器通常用随机振动试验代替噪声试验。开展大型航天器和星箭系统级噪声试验是一项极其庞大复杂的工程，实现非常困难，对所有大型航天器都开展噪声试验进行考核是不现实的，而采用仿真分析进行力学环境预示是一种非常有效的辅助手段。

本章主要介绍基于混合 FE‑SEA 方法的航天器声振力学环境预示试验验证及工程应用。首先开展了太阳翼的混响噪声试验验证。其次将该方法应用于大型复杂的整星噪声预示和卫星‑整流罩‑组合体系统级噪声预示。整星和系统级的混合建模及分析过程中涉及整流罩内声场、星体内声场与结构的混合面连接建模，适配器、仪器舱和整流罩的混合线连接建模，外混响声场的简化建模，以及声场载荷空间相关性等问题，相关理论均在本书前述章节进行了深入和系统的介绍。最后介绍了混合 FE‑SEA 方法在航天器受噪声与随机基础组合激励下的响应预示，支架结构对航天器噪声响应的影响分析，以及部组件随机振动试验条件确定等方面的应用。

9.1　太阳翼噪声响应分析与验证

9.1.1　太阳翼噪声试验

太阳翼由外板与内板组成，南、北翼各重约 56 kg，试验时南、北翼固定在模拟墙上同时进行试验，连带模拟墙和支架车总重约 488 kg；噪声试验时南、北翼收拢压紧在模拟墙上。

两个太阳翼在噪声混响室内背对背摆放，装有太阳翼和模拟墙的支架车要求处于混响室的中心位置，如图 9‑1 所示。总声压级采用 4 点平均控制，每个太阳翼周围有 2 个声传感器平均控制，以保证声场达到规定的试验条件（表 9‑1）。

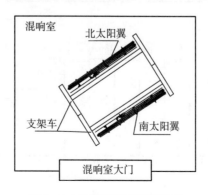

图 9‑1　太阳翼噪声试验状态

表 9 - 1　太阳翼噪声试验条件

倍频程/Hz	低量级/dB	验收级/dB	允差/dB
31.5	116	120	−2/+4
63	122	126	−2/+4
125	128	132	−2/+4
250	132	136	−2/+4
500	131	135	−2/+4
1 000	128	132	−2/+4
2 000	123	127	−2/+4
4 000	119	123	−5/+5
8 000	112	116	−5/+5
总声压级	137	141	−1/+3

注：1）低量级：1分钟；
　　2）验收级：1分钟；
　　3）注：0 dB 为 2×10^{-5} Pa。

A1～A4 加速度测点分别布置在外板 4 个角点附近，A5～A10 加速度测点分别粘贴在外板侧边靠近中心处的两个预埋件上，测点位置分布如图 9 - 2 所示，试验时混响室声压的控制谱如图 9 - 3 所示。

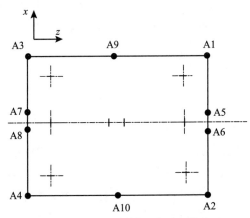

图 9 - 2　太阳翼加速度测点分布

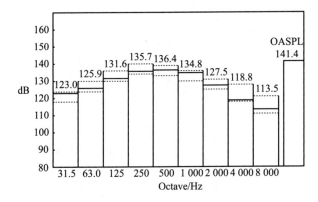

图 9 - 3　声压控制谱

　　同时采集这 20 个测点的加速度功率谱密度，此次试验的采集带宽为24～5 000 Hz，则由试验数据得到倍频程的中心频率为 31.5～2 000 Hz。位于北太阳翼上外板角点附近的一测点，其面外弯曲方向 Y 及面内 X 和 Z 方向的倍频程速度均方值如图 9-4 所示；而外板侧边靠近中点的一测点，其三方向的速度均方值如图 9-5 所示。由图可知，面外弯曲方向 Y 对测点处总均方值的贡献最大，侧边中心附近 Y 方向的均方值为总均方值的 95% 以上，因此数据处理中仅考虑各测点面外弯曲方向 Y 的速度均方值。

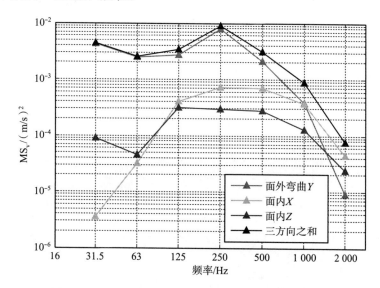

图 9-4　北太阳翼上外板角点附近一测点的速度均方值

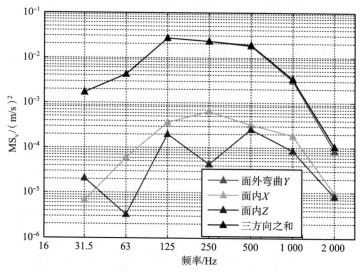

图 9-5　北太阳翼上外板侧边中心附近一测点的速度均方值

　　南、北太阳翼外板各测点弯曲方向速度均方值及其平均值分别如图 9-6 和图 9-7 所示。由于南、北两太阳翼的外板设计相同，因此可将这两个外板作为两个样本，并将两外板速度均方的平均值再进行平均来求得太阳翼外板弯曲方向的速度均方值，如图 9-8 所示。

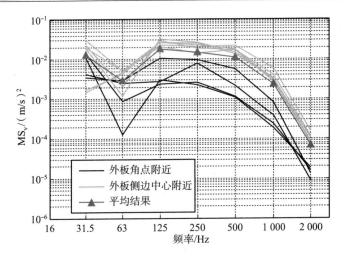

图 9 - 6   北太阳翼外板弯曲方向的速度均方值

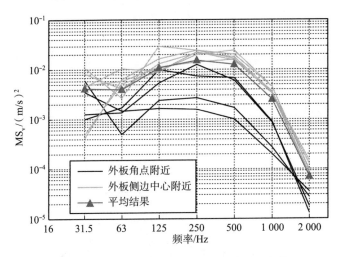

图 9 - 7   南太阳翼外板弯曲方向的速度均方值

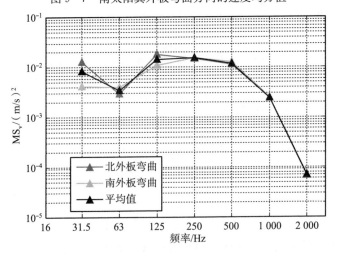

图 9 - 8   太阳翼外板弯曲方向的速度均方值

9.1.2 太阳翼模型

除试验手段外，还可对应太阳翼试验状态建立太阳翼的混合FE‐SEA 模型。由于试验太阳翼连接架在 5 000 Hz 内仅有 123 阶模态，模态较稀疏，因此可将连接架建为确定性子系统。而对于太阳翼的外板，将其层叠复合材料等效为各向同性材料，然后求得的太阳翼外板面外弯曲方向及面内拉伸和剪切方向的模态密度如图 9‐9 所示。由图 9‐9 可知，弯曲方向的模态密度为常数，中心频率为125 Hz 时，频段内有 8 个弯曲方向的模态，因此可将外板弯曲方向的位移建为随机子系统；而对于面内拉伸和剪切方向，其模态密度均随频率的增加而增大，当中心频率大于 1 000 Hz 时，剪切方向的模态密度甚至大于弯曲方向的模态密度，因此可将外板的拉伸和剪切方向的位移分别建为两个随机子系统。太阳翼内板的面外弯曲方向及面内拉伸和剪切方向分别建为三个随机子系统。确定性子系统与各随机子系统间的连接为点连接。

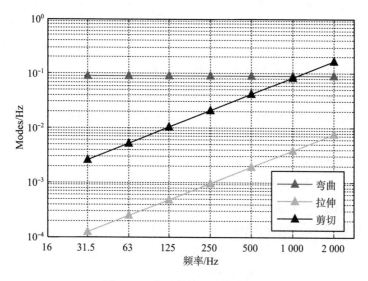

图 9‐9 太阳翼外板的模态密度

对于层叠复合材料的等效，首先将其等效为平面正交异性材料，等效后材料的刚度矩阵为

$$K=\begin{bmatrix} A & B \\ B & D \end{bmatrix} \qquad (9-1)$$

式 (9‐1) 中，矩阵 A、B 和 D 分别为层叠材料的拉伸、拉弯耦合及弯曲刚度阵，且分别为

$$A=\begin{bmatrix} A_{11} & A_{12} & A_{16} \\ A_{12} & A_{22} & A_{26} \\ A_{16} & A_{26} & A_{66} \end{bmatrix} \qquad (9-2)$$

$$\boldsymbol{B} = \begin{bmatrix} B_{11} & B_{12} & B_{16} \\ B_{12} & B_{22} & B_{26} \\ B_{16} & B_{26} & B_{66} \end{bmatrix} \tag{9-3}$$

$$\boldsymbol{D} = \begin{bmatrix} D_{11} & D_{12} & D_{16} \\ D_{12} & D_{22} & D_{26} \\ D_{16} & D_{26} & D_{66} \end{bmatrix} \tag{9-4}$$

弯曲刚度阵 $\boldsymbol{D}$ 中，D_{11} 和 D_{22} 远大于矩阵中的其他项，因此等效为各向同性材料时，可取材料的抗弯刚度为 $\sqrt{D_{11}D_{22}}$。等效为平面正交异性材料后的材料参数为面内的弹性模量 E_{11} 和 E_{22}、剪切模量 G_{12} 及泊松比 ν_{12}，参考抗弯刚度的等效取各向同性材料的弹性模量为 $\sqrt{E_{11}E_{22}}$，其剪切模量及泊松比取平面正交异性材料的相应参数。

太阳翼帆板的建模与各向同性的薄板存在差别，这是由材料特性决定的。各向同性薄板内传播的波只包含面外的弯曲波及面内的拉伸和剪切波，波的形式不会随频率的变化而变化。而层叠复合材料内传播的波包括面外弯曲波及面内拉伸和剪切波；但随着频率的增加，层叠复合材料内传播的波会在前三种波的基础上增加，主要是表面材料传播的波的增加，随之材料面内拉伸和剪切方向模态密度会有所变化。

虽然帆板的模态密度在各向同性薄板模态密度的基础上进行了修正，但由于建模时除材料等效外，还将帆板上某些预埋件等集中质量直接在整个帆板上进行平均，因此在今后的研究中仍需对图9-9的结果进行修正，如考虑帆板上的集中质量及各附件等对帆板导纳的影响，进而对帆板的模态密度进行修正。

完成子系统的划分及材料参数的等效后，还需确定各子系统的内损耗因子。一般来说，太阳翼连接架的内损耗因子取 5%，各帆板的内损耗因子取 5%。以前述帆板的内损耗因子经验值为基础提出帆板的线性内损耗因子模型

$$\eta = \begin{cases} 0.05 & f \leqslant 250 \text{ Hz} \\ 0.05 \times 250 \text{ Hz}/f & f > 250 \text{ Hz} \end{cases} \tag{9-5}$$

$$\eta = \begin{cases} 0.05 & f \leqslant 125 \text{ Hz} \\ 0.05 \times 1\ 250 \text{ Hz}/f & f > 125 \text{ Hz} \end{cases} \tag{9-6}$$

试验时压强作用在太阳翼的外板上。相应地对混合 FE-SEA 模型，将图9-3所示的压强转换为倍频程外板弯曲方向随机子系统的输入功率，如图9-10所示。求得输入功率时需要注意考虑声场的硬边界条件。

9.1.3　响应预示及验证

分析太阳翼响应时，采用两种模型验证。第一种考虑到太阳翼弯曲方向模态密度较高，采用 SEA 建模，然后在倍频程上求解模型，并与试验结果进行对比，这种模型能够较为粗糙地提供太阳翼弯曲方向的响应，对于不同位置响应分布该模型无法直接描述，这是统计能量模型的固有局限性。第二种是考虑到实际试验数据采用等带宽进行数据采集，

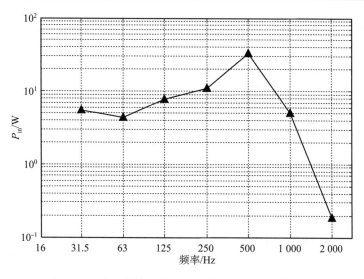

图 9 - 10　太阳翼外板弯曲方向随机子系统的输入功率

且实际工程中需要对不同位置相应进行分析，因此采用有限元对太阳翼进行精确建模，外声场采用 SEA 方法进行精确建模，然后耦合求解，可得到较为细致的响应结果，这是混合 FE - SEA 方法的灵活之处。

（1）倍频程结果预示

将各输入参数代入模型 1 并求解。试验时太阳翼有可能与周围空气存在能量传递，因此求解时分别给出不考虑二者之间能量传递及考虑能量传递的结果。考虑能量传递时，可通过在太阳翼外板上加载半无限流体（Semi - inifnite Fluid，SIF），即考虑外板的声辐射损耗因子，将周围声场的影响加载到太阳翼上；或将其附近的声场建为声腔（Acoustic Cavity）随机子系统并将外板弯曲方向的子系统与声场子系统通过面连接相连，从而将声场的影响加载到太阳翼上，如图 9 - 11 所示。当各帆板的内损耗因子均为常数时，外板弯曲方向的速度均方值如图 9 - 12 所示。由图 9 - 12 可知，考虑能量传递的两种方法的结果基本一致，这两条曲线与试验所得曲线的变化趋势较为接近，没有在中心频率 500 Hz 附近出现类似不考虑能量传递时出现的尖点，但混合 FE - SEA 方法的三种结果与试验结果存在明显误差。误差的产生有可能是试验时测点位置集中在边界附近，没有避开角点和侧边这些特殊位置，从而引入了测量误差；或是在混合 FE - SEA 建模时，针对太阳翼帆铝蜂窝夹心板的等效及将帆板上某些预埋件等集中质量直接在整个帆板上进行平均时引入了相关输入参数误差等。考虑式（9 - 5）中的线性阻尼，如图 9 - 13 所示，混合 FE - SEA 与试验结果的误差减小。而当考虑式（9 - 6）中的线性阻尼时，混合 FE - SEA 与试验结果的误差进一步减小，如图 9 - 14 所示，此时考虑能量传递的两条曲线最接近试验曲线的变化趋势。太阳翼帆板的内损耗因子及其与周围声空间的耦合是影响太阳翼混合 FE - SEA 预示精度非常重要的因素。

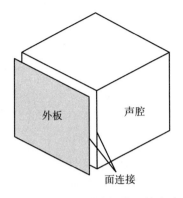

图 9-11 太阳翼外板附近的声腔

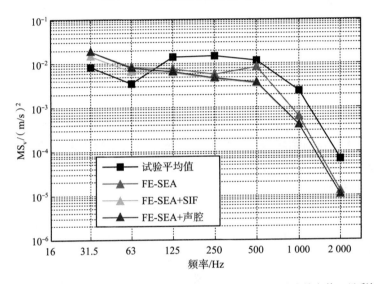

图 9-12 太阳翼外板的内损耗因子为常数时其弯曲方向的速度均方值（见彩插）

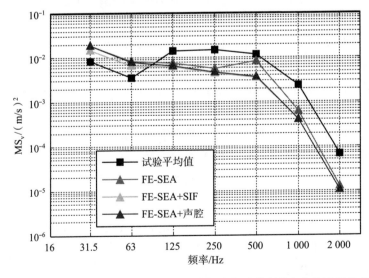

图 9-13 $f>250$ Hz 下太阳翼外板的内损耗因子线性变化时其弯曲方向的速度均方值（见彩插）

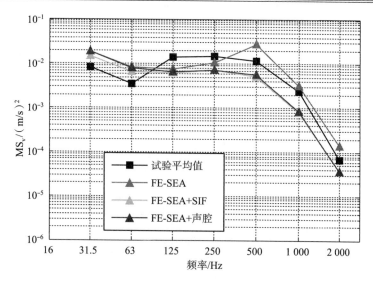

图 9 - 14　$f > 125$ Hz 下外板的内损耗因子线性变化时其弯曲方向的速度均方值（见彩插）

此外，采用的倍频程带宽过于粗糙，如中心频率为 250 Hz 时倍频程带宽已达 177 Hz，过宽的带宽使得只能描述声压在带宽内的平均值，而无法得到激励在带宽内的具体分布，造成结构响应峰值的丢失或偏离。

（2）等带宽结果预示

为了预示太阳翼在噪声下的响应，建立太阳翼有限元模型，实际的试验边界为太阳翼固支于模拟墙和支架车上。这里做进一步简化，将太阳翼在 8 个压紧座处及展开机构处进行固支，模型节点数目 20 106，有限元模型如图 9 - 15 所示。

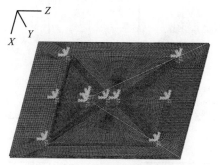

图 9 - 15　太阳翼有限元模型

结构响应的试验数据为等带宽 4 Hz 数据，而试验声压数据只有倍频程下的外声压控制谱（载荷数据信息缺失），需要对现有声压数据进行适当处理（在倍频程内声压级不变的约束条件下，采用线性插值建立连续的声载荷模型，并引入噪声信号用以描述测量噪声），建立起等带宽的外声压数据，然后采用本章的混响载荷模型施加于太阳翼与结构耦合的表面，实际预示采用的载荷如图 9 - 16 所示。

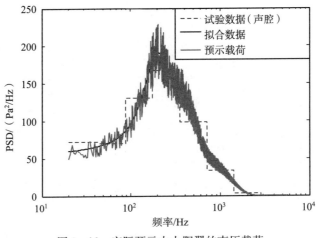

图 9 - 16　实际预示中太阳翼的声压载荷

图 9 - 17 为 10 个测点的加速度响应曲线对比结果。从曲线上可以看出，预示结果和试验结果在中高频比较吻合，但是在部分低频段仍存在差异。这是由于仿真模型不能完全复现真实的试验边界，且混响试验仅有倍频程下的声压数据，而预示采用的载荷是通过现有声压数据进行插值后得到的，这种处理方法对低频载荷的准确性有较大的影响。对于测点 A3Y 和 A4Y，两个测点的加速度在中高频存在差异，这是由于 A3Y 和 A4Y 测点布置于内板和外板的铰链连接部位，在该部位铰链会对外板的局部刚度产生影响，该因素在有限元建模时没有考虑，因此在中高频出现偏差。

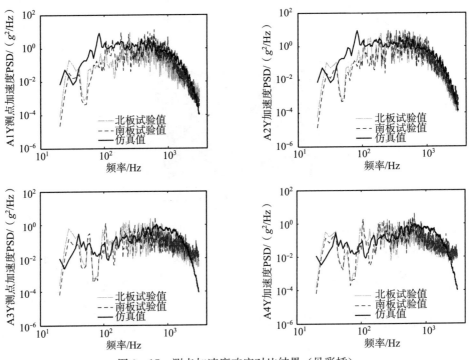

图 9 - 17　测点加速度响应对比结果（见彩插）

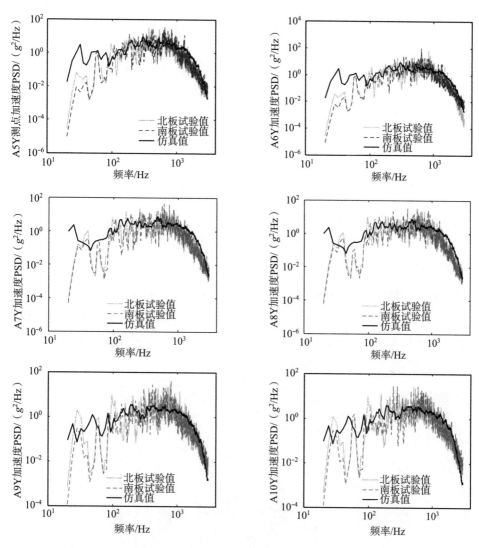

图 9 - 17　测点加速度响应对比结果（续）（见彩插）

同时表 9 - 2 表明，预示得到的 10 个测点的总均方根值与试验均比较吻合，但是北太阳翼外板的 A1Y 测点的误差超过了 3 dB，而同样状态的南太阳翼外板的 A1Y 测点的误差只有 0.15 dB。分析可知，由于试验中两个太阳翼结构的试验状态相同，因此 A2Y 与 A1Y 应当具有相当的响应水平；但是试验数据显示二者差异较大，而预示结果与南太阳翼相当，因此可能是北太阳翼的数据存在问题。

表 9 - 2　外板测点响应误差对比

测点	试验总均方根/g		仿真总均方根	误差/dB	
	南	北	/g	南	北
A1Y	36.640 0	24.828 0	37.582 5	0.220 6	3.600 9
A2Y	36.939 6	35.772 2	37.610 5	0.156 3	0.435 3
A3Y	18.261 7	18.724 0	25.049 5	2.745 2	2.528 0

续表

测点	试验总均方根/g		仿真总均方根	误差/dB	
	南	北	/g	南	北
A4Y	21.373 0	18.065 3	24.984 5	1.356 1	2.816 5
A5Y	69.335 8	63.414 8	65.091 8	−0.548 6	0.226 7
A6Y	71.288 2	74.909 2	65.173 3	−0.779 0	−1.209 3
A7Y	63.781 9	63.094 4	62.661 2	−0.154 0	−0.059 81
A8Y	63.462 8	61.229 0	62.629 4	−0.114 8	0.196 4
A9Y	60.300 4	64.282 8	52.445 1	−1.212 3	−1.767 8
A10Y	62.312 5	61.125 5	55.678 5	−0.977 8	−0.810 7

9.2　整星噪声响应分析与验证

9.2.1　整星噪声试验

星体结构采用某结构星进行建模，混响试验在混响室进行，试验采用8点平均控制，其中控制点 C_1、C_2、C_3、C_4 安装在下层，C_5、C_6、C_7、C_8 安装在上层。整星噪声试验时，星体安装在转运支架车一起置于混响室中央，+X 与大门呈 45°，如图9-18所示。试验时支架车的4个支点用适当刚度的橡胶垫垫起，以满足基频要求。

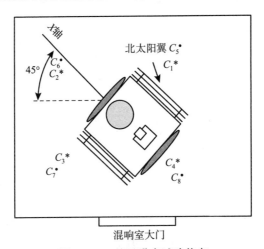

图 9-18　整星噪声试验状态

整星噪声试验共布置73个测点。试验采用1/3倍频程控制技术，与传统的倍频程相比提高了控制精度。混响声场总声压级采用8点平均控制技术，图9-19为东天线加速度传感器和南太阳翼声传感器。整星试验条件如表9-3所示，整星噪声试验设计了4个试验条件，其中"最低"、"平均"和"卫星箱体段平均"三个试验条件基于系统级噪声试验声压测点数据包络获得，"验收级"条件为相关型号文件的标准试验条件，验收级试验的声压值与控制偏差如图9-20所示。

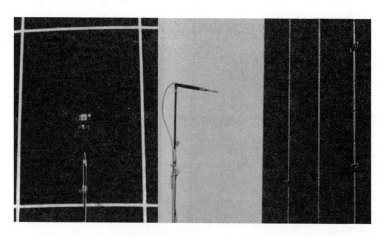

图 9‐19　加速度传感器（东天线）与声传感器（南太阳翼）

表 9‐3　整星噪声试验条件

1/3 倍频程中心频率/Hz	包络结果：声压级/dB		声压级/dB	试验偏差/dB	包络结果：声压级/dB	试验偏差/dB
	最低	平均	验收级		卫星箱体段平均	
25	98	120	110		123	
31.5	99	120	114		121	
40	103	122	116		123	
50	115	126	121		126	
63	114	123	126		124	
80	114	129	128		132	
100	117	129	130		130	
125	123	129	131		130	
160	119	129	132		131	
200	125	132	132		132	
250	123	130	131	−2～+4	130	−4～+2
315	126	132	131		132	
400	122	130	130		132	
500	123	129	129		131	
630	119	126	127		128	
800	118	124	125		127	
1 000	116	123	123		126	
1 250	113	123	121		126	
1 600	110	122	119		125	
2 000	107	121	118		124	
2 500	105	119	117		122	

续表

1/3 倍频程中心频率/Hz	包络结果: 声压级/dB		声压级/dB	试验偏差/dB	包络结果: 声压级/dB	试验偏差/dB
	最低	平均	验收级		卫星箱体段平均	
3 150	102	116	116	−5～+4	119	−5～+4
4 000	100	115	115		117	
5 000	99	110	114		112	
6 300	97	108	113	−5～+5	110	−5～+5
8 000	95	101	112		103	
总声压级	133	141	141	−1～+3	142	−3～+1
时间/s	60			±5%	60	±5%

注：0 dB 为 $2.0×10^{-5}$ Pa。

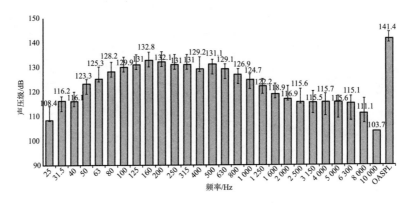

图 9 - 20　整星验收级试验与控制偏差

9.2.2　整星噪声预示及结果对比

（1）预示模型

为了预示星体关键点的响应，星体结构采用修正后的有限元模型进行描述，而内声场及外声场采用统计能量模型，两种模型通过混合 FE - SEA 面连接（受挡面连接）耦合求解，载荷由试验实测声场数据确定，同时注意建模时声场载荷的空间相关性问题。

考虑到星体内的拓扑形状，将星体内的声腔划分为 6 个 SEA 子系统。星体结构采用有限元结构建模，为了提高分析效率，将没有测点的部件采用集中质量进行简化（对地天线、南太阳翼、西天线均用集中质量代替），星体模型如图 9 - 21 所示。

整星噪声预示的载荷由整星噪声试验的外声场控制测点测量值获得，考虑到星体表面的声场硬边界条件，结构上的声压载荷比实测声压高 3 dB[143]。由于试验数据采集采用的是 1 Hz 等带宽扫频，预示模型也相应地采用等带宽分析，分析频率范围 22～2 000 Hz。声场的内损耗因子主要取决于吸声系数，吸声系数采用经验公式 $\alpha = 7.8f^{-0.88}$ 描述，如图 9 - 22 所示。

图 9 - 21　星体结构有限元模型

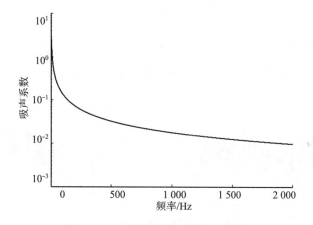

图 9 - 22　星体内部声腔的吸声系数

由于子系统单独存在和装配成系统时的内损耗因子在数值上是有变化的，因此需要通过测试获取装配子系统的内损耗因子，这需要比较好的试验条件支撑，实施难度非常大，可采用大尺寸板件单品单独测试得到的参数作为近似。JPL 在 Magellan、火星探测器和 TOPEX 的太阳翼噪声试验中采用的内损耗因子模型为[144]

$$\eta = \begin{cases} 0.05 & f \leqslant f_{\text{pivot}} \\ 0.05 \left(\dfrac{f_{\text{pivot}}}{f} \right) & f > f_{\text{pivot}} \end{cases} \tag{9 - 7}$$

式（9 - 7）中临界频率取 $f_{\text{pivot}} = 250$ Hz。Renji 等也给出一种大型板件结构的内损耗因子模型[145]

$$\eta = \begin{cases} 0.05 & f \leqslant 80 \text{ Hz} \\ \dfrac{1.8}{f^{0.87}} & 80 \text{ Hz} < f < f_{\text{pivot}} \\ 0.002 & f_{\text{pivot}} \leqslant f \end{cases} \tag{9 - 8}$$

式（9 - 8）中临界频率取 $f_{\text{pivot}} = 2\,500$ Hz，如图 9 - 23 所示，本书中采用的是该内损耗因子模型。

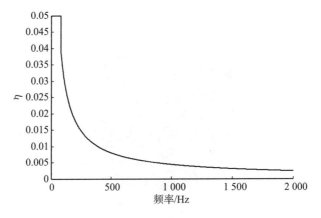

图 9 - 23　大型板中结构的内损耗因子模型

（2）预示结果对比分析

星体部分测点的预示结果与试验结果的对比如图 9 - 24 所示。可以看出预示结果与试验基本吻合，在某些频段存在一些差异，后续将对其原因进行分析。

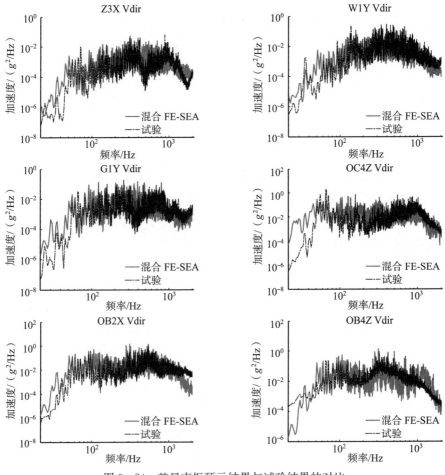

图 9 - 24　整星声振预示结果与试验结果的对比

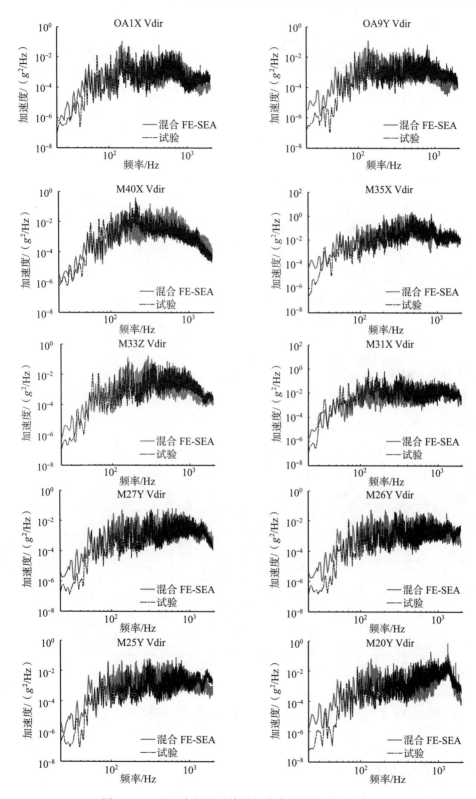

图 9－24　整星声振预示结果与试验结果的对比（续一）

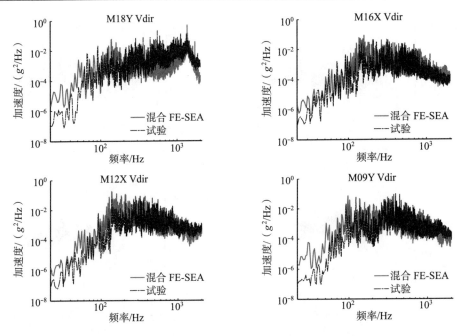

图 9 - 24　整星声振预示结果与试验结果的对比（续二）

对上述测点加速度响应的总均方根值（Root of Mean Square Value）统计结果如表 9 - 4 所示，从预示结果与试验结果加速度总均方根值的对比可以看出，误差能够满足工程应用±3 dB 的要求。

表 9 - 4　整星加速度总均方根值

测点	预示值/g	试验值/g	误差/dB	测点	预示值/g	试验值/g	误差/dB
Z3X	1.578 6	1.680 8	−0.545 2	M33Z	2.390 2	2.459 5	−0.246 8
W1Y	3.328 2	4.138 6	−1.892 8	M31X	5.125 1	6.042 7	−1.430 5
G1Y	2.917 6	2.947 8	−0.089 5	M27Y	2.557 1	2.329 8	0.377 7
OC4Z	34.889 7	34.154 8	0.184 9	M26Y	2.385 0	2.233 3	0.570 9
OB2X	7.384 2	7.206 0	0.212 2	M25Y	2.317 9	2.406 7	−0.326 6
OB4Z	7.137 5	6.120 1	1.335 8	M20Y	3.290 6	3.534 8	−0.624 7
OA1X	1.776 4	1.643 5	0.675 4	M16X	4.198 7	4.783 0	−1.131 8
OA9Y	1.903 0	1.813 8	0.416 9	M18Y	3.034 0	3.713 6	−1.755 5
M40X	2.921 5	2.562 0	1.140 7	M12X	2.443 4	2.037 3	1.578 8
M35X	11.222 9	10.426 7	0.639 2	M09Y	1.731 5	1.742 4	−0.054 5

9.3　星箭取样耦合系统级噪声响应分析与验证

9.3.1　系统级噪声试验

系统级噪声试验时，星体结构同样使用某结构星，整流罩采用发射目标飞行器状态的整流罩，整流罩、星体等与仪器舱连接，整流罩合罩后整个系统固定于气垫车上并一起置于混响场中。系统级噪声试验中，星体结构上的加速度传感器布置与整星噪声试验相同，同时为了提供整星噪声的试验条件，在整流罩与星体之间的内声场及仪器舱内声场布置 15 个噪声传感器用于测量声场声压。

系统级噪声试验同样采用 1/3 倍频程控制和 8 点声压平均控制技术，试验条件包括预试验、特征级和验收级，如表 9－5 所示，图 9－25 为验收级试验声压控制偏差。

表 9－5　系统级噪声试验条件

1/3 倍频程中心频率/Hz	声压级/dB			试验偏差/dB
	预试验	特征级	验收级	
25	112	112	116	
31.5	114	114	118	
40	116	116	120	
50	121	121	125	
63	126	126	130	
80	128	128	132	
100	130	130	134	
125	131	131	135	
160	132	132	136	
200	132	132	136	
250	131	131	135	−2～+4
315	131	131	135	
400	130	130	134	
500	129	129	133	
630	127	127	131	
800	125	125	129	
1 000	123	123	127	
1 250	121	121	125	
1 600	119	119	123	
2 000	118	118	122	
2 500	117	117	121	
3 150	116	116	120	
4 000	115	115	119	−5～+4
5 000	114	114	118	
6 300	113	113	117	−5～+5
8 000	112	112	116	
总声压级	141	141	145	−1～+3
时间/s	40		60	±5%

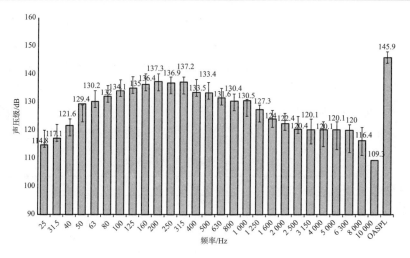

图 9-25　系统级验收级试验声压控制偏差

9.3.2　系统级噪声预示及结果对比

（1）预示模型

星箭系统级噪声预示模型主要由整流罩、星体结构、仪器舱、适配器、整流罩内声场、仪器舱内声场及星体内声场等部分组成。考虑到重点研究星体结构的加速度响应，星体结构与适配器采用有限元建模；整流罩、仪器舱等主要以加强蜂窝板为主，采用统计能量模型建模；整流罩内声场、星体内声场和仪器舱-适配器的内声场均采用 SEA 建模，共包含 14 个声场子系统，分析模型的组成如图9-26 所示。

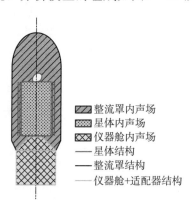

整流罩内声场
星体内声场
仪器舱内声场
—— 星体结构
—— 整流罩结构
—— 仪器舱+适配器结构

图 9-26　系统级分析模型示意图

星体和适配器采用有限元建模，其中星体模型由整星模态试验进行修正，为了进一步简化模型，对地天线、西天线和南太阳翼均用集中质量代替，共 219 个传感器。星体结构与声场通过混合面连接建立能量传递关系；有限元模型基座与仪器舱、整流罩之间采用混合线连接建模，如图 9-27 所示，图 9-28 为系统级混合预示模型中的声腔模型及其连接关系。系统级模型预示时采用实际混响试验测量的外声场数据确定载荷，这里取 8 点平均，同时考虑到声场在整流罩表面的声场硬边界条件，图 9 - 29 为系统级预示模型的声场载荷曲线。星体内声场、整流罩内声场和仪器舱内声场的吸声系数与整星噪声预示中相同，星体结构内损耗因子也采用与整星噪声预示相同的模型。

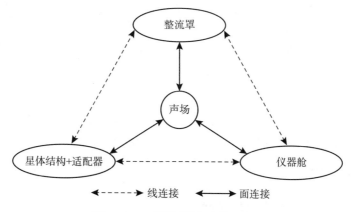

图 9 - 27　系统级混合连接示意图

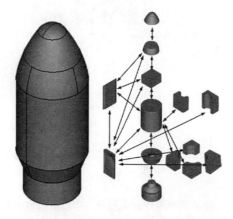

图 9 - 28　系统级混合预示模型中的声腔模型及其连接关系

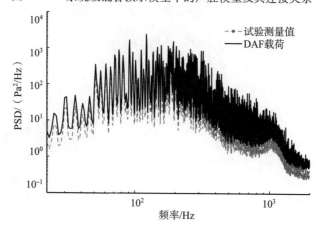

图 9 - 29　系统级预示模型的声场载荷曲线

（2）预示结果对比分析

首先对整流罩内部的声压进行对比分析，着重对比整流罩内星体顶部声压、整流罩内星体段声压及仪器舱内声压等三个位置的平均声压谱及总声压级，对比结果如图 9-30～图 9-32 所示。从整流罩内声压谱的对比曲线可以看出，预示与试验结果比较吻合，3 个不同位置的总声压级预示误差分别为 1.480 2 dB、1.084 2 dB 和 -0.873 dB，均在 ±3 dB 以内。同时预示与试验结果表明：在整流罩内，声场的总声压级并不是均匀的，具有较大的离散性，整流罩内的内声场不是一个混响场，如何对这种声场进行建模分析是一个值得继续深入研究的问题。

下面对星上的加速度响应谱进行对比分析，部分结果如图 9-33 所示。相应测点加速度响应的总均方根值统计结果如表 9-6 所示，可以看出加速度总均方根值误差均在 ±3 dB 内，预示方法能够满足工程需求。

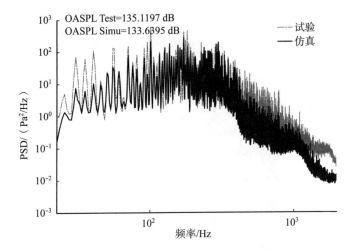

图 9-30　整流罩内星体顶部的平均声压谱与总声压级对比

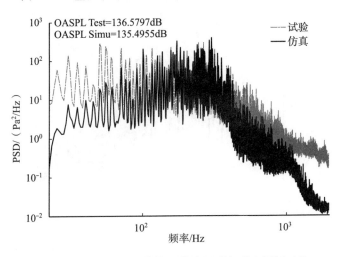

图 9-31　整流罩内星体段平均声压谱与总声压级对比

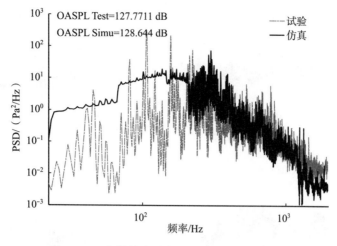

图 9 - 32　仪器舱内平均声压谱与总声压级对比

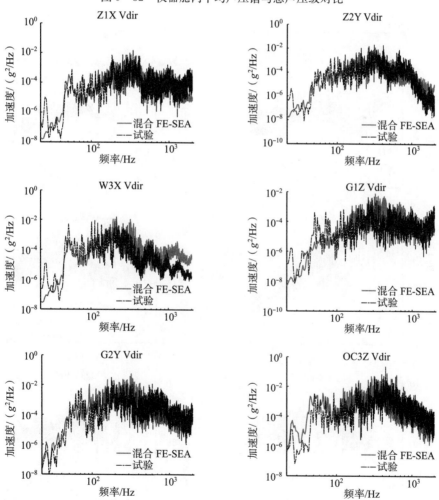

图 9 - 33　系统级结构响应预示结果

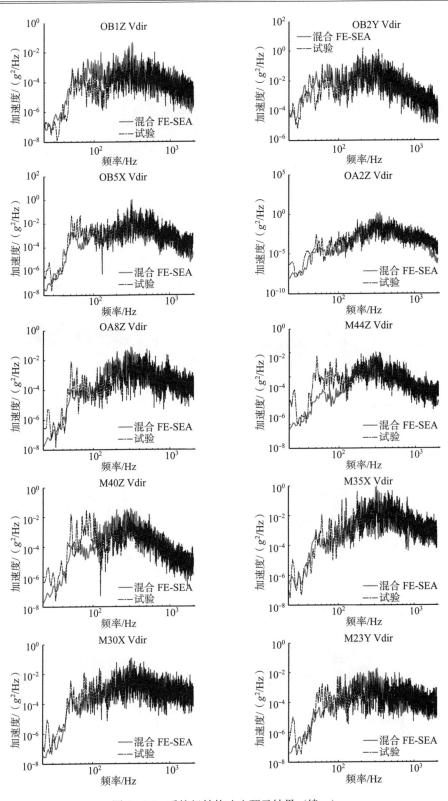

图 9-33 系统级结构响应预示结果（续一）

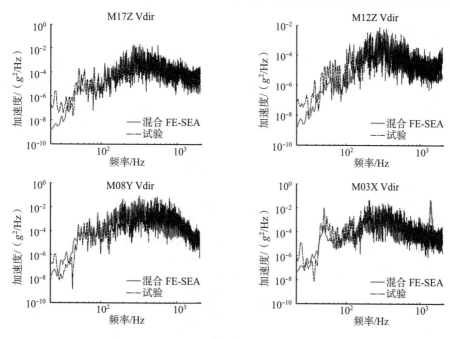

图 9 - 33　系统级结构响应预示结果（续二）

表 9 - 6　系统级加速度总均方根值

测点	预示值/g	试验值/g	误差/dB	测点	预示值/g	试验值/g	误差/dB
Z1X	0.554 3	0.719 6	−2.267 0	OA8Z	1.540 3	1.687 7	−0.793 8
Z2Y	0.619 5	0.803 6	−2.260 0	M44Z	0.450 2	0.618 0	−2.752 4
W3X	0.619 9	0.501 5	1.840 2	M40Z	1.167 4	1.019 3	0.172 8
G1Z	0.600 3	0.493 2	1.705 9	M35X	3.987 0	4.536 2	−1.120 9
G2Y	1.188 9	1.101 2	0.665 8	M30X	1.792 8	2.012 8	−1.005 8
OC3Z	1.301 3	1.734 2	−2.494 9	M23Y	0.843 1	0.917 2	−0.731 1
OB1Z	0.907 5	0.691 2	2.364 2	M17Z	0.760 9	0.761 2	−0.003 4
OB2Y	4.913 6	5.204 3	−0.499 3	M12Z	0.427 0	0.456 1	−0.573 7
OB5X	3.092 0	3.266 2	−0.476 0	M08Y	0.744 7	0.648 8	1.197 3
OA2Z	4.729 8	3.883 0	1.713 5	M03X	1.244 6	1.081 1	1.222 8

9.4　声振组合载荷下航天器的力学环境预示

　　航天器在实际的飞行过程中所受的随机激励同时来源于基础强迫随机振动和内声场的噪声激励，当前航天器力学环境试验仅采用单独噪声或者单独随机振动试验考核航天器。由于不能完全复现航天器所经受的真实力学环境，因此会带来过试验与欠试验的风险。噪声与随机基础组合激励下的航天器力学环境研究已越来越受到重视，本节基于混合方法对组合激励下航天器响应的特征进行初步的探讨。

9.4.1　分析模型

航天器模型为某结构星，采用有限元进行准确建模，内声场依据结构特征共建立4个声子系统，并与结构通过混合面连接建立耦合关系，如图9-34所示。外声场采用混响声场载荷模型加载，随机基础激励与噪声载荷如图9-35和图9-36所示。

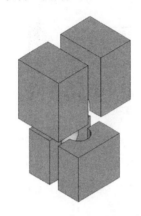

图9-34　内声场划分示意

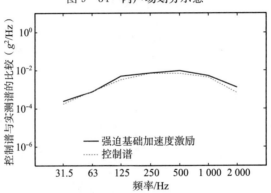

图9-35　随机基础激励试验条件

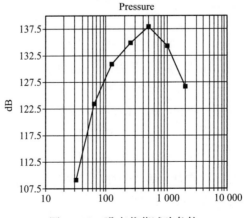

图9-36　噪声载荷试验条件

9.4.2　响应分析

由于关键参数难以确定，因此参考分析结果需对模型进行修正，然后针对随机振动响应、噪声激励响应和组合激励响应三种工况进行分析对比，具体分析结果如下。

（1）随机振动响应分析对比

以实测的底部平均加速度为激励，在结构底部施加强迫随机基础激励，预示结果与试验结果的对比如图 9 - 37 所示，部分测点的 PSD 谱误差与总均方根值误差如表 9 - 7 所示。

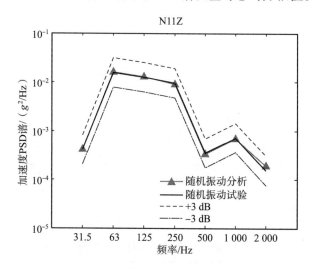

图 9 - 37　随机振动响应分析对比

表 9 - 7　随机振动响应 PSD 谱与总均方根值误差

测点	中心频率	31.5	63	125	250	500	1 000	2 000	RMS（g）
N11Z	试验（g^2/Hz）	4.12E - 04	1.57E - 02	1.26E - 02	9.43E - 03	3.48E - 04	7.11E - 04	1.52E - 04	2.078 925
	分析（g^2/Hz）	4.17E - 04	1.62E - 02	1.29E - 02	9.02E - 03	3.31E - 04	6.91E - 04	1.89E - 04	2.081 589
	误差/dB	0.055 7	0.140 6	0.111 6	−0.195 2	−0.223 3	−0.126 4	0.960 8	0.011 1
OA2Z	试验（g^2/Hz）	4.03E - 04	1.13E - 02	7.32E - 03	9.23E - 04	1.62E - 04	4.61E - 04	1.10E - 04	1.363 6
	分析（g^2/Hz）	2.09E - 04	8.35E - 03	8.42E - 03	7.28E - 04	2.14E - 04	9.10E - 04	2.12E - 04	1.500 85
	误差/dB	−2.853 4	−1.328 3	0.606 5	−1.033 9	1.214 5	2.954 4	2.838 5	0.857 5
OA3X	试验（g^2/Hz）	3.10E - 06	3.24E - 04	1.71E - 03	3.36E - 04	1.22E - 03	8.71E - 04	8.99E - 04	1.594 92
	分析（g^2/Hz）	2.97E - 06	6.09E - 04	1.82E - 03	5.02E - 04	2.00E - 03	5.39E - 04	6.01E - 04	1.488 348
	误差/dB	−0.176 7	2.731 5	0.267 1	1.742 4	2.141 3	−2.082 0	−1.746 1	−0.600 7
N12X	试验（g^2/Hz）	2.50E - 06	5.36E - 04	8.42E - 03	5.26E - 04	9.78E - 05	1.17E - 04	7.90E - 05	1.043 767
	分析（g^2/Hz）	4.10E - 06	6.92E - 04	5.47E - 03	8.96E - 04	1.85E - 04	7.17E - 05	1.29E - 04	0.985 163
	误差/dB	2.140 1	1.105 8	−1.872 2	2.313 6	2.765 9	−2.120 8	2.122 5	−0.501 9

（2）噪声响应分析

以实测平均声压值为混响载荷，进行声场-结构耦合分析，结构在噪声载荷下的响应与试验结果的对比如图 9-38 所示，部分测点的 PSD 谱误差与总均方根值误差如表 9-8 所示。

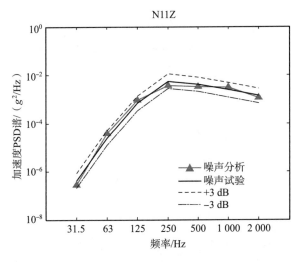

图 9-38　噪声响应验证

表 9-8　噪声响应 PSD 谱与总均方根值误差

测点	中心频率	31.5	63	125	250	500	1 000	2 000	RMS (g)
N11Z	试验 (g^2/Hz)	4.19E-7	2.43E-5	6.69E-4	5.48E-3	4.07E-3	2.43E-3	1.38E-3	2.477 2
	分析 (g^2/Hz)	2.74E-7	3.83E-5	9.24E-4	3.58E-3	3.19E-3	3.06E-3	1.12E-3	2.364 7
	误差/dB	-1.847 2	1.981 3	1.398 6	-1.851 4	-1.061 3	1.002 2	-0.899 8	-0.403 7
OA8Y	试验 (g^2/Hz)	1.51E-06	1.27E-04	6.83E-04	3.34E-03	1.14E-03	7.43E-04	3.52E-04	1.443 638
	分析 (g^2/Hz)	2.23E-06	2.13E-04	1.07E-03	1.86E-03	2.09E-03	7.48E-04	2.94E-04	1.454 851
	误差/dB	1.672 1	2.244 8	1.948 0	-2.556 8	2.632 6	0.029 1	-0.784 6	0.067 2
N10Z	试验 (g^2/Hz)	7.02E-07	4.39E-05	9.36E-04	1.01E-02	2.78E-03	2.35E-03	1.02E-03	2.439 155
	分析 (g^2/Hz)	7.22E-07	6.53E-05	1.13E-03	5.46E-03	4.58E-03	2.13E-03	7.25E-04	2.284 993
	误差/dB	0.120 7	1.723 1	0.800 1	-2.651 5	2.161 2	-0.420 5	-1.477 5	-0.567 0
PA8Z	试验 (g^2/Hz)	2.78E-07	5.11E-05	1.13E-03	2.74E-02	8.09E-03	1.88E-03	3.63E-04	3.105 544
	分析 (g^2/Hz)	5.11E-07	4.09E-05	3.81E-03	1.63E-02	1.60E-02	9.71E-04	2.15E-04	3.142 487
	误差/dB	2.644 6	-0.964 9	5.254 4	-2.253 6	2.968 4	-2.870 1	-2.267 9	0.102 8

（3）组合激励下的响应

同时考虑随机激励与噪声激励，结构在组合激励下的响应预示结果与试验结果的对比如图 9-39 所示，部分测点的 PSD 谱误差与总均方根值误差如表 9-9 所示。

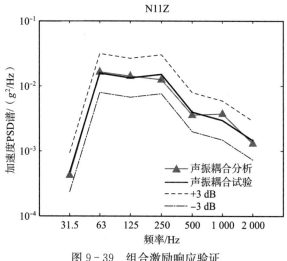

图9-39 组合激励响应验证

表9-9 组合激励响应PSD谱与总均根值误差

测点	中心频率	31.5	63	125	250	500	1 000	2 000	RMS（g）
N11Z	试验（g^2/Hz）	4.68E-04	1.57E-02	1.33E-02	1.49E-02	3.97E-03	2.97E-03	1.45E-03	3.173 572
	分析（g^2/Hz）	4.21E-04	1.64E-02	1.42E-02	1.23E-02	3.55E-03	3.74E-03	1.30E-03	3.146 379
	误差/dB	−0.450 2	0.186 3	0.280 3	−0.834 2	−0.482 4	0.998 9	−0.477 8	−0.074 7
OA9Y	试验（g^2/Hz）	3.21E-05	7.44E-03	1.44E-02	4.78E-03	8.95E-03	1.65E-03	1.10E-03	2.886 293
	分析（g^2/Hz）	3.61E-05	1.13E-02	2.19E-03	3.93E-03	1.75E-02	2.72E-03	1.01E-03	3.306 476
	误差/dB	0.500 0	1.811 3	−8.182 0	−0.847 5	2.915 1	2.187 6	−0.361 7	1.180 5
OA8X	试验（g^2/Hz）	4.59E-06	1.08E-03	1.69E-03	3.33E-03	3.68E-03	1.18E-03	4.13E-04	1.872 519
	分析（g^2/Hz）	6.61E-06	1.29E-03	1.80E-03	1.77E-03	6.40E-03	9.06E-04	5.07E-04	2.037 256
	误差/dB	1.581 7	0.748 1	0.275 9	−2.740 6	2.406 3	−1.154 8	0.893 3	0.732 4
OA12Y	试验（g^2/Hz）	2.09E-05	1.58E-03	9.16E-03	1.83E-03	1.47E-03	3.70E-03	1.17E-03	2.983 198
	分析（g^2/Hz）	3.50E-05	1.92E-03	3.03E-03	1.70E-02	2.30E-03	6.77E-03	1.06E-03	3.235 006
	误差/dB	2.229 2	0.847 0	−4.808 1	−0.302 6	1.943 0	2.619 2	−0.419 7	0.703 9

9.4.3 不同载荷下的传递响应分析

（1）推进舱响应

不同载荷下推进舱部分测点的响应对比如图9-40所示。通过初步分析可以得出以下结论：

1）推进舱+Z轴向的响应主要由Z轴向的随机基础激励主导；

2）+X轴，+Y轴的响应由噪声与随机激励共同作用。

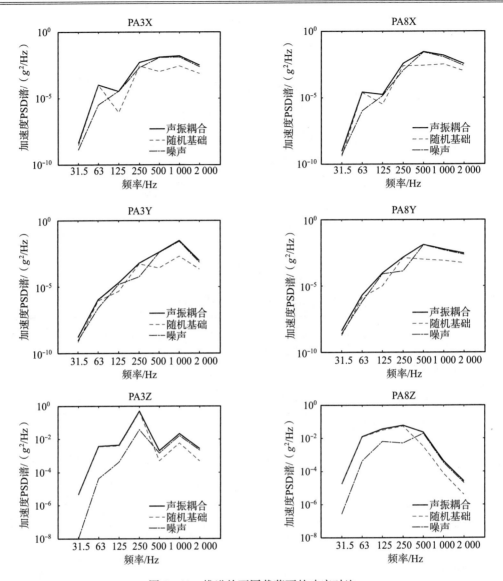

图 9-40　推进舱不同载荷下的响应对比

（2）载荷舱响应

不同载荷下载荷舱部分测点的响应对比如图 9-41 所示。通过初步分析可以得出以下结论：

1）在载荷舱顶端+Z 轴法向，随机基础激励在 250 Hz 以内响应大于噪声响应，250 Hz 以上则相反；

2）单独随机基础激励在高频处的考核不充分与噪声激励在低频处的考核不足可通过组合激励得到弥补；

3）对于非主振方向同时也为非法向的 X/Y 轴向，响应以噪声激励为主，噪声激励对于这两个方向的考核更为充分。

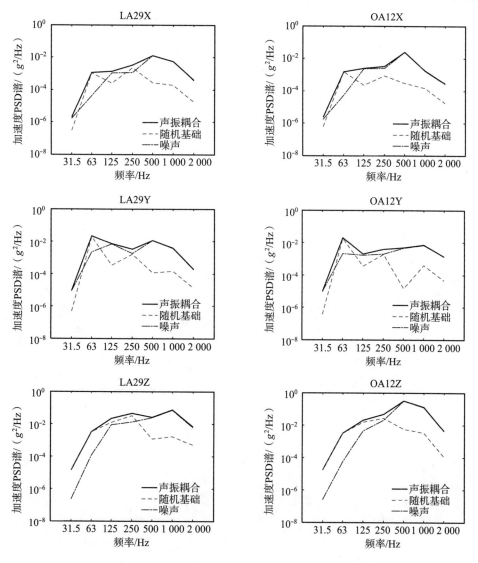

图 9 - 41　载荷舱不同载荷下的响应对比

（3）太阳翼响应

不同载荷下太阳翼部分测点的响应对比如图 9 - 42 所示，通过初步分析可以得出以下结论：

1）太阳翼主振方向为 Y 轴向，由此可以看出，在 Y 轴向，组合激励响应与噪声响应相差不大，随机基础激励在太阳翼法向的贡献较小，因此采用随机基础激励对太阳翼法向的响应考核不足；

2）太阳翼 Z 轴向响应在 250 Hz 之内主要由随机基础激励主导，在 250 Hz 以上，噪声的考核较为充分；

3）太阳翼 X 轴向既为非法向也为非随机基础激励方向时，响应主要由噪声激励主导。

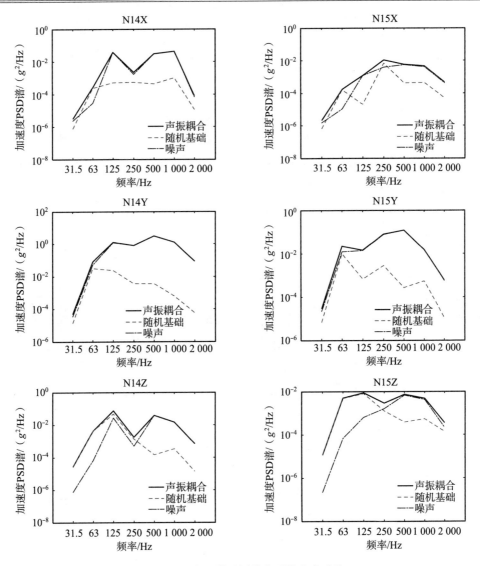

图 9-42　太阳翼不同载荷下的响应对比

（4）天线组件响应

天线发射面为曲面，响应对比如图 9-43 所示，通过初步分析可以得出以下结论：

1）由于天线发射面为曲面，噪声激励在三个方向均有作用，因此其在三个方向上均有较大的贡献，尤其是在 125 Hz 以上，单独噪声激励与组合激励的响应相差不大，而随机基础激励的影响较小；

2）在随机激励方向 Z 轴向，随机基础激励的贡献相对于 X/Y 轴向的贡献要大。

9.4.4　结论

总体来看，噪声激励与随机基础激励是不等效的，随机基础激励在低频处的考核充分而在高频处存在欠试验风险，尤其是对非主振方向的考核。噪声激励在低频处存在欠试验

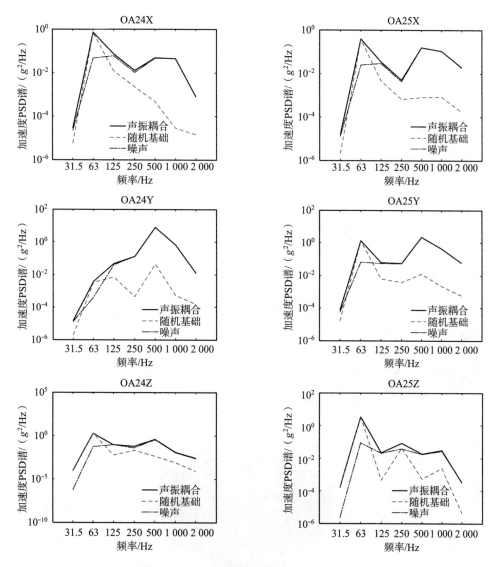

图 9 - 43　天线组件不同载荷下的响应对比

风险而在高频处考核更为充分。对于不同部位不同方向，各种载荷的响应也表现出不同的特征，因此也应该有针对性地采取合理的试验方法：

1）在离随机基础激励较近的推进舱，采用随机基础激励与噪声激励在各个方向差异不大，考核是充分的；

2）对于离随机基础激励较远的载荷舱，在随机基础激励的方向，随机基础激励在低频处考核合理而噪声激励在高频处的考核较为合理，在非随机基础激励方向，噪声激励下的响应要大于随机基础激励的响应；

3）对于太阳翼等大面质比部件，法向的响应在噪声激励作用下要大于随机基础激励（非法向的随机基础激励），对于非法向的考核，在高频处噪声考核更为充分，而在低频处则有可能存在欠试验风险；

　　4）类似于 Ka 天线的外置部件，噪声考核较为合理。

9.5　航天器支架车结构对航天器噪声响应的影响

　　实际工程中，航天器在实际噪声试验时需要采用一些地面支撑设备的辅助，这就导致试验时的真实边界非常复杂，且在进行声振预示分析时对这些边界进行精确建模非常困难，比较典型的有星箭系统级噪声试验中的气垫车悬浮边界和航天器整星噪声试验中的整星支架车固支边界等，这些设备是航天器进行地面试验的必要支撑设备，如何在声振预示中评估和处理这类地面支撑设备对声振结果的影响就成为一个值得研究的问题，本节基于混合 FE‐SEA 方法对该问题开展研究[146]。

9.5.1　分析模型

　　支架车不仅为航天器在组装和试验过程中提供地面支撑，同时也是航天器地面运输的重要设备，下面将详细介绍两种航天器的分析模型。

　　（1）着陆器分析模型

　　着陆器模型复杂，有限元建模过程中缓冲机构、氢气瓶和巡视器均等效为集中质量，并通过刚性连接与着陆器主体承力结构连接。简化后的着陆器的有限元模型如图9‐44 所示。

图 9‐44　着陆器有限元模型

　　支架车主要包括对接环、支撑和基座 3 部分，为了避让发动机精测镜光路，对接环与基座具有 15°的安装角度。支架车结构弹性模量为 200 GPa，泊松比为 0.3，密度为 7 800 kg/m³，损耗因子为 1%。基座支撑最下端为四个橡胶垫，弹性模量 2.3 GPa，密度为 1 100 kg/m³，泊松比为 0.4。支架车和着陆器组装后的有限元模型如图 9‐45 所示。

　　为了研究着陆器结构上各个节点响应的信息，着陆器和支架车均采用有限元进行精确建模，外声场和内声场则由统计能量模型描述，然后两者通过混合连接建立耦合关系。为了便于对比分析，着陆器和组装结构的声压测点与结构响应测点位置完全相同，图 9‐36 为结构上 6 个结构测点的位置。

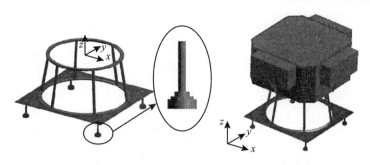

图 9 - 45　支架车及着陆器组装后结构的有限元模型

图 9 - 46　着陆器结构测点布置

（2）某通信卫星分析模型

该模型以某结构星平台为依据建模。为了提高分析效率，对于较复杂的对地天线、南太阳翼、西天线和主发动机组件均用集中质量代替，传感器分别布置于星体舱壁、对地天线安装处及北太阳翼上，星体结构总质量约为 4 000 kg，简化后的模型节点数目为48 374个，单元数目为 48 898 个，损耗因子取 1%。星体载荷舱和服务舱根据其几何特性划分为6 个统计能量声腔子系统，然后与星体有限元结构耦合求解，外声场声压通过混响载荷直接施加于星体结构外表面。由于该通信卫星模型星箭界面接口与着陆器相同，因此所采用的支架车也与着陆器的支架车模型相同，具体细节不再详述。

9.5.2　预示结果及分析

（1）着陆器预示结果分析

考虑到模型规模，分析频率上限取 200 Hz。表 9 - 10 为支架车的前 10 阶模态，支架车的一阶模态较低，为 6.10 Hz。同时支架车整体刚度较大，在 200 Hz 内仅有 26 个模态，部分模态如图 9 - 47 所示。

表 9 - 10　支架车的低阶模态

阶数	支架固支/Hz	阶数	支架固支/Hz
1	6.10	6	18.80
2	6.32	7	65.33
3	7.03	8	66.87
4	13.55	9	79.92
5	14.94	10	83.73

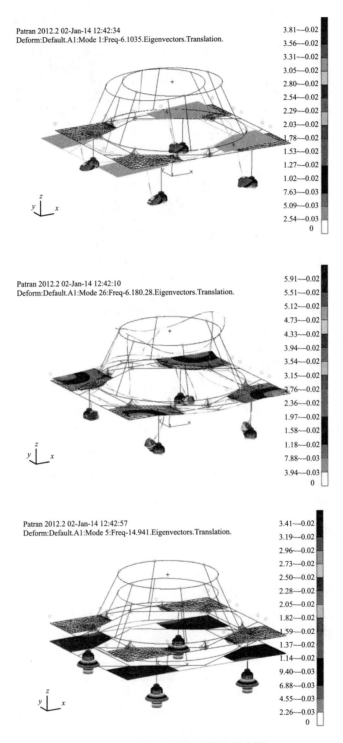

图 9 - 47　支架车的部分模态示意图

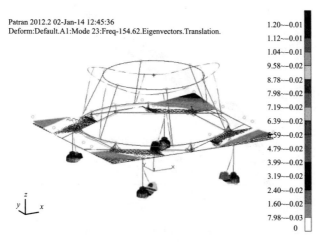

图 9-47　支架车的部分模态示意图（续）

为了分析支架对系统声振响应的影响，建立三种模型：模型 1 为着陆器自由边界，模型 2 为着陆器固支边界，模型 3 为着陆器＋支架车固支边界（实际试验边界）。在未安装支架车时，自由边界下着陆器共有 127 个模态，对接界面固支工况下共有131 个模态，安装支架车并在支架车底部施加固支边界条件后共有 155 个模态。三种模型前 11 阶模态如表 9-11 所示，200 Hz 内各阶模态变化如图 9-48 所示。可以看出安装支架后，系统的动力学响应变化较大，出现一些低阶模态（20 Hz 以下），安装支架后系统的共振频率总体下移。

表 9-11　三种着陆器模型的部分模态

模态阶数	着陆器 （自由）/Hz	着陆器 （固支）/Hz	着陆器＋支架车 （固支）/Hz
1	24.14	17.36	2.13
2	24.36	18.25	2.13
3	42.95	24.91	3.42
4	45.78	25.16	5.83
5	46.69	35.32	6.43
6	50.91	40.00	6.58
7	62.05	42.86	10.06
8	62.56	44.43	13.69
9	70.72	46.57	14.42
10	71.55	48.72	24.08
11	71.77	52.29	24.36

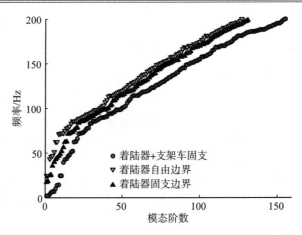

图 9-48　200 Hz 内着陆器模态分析结果

为了更详细地研究支架车在不同频率处的影响，声振分析带宽取 1 Hz，混响载荷在单位声压谱和整星噪声验收级声压谱两种声压条件下进行分析，表 9-12 为 1/3 倍频程下整星验收级试验声压条件。

表 9-12　整星验收级试验声压条件（1/3 倍频程）

中心频率/ Hz	声压级/ dB	中心频率/ Hz	声压级/ dB	中心频率/ Hz	声压级/ dB
25	110	80	128	250	131
31.5	114	100	130	315	131
40	116	125	131	400	130
50	121	160	132	500	129
63	126	200	132	630	127

三种模型部分测点加速度响应如图 9-49～图 9-51 所示。以测点 9 557 为例，不难看出，在单位载荷声压谱（白噪声平谱）条件下，三种模型的差异主要集中于低阶模态（60 Hz 以下），尤其是安装支架车后系统出现了低于着陆器基频的耦合模态，因此系统响应与未带支架车时差异较大；模型 1 与模型 3 在第 1 阶共振峰的误差为 49.24 dB，第 2 阶共振峰处的误差为 25.71 dB，模型 2 与模型 3 在第 1 阶共振峰处的误差为 47.02 dB，在第 2 阶共振峰处的误差为 23.21 dB。同时可以看出，随着分析频率的提高，三种模型差异逐渐减小，如在第 11 阶模态处，模型 1 和模型 3 的误差减小到 0.159 4 dB，模型 2 与模型 3 的误差减小到 5.692 8 dB。初步分析上述现象是由于安装支架车导致系统出现低于着陆器基频的低阶模态（20 Hz 以下），这些模态分布稀疏，表现出比较明显的共振行为，因此导致低频模态较多的组装模型响应与未带支架车的两种模型差异大。但是随着频率的升高，响应主要依赖于频带内多个局部模态共同作用，而这些模态主要为着陆器自身结构的模态，因此差异不大。在整星噪声试验验收级声压条件下，着陆器自由边界模型与着陆器＋支架车固支模型的预示结果差别不明显，而着陆器固支边界模型的预示结果在 60 Hz 以内有显著差异，如模型 1 和模型 3 在 35 Hz 的差异为 0.166 dB，模型 2 和模型

3 的差异为 17.603 0 dB，因此在实际的噪声试验条件下，采用未带支架车的自由边界模型与实际模型更接近。同时由于试验条件为典型的梯形谱，因此低频处的差异对整个分析频带内总均方根值预示结果的影响较小，三种模型总均方根值误差不大，模型 1 与模型 3 的误差为 0.111 8 dB，模型 2 与模型 3 的误差为 0.002 6 dB，因此在实际的噪声分析时采用自由边界和固支边界的着陆器模型模拟真实试验状态对结果的影响不大。但是自由边界模型在整个频段内与组合结构的响应谱更加吻合，着陆器固支边界模型在较低模态处仍然存在较大的差异。

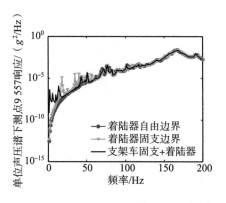
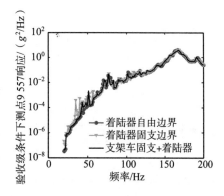

图 9 - 49　测点 9 557 不同条件下的响应

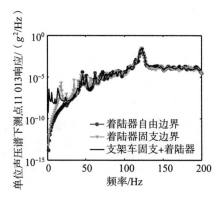
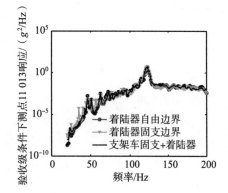

图 9 - 50　测点 11 013 不同条件下的加速度响应

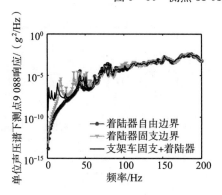
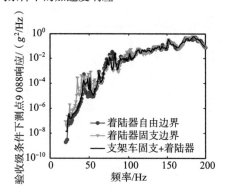

图 9 - 51　测点 9 088 不同条件下的加速度响应

（2）某通信卫星的声振预示结果分析

为了进一步验证上述结论，考虑到自由边界和组合体在谱型上更加吻合，因此本节以某通信卫星为例重点对航天器结构在自由边界和组合体固支边界下的响应进行进一步分析。建立整星＋支架车固支和整星自由边界两种模型，对比其在单位声压谱载荷和验收级试验条件下的响应。模态分析表明，自由边界下整星 200 Hz 内的模态数目为 384 个，而安装支架车系统 200 Hz 内的模态总数为 412 个。表 9 - 13 为两种模型的部分模态，可以看出支架车后，系统的模态频率下移，出现了低于整星基频的耦合模态（低于 20 Hz）。

表 9 - 13　某通信卫星的部分模态结果

阶数	整星自由边界/Hz	整星＋支架车固支/Hz	阶数	整星自由边界/Hz	整星＋支架车固支/Hz
1	23.10	1.36	7	29.96	20.29
2	25.68	1.64	8	30.77	22.06
3	26.55	3.50	9	31.59	22.33
4	27.52	6.03	10	32.24	23.31
5	29.32	6.15	11	34.11	25.74
6	29.55	6.16	12	35.41	26.56

图 9-52～图 9-54 分别为对地天线安装处 X 方向、星体 Y 方向和北电池板 Z 方向的加速度在不同载荷条件下的对比曲线。从对比结果可以看出，不论 X、Y、Z 方向，支架车对系统噪声响应的结果主要集中于低阶模态（20 Hz 以内），如前三阶共振峰处两种模型差异均在 12 dB 以上，这是由于在这些模态处结构表现为低频共振行为，而两种模型在该频段处模态分布差异大。但是随着频率升高，这种差异减小，这在单位声压谱载荷下表现得非常明显，在 40 Hz 以上，差异影响逐渐消失。考虑到实际噪声试验条件的特征，两种模型在整星验收级声压条件下的响应在整个频段差异不大，在 25 Hz 以上两种模型的影响基本吻合，就总均方根而言，对地天线安装处两种模型的误差为 0.248 8 dB，星体处为 0.413 2 dB，北电池板处为 0.070 8 dB，该结论与着陆器分析得到的结论相同。

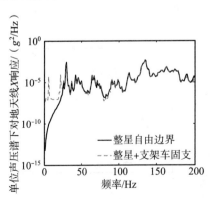 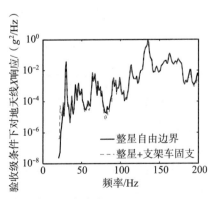

图 9-52　不同条件下对地天线安装处 X 向响应

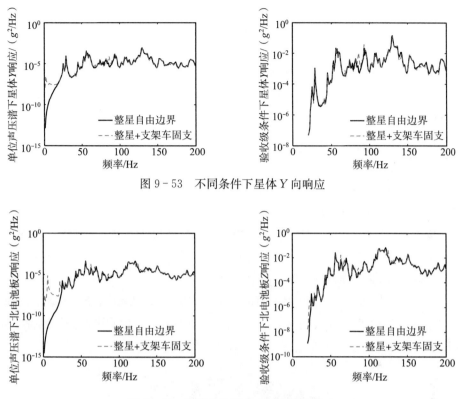

图 9-53　不同条件下星体 Y 向响应

图 9-54　不同条件下北电池板 Z 向响应

（3）结论

本节应用混合 FE-SEA 方法建立了着陆器和某通信卫星的混合模型，通过对两个模型的声振响应进行分析，研究了支架车对航天器声振响应的影响，主要结论如下：

1）安装支架车后对系统的低频动力学特性影响较大，支架车会导致系统的模态频率下移，安装支架车后系统会出现多个低于单个航天器基频的低阶模态。

2）在验收级试验条件下，相对于未带支架车的固支边界模型，未带支架车的自由边界模型与带支架车组装的系统模型响应较为接近，因此，航天器在混响室内的响应预示可以用带支架车的系统模型或不带支架车自由边界模型来分析。采用固支边界模型在低阶模态（如 60 Hz 以内）偏差较大，如果关心低频响应，则不宜采用该模型。

3）安装支架车对系统的声振影响主要集中于低阶模态，影响随着分析频率的提高逐渐消失，影响频率上限与具体卫星和支架车形式、参数有关。但是对于比较高的分析频段，支架车影响很小，三种模型均可以选用。

4）上述结论没有考虑支架车和星体结构的应力刚化效应，包含应力刚化效应的支架车声振响应影响需要进一步地展开研究。

9.6　卫星部组件随机振动试验条件确定方法

卫星部组件的随机振动试验条件确定是较为困难的，通常依据以往试验结果和经验给出。本节应用混合 FE-SEA 方法预示卫星部组件的随机振动环境，并结合预示结果确定星上部组件的随机振动试验条件[147]。

9.6.1　组合载荷作用下的随机响应分析

采用混合 FE-SEA 方法对某卫星结构在随机基础激励和噪声载荷组合作用下的响应进行分析。对于中高频段的响应预示问题，若采用有限元方法计算，则要求划分的网格非常密集，这样大大增加了工作量；而采用统计能量子系统分析，对于有些刚度比较大的结构（如舱内较小的隔板结构、较短的主承力结构等），模态密度不能满足该理论的基本要求。另外，如果整星采用统计能量子系统建模，对于随机基础激励作用下的响应分析，很难将基础加速度加载于统计能量子系统。因此，采用混合 FE-SEA 方法是比较好的选择。其中，对结构紧凑、模态稀疏、内部有隔板支撑的卫星本体主结构采用有限元建模，而对大型的太阳翼结构〔面质比大、模态稀疏、倍频程内（100 Hz 以上）模态数通常大于 5〕则采用统计能量子系统建模。混合模型见图 9-55。

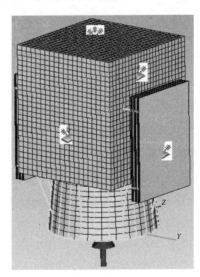

图 9-55　混合有限元-统计能量子系统分析模型

对两种载荷采用不同的加载方式。对于随机基础激励，通常需要定义星箭界面的加速度谱，但由于 VA One 没有这个功能，因此这里采用大质量法以集中力形式加载。对于噪声载荷，则定义垂直于结构表面的压力谱，并做以下两点处理：1）由于混响声场硬边界声压比声场内部声压高 3 dB，因此将卫星噪声试验中测得的声场内部声压加 3 dB 后加载于卫星表面；2）由于不同位置声压谱的空间相关性在某些频段对响应影响较大，因此计算中考虑声压的空间相关性。因缺乏声压与基础激励的相关性函数，计算中未考虑二者的相关性，即认为噪声激励与随机基础激励不相关。

结构内损耗因子确定是比较困难的。这里我们结合地面随机振动试验结果来确定结构内损耗因子。试验数据采用横向（Y 方向）的验收级随机振动试验结果。初始设定各阶模态损耗因子为 10%，然后通过对比分析结果与试验结果来调整内损耗因子。最后，利用修正后的整体结构内损耗因子重新计算各测点的响应，以验证内损耗因子的修正结果（部分测点的曲线见图 9‐56～图 9‐57）。从总体上看，响应计算结果与试验结果还是比较接近的，因此，初步认为输入的内损耗因子是恰当的。

利用上述建模方法及内损耗因子修正结果，对卫星在纵向（X 方向）随机基础激励和外部噪声激励同时作用下的响应进行预示。计算输出点见图 9‐58。图 9‐59～图 9‐61 为部分输出点的响应曲线。

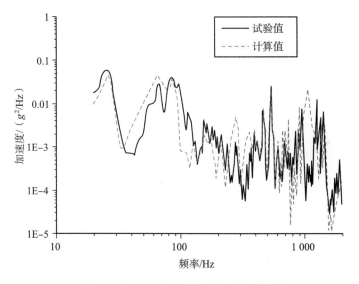

图 9‐56　Sensor 1 的加速度响应曲线

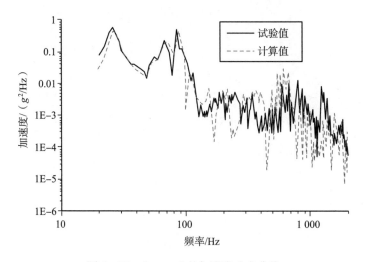

图 9‐57　Sensor 2 的加速度响应曲线

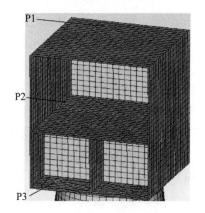

图 9-58　计算输出点位置

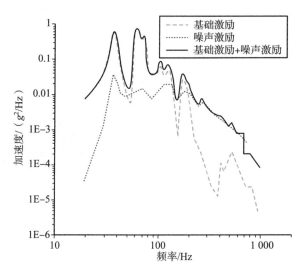

图 9-59　P1 在组合载荷作用下的响应曲线

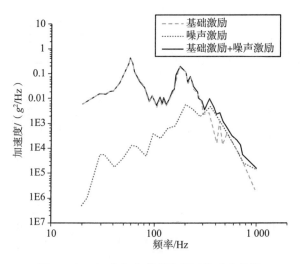

图 9-60　P2 在组合载荷作用下的响应曲线

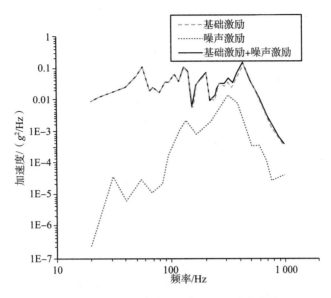

图 9 - 61 P3 在组合载荷作用下的响应曲线

从计算响应曲线上可以看出：1）各输出点在随机基础激励下的响应在低频段明显高于噪声激励下的响应，而噪声激励下的响应主要是在高频段比较大。2）对于卫星外表面的输出点，噪声激励下的响应比基础激励下的响应大（高频段），可见外表面结构受声场影响比内部结构要大得多。3）随机基础激励由下向上传递，其响应由星箭对接面向上呈放大趋势。4）由于计算中未考虑随机基础激励和噪声激励的相关性，组合载荷的作用效果从加速度功率谱看，是两个加速度功率谱线性叠加的结果。

9. 6. 2 部组件随机振动试验条件确定

通常星上部组件都要开展随机振动试验。部组件随机振动试验的主要目的有两个：一是检验部组件设计方案的正确性，验证部组件是否能够承受运载火箭发射过程的振动和噪声环境；二是检验飞行设备工艺方案的合理性。随机振动试验分为鉴定级和验收级两种。

根据 NASA "可靠性实践" 中关于随机振动试验的研究成果，星上部组件或子系统的随机振动验收级试验条件制定按下述步骤开展：1）确定星箭界面随机基础激励经卫星平台传递至部组件安装界面的加速度功率谱。2）预示部组件在噪声激励下的响应（安装界面）。3）建立已存在的和潜在的制造工艺缺陷的检验最低标准，这主要从大量地面试验的经验获得。4）对上述三个步骤获得的曲线进行包络。

如果能够获得最低工艺检验标准，则可按上述四个步骤确定验收级试验条件。在包络方法上，本节的处理与 NASA 的做法略有不同，不对两个响应曲线和最低工艺检验标准进行包络，而是直接对组合载荷作用下的响应和最低工艺检验标准进行包络。

下面以两个部组件为例讨论验收级试验条件的确定方法。A 组件质量为 2.75 kg，其安装面的最大响应点为 P1（图 9 - 58）。B 组件质量为 126 kg，其安装面的最大响

应点为 P2（图 9-58）。首先确定 A、B 组件的最低制造质量振动量级。该振动量级
与部组件的质量相关（图 9-62），由此可以得到 A 组件的最低制造质量振动量级加
速度功率谱平台值为 $0.04\ g^2/\mathrm{Hz}$，而 B 组件为 $0.014\ 4\ g^2/\mathrm{Hz}$。

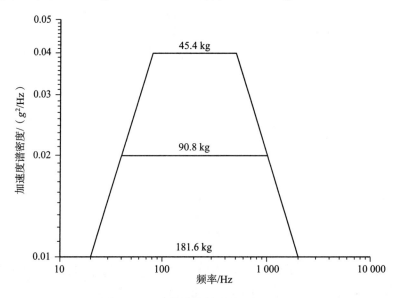

图 9-62　组件最低制造质量振动量级

　　A 组件在随机基础激励和噪声激励作用下的最大响应及最低制造质量检验振动量级
如图 9-63 所示。对二者进行包络，得到 A 组件的验收级试验条件（总均方根值为
9.28 g，见图 9-64）。同样地，B 组件的验收级试验条件（总均方根值为 6.93 g）如图
9-65 所示。

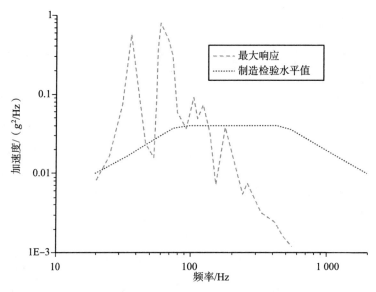

图 9-63　A 组件的响应预示结果与工艺检验标准

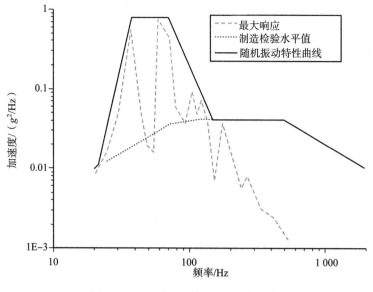

图 9‑64　A 组件的验收级试验条件确定

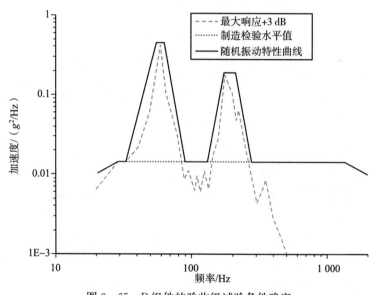

图 9‑65　B 组件的验收级试验条件确定

从理论上讲，本节的包络处理比 NASA 的方法更为严格，因为如果两种激励形式下的响应在某频段非常接近，则对两条响应曲线的包络和对组合响应曲线的包络不同（相差 1 倍）。然而，地面试验数据和分析结果都表明，随机基础激励和声载荷的传递方式及响应频谱特征差异很大，在大多数情况下不会出现在一个频段内完全一致的现象。因此，采用 NASA 的处理方法在工程上也是基本可行的。

通常，星上部组件的鉴定级试验条件比验收级试验条件要高。对于鉴定级试验条件，先将部组件的响应预示结果加 3 dB 的余量（即功率谱密度增加一倍），而后再与工艺检验标准曲线一起取包络。本节按照上述思路，对 A 组件在随机基础激励和噪声载荷作用下的最大响应（＋3 dB）的曲线及最低制造质量振动量级进行包络，得到鉴定级试验条件（总均方根值为 11.55 g），如图 9－66 所示。B 组件的鉴定级试验条件（总均方根值为 8.53 g）如图 9－67 所示。

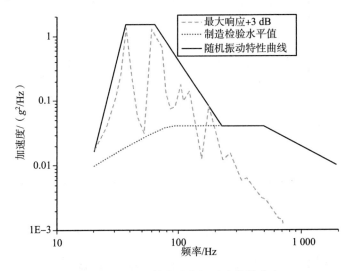

图 9－66　A 组件的鉴定级试验条件确定

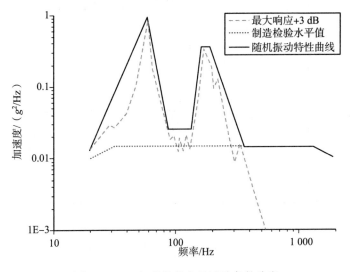

图 9－67　B 组件的鉴定级试验条件确定

9.6.3　结论

本节应用混合 FE－SEA 方法对卫星结构在星箭界面随机基础激励和噪声激励组合载荷作用下的响应进行了预示，得到以下主要结论：

1）混合 FE－SEA 方法集成了有限元和统计能量分析的优点，可以对复杂结构进行建模，既可以简化有限元模型，又不受限于统计能量分析对模态密度的要求。特别是对于多种复杂载荷作用下的动响应分析，混合方法提供了很好的建模手段。

2）从某通信卫星在组合载荷下的响应结果看，随机基础激励和噪声激励的传递路径与影响频段差异较大，具体表现在：噪声激励从外向内传递，因此卫星外侧壁板的响应受噪声激励的影响比内部结构大；随机基础激励由下向上传递，其响应由星箭对接面向上呈放大趋势；从总体上看，随机基础激励在低频段比噪声激励影响大，而噪声激励在高频段影响较大。

3）将混合 FE - SEA 方法对组合载荷下的响应预示结果与最低工艺检验标准结合，可以方便地确定部组件的随机振动条件。

9.7　试验验证情况及误差分析

太阳翼、整星和系统级混合模型预示结果与噪声试验的对比分析表明，采用混合 FE - SEA 方法对大型航天器力学环境进行预示是可行的，预示的结果有效、精度满足工程要求，星体结构的加速度均方根值满足 ±3 dB 误差要求，加速度 PSD 谱在整个分析频域内与试验结果基本吻合。

1）本章设计试验相比于传统工程中的噪声试验和随机振动试验，获得了较高精度的数据，如噪声声压控制采用 1/3 倍频程控制，相比于传统的倍频程控制，提高了控制精度，进一步提高了试验测试数据的精确程度。

2）预示模型所采用的模型均为经过修正后的模型。有限元模型按照试验的模态数据进行相关修正，整流罩及整流罩内声场的关键参数均通过试验获得，这是获得可靠的分析结果的有力保证。

3）声场的实际载荷通过混响场中的声传感器的实测值确定。与传统试验只记录倍频程控制谱作为混响声场载荷相比，本章设计试验提供的载荷数据更加准确，在整星和系统级试验中，预示所采用的载荷均通过实际试验过程中声传感器按照等带宽（1 Hz）进行数据采样获得。

不可否认，分析结果与试验数据仍有部分测点存在差异，通过总结与分析，导致差异的主要因素可能包括：

1）预示模型与实际试验的边界条件存在差异。混合模型并不能对实际试验时系统的真实边界状态进行准确模拟，如整星噪声实际边界为带支架车的固支边界，而分析模型为单星自由边界；又如系统级噪声试验的边界为仪器舱底端与气垫车固连，气垫车悬浮且由绳索固定于混响室壁面，而分析中采用的边界为仪器舱自由边界条件。经过初步研究，边界条件在噪声分析中的影响主要集中在低频处，对中高频响应的影响不大。

2）有限元模型的简化与其中高频动力学特征的准确程度对预示结果均有一定的影响。有限元模型的误差来源于两个方面：一是部分组件网格密度不够，且为了进一步简化分析，一些比较复杂的部件采用集中质量进行简化，这导致在进行中高频分析时相关模态丢失，以至于计算结果有偏差；二是有限元模型虽然经过模态修正，但还是主要针对前 10 阶模态，对于更高阶的模态进行修正非常困难，因此有限元模型是否能够准确预示实际结构的中高频动力学行为也是一个值得商榷的因素。同时为了保证计算顺利进行（主要是计算效率和硬件条件），分析时不能一次考虑分析频段内的所有模态，一般只取分析频点附近模态的贡献，这部分影响也是导致计算误差的主要原因之一。

3）关键参数无法准确获得和建模。在进行整星噪声和系统级噪声预示时发现，星体内声场和星体结构的内损耗因子是关键参数：一方面由于这两个参数的选取非常困难，无相关试验数据和资料参考，只能采用经验值，且内损耗因子对分析结果的影响不可忽略，这就需要后续积累大量的试验数据进行改善；另一方面，航天器结构复杂，理论上实现对每个部件的内损耗因子进行建模非常困难，而且即使对于同一个部件，不同自由度的内损耗因子也是不相同的，这就进一步增加了准确建模的难度。这些也是后续理论和工程应用应当解决的核心问题。

9.8 小结

本章依据太阳翼、整星与系统级噪声试验分别建立了整星与系统级混合 FE - SEA 分析模型，并将分析结果与试验结果进行了对比分析，验证了混合 FE - SEA 方法在航天工程中的适用性与有效性。

1）建立了全尺寸的卫星-整流罩-组合体的系统级声振预示模型，并完成了其噪声试验验证。这是该方法首次应用在大规模星箭系统级航天器中，也是混合方法在航天工程应用中的一次成功尝试，其中涉及的复杂建模过程与试验数据处理方法均可为后续的理论研究和工程应用借鉴与提供参考。

2）太阳翼、整星与系统级的噪声预示结果与试验结果基本一致，验证了混合方法在大型航天器力学环境预示中的有效性。对于部分测点，预示结果和试验结果存在一些偏差，可能来源于：航天器模型中高频动力学与实际结构存在偏差，航天器模型的简化影响了结构的局部动力学特征，星体结构的内损耗因子和声场的吸声系数建模不精确，仿真模型中实际的响应测点与试验测点的位置存在一定的差异。为了提高混合 FE - SEA 方法的预示精度，今后应从理论与试验手段两方面改善上述不利因素。

3）基于混合 FE - SEA 方法开展支架车结构对航天器噪声响应的影响研究，以及基于混合方法的部组件随机振动试验条件确定方法研究。首先安装支架车对系统的低频动力学特性影响较大，支架车会导致系统的模态频率下移，安装支架车后系统会出现多个低于单个航天器基频的低阶模态；在验收级试验条件下，相对于未带支架车的固支边界模型，未带支架车的自由边界模型与带支架车组装的系统模型响应较为接近，因此，航天器在混响室内的响应预示可以用带支架车的系统模型或不带支架车自由边界模型来分析。采用固支边界模型在低阶模态（如着陆器在 60 Hz 以下）偏差较大，如果关心低频响应，不宜采用该模型。安装支架车对系统的声振影响主要集中于低阶模态，影响随着分析频率的提高逐渐消失，影响频率上限与具体卫星和支架车形式、参数有关。但是对于比较高的分析频段，支架车影响很小，三种模型均可以选用。其次，不同的载荷传递在卫星结构中的传递机理是不同的，随机基础激励和噪声激励的传递路径与影响频段差异较大，具体表现在：噪声激励从外向内传递，因此卫星外侧壁板的响应受噪声激励的影响比内部结构大；随机基础激励由下向上传递，其响应由星箭对接面向上呈放大趋势；从总体上看，随机基础激励在低频段比噪声激励影响大，而噪声激励则在高频段影响较大；混合 FE - SEA 方法对组合载荷下的响应预示结果与最低质量检验标准结合，可以方便地确定部组件的随机振动条件。

4）混合方法作为一种中频预示方法，具有一定的适用频段范围，本书中所涉及的验证算例在整个频段均采用混合方法进行预示，这会对预示结果造成一定的影响。在低频段，统计能量模型无法准确描述声场和整流罩低频动力学特性，导致混合方法在低频处与试验结果存在偏差；同样在高频，有限元模型受到网格密度的影响，其高频动力学特性也会与实际结构存在较大的偏差。由于本书重点研究的是混合方法的建模理论及工程应用，且考虑到混响载荷在高频和低频处的响应量级较小，故没有对该问题做深入研究。混合方法的适用性需要深入研究有限元模型及统计能量模型的特征，并结合试验数据针对具体结构具体分析，这是后续混合方法研究的一个方向。

鱼与熊掌不可兼得，避免所有不利的因素是不现实的，也不是工程应用所追求的（时间与经济成本）。但可以尽量地减少这些因素对分析结果的影响，在保证效率的同时获取更加准确的结果；或者对预示结果进行评估时，能够准确估计各个因素对预示结果的影响，这对准确评价分析结果具有重要的价值。后续可以在允许的条件下，同时从理论和试验两方面进行改进，从而更加准确地对复杂航天器的力学响应进行预示。

参 考 文 献

[1] 马兴瑞，韩增尧. 卫星与运载火箭力学环境分析方法及试验技术 [M]. 北京：科学出版社，2014.

[2] Himelbau H，Manning J E，Piersol A G et al. HDBK - 7005 Dynamic environmental criteria [S]. NASA，2001，3：225 - 228.

[3] 马兴瑞，韩增尧，邹元杰，丁继锋. 航天器力学环境分析与条件设计研究进展 [J]. 宇航学报，2012，(1)：1 - 12.

[4] 邹元杰，韩增尧，张瑾. 航天器全频域力学环境预示技术研究进展 [J]. 力学进展，2012，42 (4)：445 - 454.

[5] Zienkiewicz O C，Taylor R L，Zhu J Z，et al. Basic formulation and linear problems：The finite element method，vol. 1 [M]. California：California University，McGraw - Hill Press，Fourth Edition，2005.

[6] Estorff O V. Boundary element in acoustics：advances and applications [M]. Michigan：Michigan University，WIT Press，2000.

[7] Lyon R H，DeJong R G. Theory and application of statistical energy analysis [M]. Boston：Butterworth - Heinemann，1995.

[8] Shorter P J，Gardner B K and Bermner P G. A review of mid-frequency methods for automotive structure-born noise [C]. Proceeding of the 2003 SEA Noise & Vibration Conference and Exhibition. Traverse City：2003.

[9] Shorter P J，Gardner B K and Bermner P G. A hybrid method for full spectrum noise and vibration prediction [J]. Journal of Computational Acoustics，2003，11 (2)：323 - 338.

[10] Desmet W. Mid-frequency vibro-acoustic modeling：challenges and potential solutions [C]. Proceeding of the 2002 International Conference on Noise and Vibration Engineering. Leuven：2002，835 - 862.

[11] 朱卫红，马兴瑞，韩增尧. 航天器中频力学环境预示技术研究进展 [J]. 航天器工程，2014，23 (1)：110 - 117.

[12] 张瑾，韩增尧，邹元杰. 中频力学环境下航天器结构动力学分析技术 [J]. 航天器工程，2009，18 (5)：87 - 94.

[13] Banerjee P K and Butterfield R. Boundary Element Methods in Engineering Science [M]. McGraw - Hill Book Company，UK，1981.

[14] Astly R J. Infinite element for wave problem：a review of current formulations and an assessment of accuracy [J]. International Journal for numerical Methods in Engneering 2000，49 (1)：951 - 976.

[15] Astley R J and Coyette J P. The performance of spheroidal infinite elements [J]. International Journal for Numerical Methods in Engineering，2001，52：1379 - 1396.

[16] Deraemaeker A，Babuska I，Bouillard P. Dispersion and pollution of the FEM solution for the Helmholtz equation in one，two and three dimensions [J]. International Journal for Numerical Methods in Engineering，1999，46：471 - 499.

[17] Harari I，Grosh K，Hughes T J R，Malhotra M，Pinsky P M，Stewart J R，Thompson L L. Recent development in finite element methods for structural acoustics [J]. Archives of Computa-

tional Methods in Engineering – State of the art reviews, 1996, 3: 131 – 311.

[18] Malhotra M. Iterative solution methods for large-scale finite element models in structural acoustics [D]. Stanford University, 1996.

[19] Bouillard P, Ihlenbug F. Error estimation and adaptivity for the finite elemnt method in acoustic: 2D and 3D application [J]. Computer Method in Applied Mechanics and Engineering, 1999, 176: 147 – 163.

[20] Bartsch G, Wulf C. A adaptive multigrid for Helmholtz problem [J]. Journal of Computational Acoustics, 2003, 11: 341 – 350.

[21] Bausys R, Wiberg N E. Adaptive finite element strategy for acoustic problems [J]. Journal of sound and vibration, 1999, 226 (5): 905 – 922.

[22] Stewart J R and Hughes T J R. H – adaptive finite element computation of time-harmonic exterior acoustic problems in two dimensions [J]. Computer Methods in Applied Mechanics and Engineering 1997, 146: 65 – 89.

[23] Peng Weicai, He Zengwei and Wang Jiaqiang. Appliction of domian decompasition in acoustic and structural acoustic analysis [J]. Chinese Journal Mechanical Engineering, 2007, 20 (6): 87 – 93.

[24] Craig J R. A review of time domain and frequency domain component mode synthesis methods [J]. Int. J. Anal. Exp. Modal Anal. 1995, 2: 59 – 72.

[25] Bennighof J K, Kaplan M F, Kim M, Kim C W, Muller M B. Implementing automated multi-level substructuring in Nastran vibro-acoustic analysis. Proc. of the SEA Noise and Vibration Conference [C]. (Traverse City, Michigan, 2001), SEA paper 2001, 01 – 1405.

[26] Cuschieri J M and Fremiot T. Mid – Frequency Analysis Using a CMS Approach [C]. 17th ICA Proceedings Vol. III – Rome, 2001, 214 – 215.

[27] Mace B R and Shorter P J. A Local Modal/Perturbational Method for Estimating Frequency Reponse Statisticals of Built – Up Structures with Uncertain Properties [J]. Journal of Sound and Vibration, 2001, 242 (5): 793 – 811.

[28] Bennighof J K, Kaplan M F. Frequency window implementation of Adaptive multi-level substructuing [J]. Journal of Vibration and Acoustic, 1998, 120: 409 – 418.

[29] Voss H and Stammberger M. Structural – Acoustic Vibration Problems in the presence of strong coupling [J]. Journal of Preesure Vessel Technology, 2013, 135: 1 – 8.

[30] Soize C. Medium frequency linear vibration of anisotropic elastic structures. La Recherche Aéospatiale (English Edition), 1982, 5: 65 – 87.

[31] Soize C. Medium frequency linear Vibration of anisotropic elastic structures (in Frech). C. R. Acad. Sc. Série II, Vol. 1982, 294: 895 – 898.

[32] Sparrow V W. Mid – Frequency range finite elemnt (MFR – FE) approach for structural vibrations and interior noise [C]. American Institute of Aeronautics & Astronautics. 1999, AIAA – 99 – 1855, 360 – 370.

[33] Soize C, Hutin P M, Desanti A, David J M, and Chabas F. Linear dynamic analysis of mechanical systems in the medium frequency range [J]. Computers and Structures 1986, 23 (5), 605 – 637.

[34] Vasudevan R and Liu Y N. Application of time integration and transform techniques to scattering problems

[J]. Structural Acoustics, ASME NCA - 12/AMD, 1991, 128: 35 - 40.

[35] Vasidevan R. Solution of acoustic problems using time integration and transform techniques [R]. David Taylor Research Center, DTRC Rept. SAD - 91/20e - 1941, January 1991.

[36] Savin E. Midfrequency Vibrations of a Complex Structure: Experiments and Comparison with Numerical Simulations [J]. AIAA Journal, 2002, 40: 1876 - 1884.

[37] Hughes T J R. Multiscale phenomena: Green's functions, the Dirichlet to Neumann formulation, subgrid scale models, bubbles and the origins of stabilized methods [J]. Computer Methods in Applied Mechanics and Engineering, 1995, 127: 387 - 401.

[38] Hughes T J R, Feijoo G R, Mazzei L and Quincy J B. The variational multiscale method-a paradigm for computational mechanics [J]. Computer Methods in Applied Mechanics and Engineering, 1998, 166: 3 - 24.

[39] Ladeveze P. A new computational approach for structure vibrations in the medium frequency range [J]. Comptes Rendus de I'Academie des Sciences, 1996, 322: 849 - 856.

[40] Ladeveze P, Arnaud L, Rouch P and Blanze C. The variational theory of complex rays for the calculation of medium-frequency vibration [J]. Engineering Computation, 2001, 18 (1): 193 - 214.

[41] Rouch R and Ladeveze P. The variational theory of complex ray: a predictive tool for medium-frequency vibrations [J]. Computer Methods in Applied Mechanics and Engineering, 2003, 192: 33014 - 3315.

[42] Ladeveze P, Blanc L, Rouch P and Blanze C. A multiscale computational method for medium-frequency vibration of assemblies of heterogeneous plates [J]. Computers and Structures, 2003, 81 (12): 1267 - 1276.

[43] Riou H and Ladeveze P and Rouch P. Extension of the variational theory of complex rays to shells for medium-frequency vibrations [J]. Jouranal of Sound and Vibration, 2004, 272 (2): 341 - 360.

[44] Blanc L, Blanze C and Rouch P. A multiscale "Trefftz" computational method for medium-frequency vibrations of assemblies of heterogenous plates with uncertainties [J]. Computers and Sturctures, 2007, 85: 595 - 605.

[45] Chevreuil M, Ladeveze P and Rouch P. Transient analysis including the low-and the medium-frequency ranges of engineering structures [J]. Computers and Structures, 2007, 85: 1431 - 1444.

[46] Riou H, Ladeveze P and Sourcis B. The multiscale VTCR approach applied to acoustics problems [J]. Journal of computational acoustics, 2008, 16 (4): 487 - 505.

[47] Kovalevsky L, Ladeveze P and Riou H. On some enhancement of the VTCR for mid-frequency acoustic and vibrations [C]. Proceeding ISMA conference, Leuven, Belgium, 2010.

[48] Kovalevsky L, Ladeveze P and Riou H. Extension of the fourier variational theory of complex rays to 3D acoustical probels in mid and high requency range [C]. 18th International Congress on Sound and Vibration, 2011, 1128 - 1235.

[49] Kovalevsky L, Ladeveze P and Riou H. The fourier version of the variational theory of complex rays for medium-frequency acoustics [J]. Comput. Method Appl. Mech. Engrg. , 2012, 225 - 228: 142 - 453.

[50] Riou H, Ladeveze P and Kovalevsky L. The variational theory of complex rays: an answer to the

resolution of mid-frequency 3D engineering problems [J]. Journal of Sound and Vibration, 2013, 332 (1): 1947 - 1960.

[51] Desmet W. A wave based prediction technique for coupled vibro-acoustic analysis [D]. Lenven: Department of Mechanical Engineering, Katholieke Universiteit Leuven, 1998.

[52] Pluymers B, Desmet W, Vandepitte D and Sas P. Application of an efficient wave based prediction technique for the analysis of vibroacoustic radiation problems [J]. Journal of Computational and Applied Mathematics, 2004: 168: 353 - 364.

[53] Desmet W, Pluymers B, Vanmaele C, Vandepitte D. A review of the wave based prediction technique for efficient interior acoustic analysis [J]. Journal of the European Acoustic Association (EAA) - International Journal on Acoustic. Acta Acoustic United with Acoustica, 2005, 91, S21.

[54] Weicai Peng, Zeng He, Peng Li et al. A prediction technique for dynamic analysis of flat plates in mid-frequency range [J]. Acta Mechanica Solida Sinica, 2007, 20 (4): 333 - 341.

[55] Vanmaele V, Vandepitte D and Desmet W. An efficient wave based prediction technique for plate bending vibrations [J]. Computer Methods in Applied Mechanics and Engineering, 2007, 196: 3178 - 3189.

[56] Xuesong, Qibai Huang and Weicai Peng. Wave based method for mid-frequency analysis of coupled vibro-acoustic problem [J]. Int J Mech Mater Des, 2008, 4: 21 - 29.

[57] Koo K, Pluymers B, Desmet W and Wang S Y. Vibro-acoustic design sensitivity analysis using the wave-based method [J]. Journal of Sound and Vibration, 2011, 330: 4340 - 4351.

[58] Bergen B, Genechten B, Vandepitte D and Desmet W. An efficient trefftz-based method for three-dimensional Helmholtz problems in unbounded domains [J]. Computer Modeling in Engineering and Structures, 2010, 61: 155 - 175.

[59] Genechten B V, Atak O, Bergen B, Deckers E, Jonckheere S, Lee J S, Maressa A, Vergote K, Pluymers B, Vandepitte D and Desmet W. An efficient wave based method for solving Helmholtz problems in three-dimensional bounded domains [J]. Engineering Analysis with Boundary Element, 2012, 36: 63 - 75.

[60] Deckers E, Drofmans B, Genechten B V, Bergen B, Vandepitte D and Desmet W. Spline-based boundaries: A first step towards generic geometric domain descriptions for efficient mid-frequency analysis using the Wave Based Method [J]. Journal of Computational and Applied Mathematics, 2011, 235: 2679 - 2693.

[61] Deckers E, Vandepitte D and Desmet W. Efficient treatment of stress singularities in poroelastic wave based models using special purpose enrichment functions [J]. Computers and Sturctures, 2011, 89: 1117 - 1130.

[62] Vergote K, Vanmaele C, Vandepitte D and Desmet W. An efficient wave based approach for the time-harmonic vibration analysis of 3D plate assemblies [J]. Journal of Sound and Vibration, 2013, 332: 1930 - 1946.

[63] Hal B V, Desmet W and Vandepitte D. A coupled finite element-wave based approach for the steady dynamic analysis of acoustic system [J]. J. Comput. Acoust. 2003, 11 (2): 285 - 303.

[64] Hal B V, Desmet W and Vandepitte D. Hybrid finite element-wave based method for steady-state in-

terior structural-acoustic problems [J]. Comput. Struct. 2005，83：167 - 180.

[65] Pluymers B. Wave based modeling methods for steady-state vibro-acoustics [D]. KULeuven，Ph. D. Thesis，2006.

[66] Vanmaele C. Development of a wave based prediction technique for the efficient analysis of low- and mid-frequency structural vibrations [D]. KULeuven，division PMA，Ph. D. Thesis，2007.

[67] 彭伟才. 基于混合模型的中频振动声学分析 [D]. 武汉：华中科技大学，2010.

[68] Genechten B V，Vandepitte Dirk and Desmet Wim. A direct hybrid finite element - Wave based modeling technique for efficient coupled vibro-acoustic analysis [J]. Comput. Methods Appl. Mech. Engrg. 2011，200：742 - 746.

[69] 殷学文，崔宏飞，顾晓军，等. 功率流理论、统计能量分析和能量流有限元法的关联性 [J]. 船舶力学，2007，11（4）：637 - 646.

[70] Cuschieri J M. Power flow as a complement to statistical energy analysis and finite element analysis [R]. Submitted to NASA and Langley Research Center，1987.

[71] Tan Y C，Castanier M P and Pierre C. Statistical approximations for character-istic-mode-based power flow analysis [C]. 42nd AIAA/ASME/ASCE/AHS/ASC Structures，structural dynamics and Materials Conference and Exhibit，American Institute of Aeronautics and Astronautics，Reston，VA，2001，4：3039 - 3049.

[72] Vlanopoulos N，Garza - Rios L O and Mollo C. Numerical implementation，validation and marine application of an energy finite element formulation [J]. Journal of Ship Research，1999，43：143 - 156.

[73] Hardy P，Ichchou M，Jezequel L and Trentin D. A hybrid local energy formulation for plates mid-frequency flexural vibrations [J]. European Joural of Mechanics A/Solids，2009，28：121 - 130.

[74] Vlahopoulos N and Schiller N. Energy finite element analysis developments for vibration analysis of composite aircraft structures [R]. Langlet Research Center，11NVC - 0193，2011，1 - 10.

[75] Keane A J and Price W G. Statistical Energy Analysis of Periodic Structures [C]. Proceeding of the Royal Society of London，Series A，1989，423：331 - 360.

[76] Pierre C，Castanier M P and Chois S B. On developing new statistical energy methods for the analysis of vibration transmission in complex vehicle structures [J]. Mechanics of Structures and Machines，1997，25：87 - 101.

[77] Sungbae C，Christophe P and Matthew P C. Statistical Energy Methods for Mid - Frequency Vibration Transmission Analysis [C]. Proceedings of the 1997 Noise and Vibration Conference. 1997，3：1103 - 1108.

[78] Chol S，Pierre C and Castanier M P. Statistical energy methods for mid-frequency vibration transmission analysis [C]. SEA Noise and Vibration Conference and Exposition，1997，1103 - 1108.

[79] Langly R S. A wave intensity technique for the analysis of high frequency vibraition [J]. Journal of Sound and Vibration. 1992，159.

[80] Langley R S and Bercin A N. Wave intensity analysis of high frequency vibrations [C]. Philosophical Transaxtions of the Royal Society of London，Series A. 1994，346：489 - 499.

[81] Maxit L. Extenxion et reformulation de modele SEA par la prise en compte de la repartition des ener-

gies modales ［D］. Ph. D. Thesis, InStitut Naitional des Sciences Appliquees de Lyon, France, 2000.

［82］ Mace B R. On the statistical energy analysis hypothesis of coupling power proportionality and some implications of its failure ［J］. Journal of Sound and Vibration, 1994, 178: 95 – 112.

［83］ Totaro N, Dodard C and Guyader J L. SEA coupling loss factors of complex vibro-acoustic systems ［J］. Journal of Sound and Vibration, 2009, 131 (4): 1 – 8.

［84］ Soize C, Hutin P M and Desanti A. Linear dynamic analysis of mechanical system in the medium frequency range ［J］. Coumputers and Structures, 1986, 23 (5): 605 – 637.

［85］ Soize C. Probabilistic structural modeling in linear dynamic analysis of complex mechanical systems ［J］. Theoretical elements. La Recherche Aéospatiale. 1986, 5: 23 – 48.

［86］ Soize C. A model dan numerical method in the medium frequency range for vibroacoustic predictions using the theory of structural fuzzy ［J］. J. Acoustic. Soc. Am. 1993, 94 (2), 849 – 865.

［87］ Vlahopoulos N and Zhao X. Basic development of hybrid finite element method for midfrequency structural vibration ［J］. AIAA Journal. 1999, 37: 1495 – 1505.

［88］ Zhao X and Nickolas V. A hybrid finite element formulation for mid-frequency analysis of systems with excitation applied on short members ［J］. Journal of Sound and Vibration, 2000, 237 (2): 181 – 202.

［89］ Vlahopoulos N and Zhao X. An investigation of power flow in the mid-frequency range for systems of co-linear beams based on a hybrid finite element formulation ［J］. Journal of Sound and Vibration, 2001, 242 (3): 445 – 473.

［90］ Zhao X and Vlahopoulos N. A basis hybrid finite element formulation for mid-frequency analysis of beams connected at an arbitrary angle ［J］. Journal of Sound and Vibration, 2004, 269: 135 – 164.

［91］ Hong S B, Wang A and Vlahopoulos N. A hybrid finite element formulation for a beam-plate system ［J］. Journal of Sound and Vibration, 2006, 298: 233 – 256.

［92］ Lu L. Dynamic Substructuring by FEA/SEA ［C］. Vehicle Noise, Winter Annual Meeting of the American Society of Mechanical Engineers, Dallas, Texas. American Sociey of Mechanical Engineers, New York, 1990, 9 – 12.

［93］ Langley R S and Bremner P. A hybrid method for the vibration anaylsis of complex structural-acoustic system ［J］. Journal of the Acoustic Society of America, 1999, 105 (3): 1657 – 1671.

［94］ Luo Wen-jun, Lian Song-liang. The dynamic analysis for rail system base on a hybrid FE – SEA method ［C］. 2010 International Conference on Information Security and Artificial Inteligence (ISAI), 2010. 602 – 607.

［95］ Shorter P J, Langley R S. Vibro-acoustic analysis of complex systems ［J］. Journal of Sound and Vibration, 2005, 288: 669 – 699.

［96］ Shorter P J, Langley R S. On the reciprocity relationship between direct field radiation and diffuse reverberant loading ［J］. Journal of. Acoustic. Society of America. 2005, 117 (1): 85 – 95.

［97］ Cicirello A and Langley R S. The vibro-acoustic analysis of built-up systems using a hybrid method with parametric and non-parametric uncertainities ［J］. Journal of Sound and Vibration, 2013, 332: 2165 – 2178.

[98] Cotoni V and Shorter P J. Numerical and experimental validation of a hybrid finite element-statistical energy analysis method [J]. J. Acoust. Soc. Am. 122 (1), 2007, 7: 259 – 270.

[99] Vergote K, Genechten B V, Vandepitte D et al. On the analysis of vibro-acoustic systems in the mid-frequency range using a hybrid deterministic-statistical approach [J]. Computers and Structures, 2011, 89: 868 – 887.

[100] Bennighof J K, Kim C K. An Adaptive Multi – Level Substructuring Method for Efficient Modeling of Complex Structures [C]. Proceedings of the 33rd AIAA/ASME/ASCE/AHS/ASC Structures, Structural Dynamics and Materials Conference and Exhibit. Reston, 1992: 1631 – 1639.

[101] Hiromichi E, Yutaka N, Fukyoka T, et al. Study for efficient simulation of a full vehicle system in mid-frequency range using modal synthesis method [J]. Review of Automotive Engineering, 2006, 27 (4): 553 – 558.

[102] Kropp A, Heiserer D. Efficent broadband vibro-acoustic analysis of passenger car bodies using and FE – based component mode synthesis approach [J]. Journal of Computational Acoustic, 2003, 11: 139 – 157.

[103] Stryezek R, Kropp A, Weger S. Vibro-acoustic computations in the mid-frequency range: efficiency, evaluation and validation [C]. In Proceedings of the International Conference on Noise and Vibration Engineering ISMA2004, Leuven, Belgium, 2004: 1603 – 1602.

[104] Lore K F and Smith S W. Efficient Computation of Dynamic Response of Large Flexible Spacecraft [C]. Proc. of the 46th AIAA/ASME/ASCE/AHS/ASC Structures, Structural Dynamics, and Materials Conference (Austin, TX, 2005), pp. 1 – 8.

[105] Borlase G A and Vlahopoulos N. An Energy Finite Element Optimization Process for Reducing High-Frequency Vibration in Large – Scale Structures [J]. Finite Element in Analysis and Design, 36 (2000), 51 – 67.

[106] Zhang W, Wang A and Vlahopoulos N. Validation of the EFEA Method through Correlation with Conventional FEA and SEA Results [J]. Journal of Passenger Car – Mechanical Systems, 110 (2001), 2104 – 2119.

[107] Vlahopoulos N. Energy Finite Element Analysis Simulation Capabilities [C]. Proc. of MSC. Software N&V Symposium, 2007.

[108] Marucchi – Chierro P C and Francesconi D. Prediction and Validation of the Structural Random Vibration and Internal Acoustic Environment Induced by the Launch [C]. Proc. of 52nd International Astronautical Congress (Toulouse, France, 2001)

[109] VA One 2010. 5 User's Guide [Z]. ESI Group, 2010.

[110] Cotoni V, Gardner B and Cordioli J A. Advanced modeling of aircraft interior noise using the hybrid FE – SEA method [C]. 2008 SEA BRASIL Noise and Vibration Conference, 2008, page: 20206 – 20216.

[111] Yuan Chongxin, Bergsman O and Beukers A. Sound transmission loss prediction of the composite fuselage with different methods [J]. Appl Compos Mater, 2012, 19: 865 – 883.

[112] B Prock. Vibro – Acoustic Hybrid Modeling and Analysis of the ARES IX Roll Control System. The 2008 S/C & L/V Dynamic Environments Workshop, El Segundo, USA, 2008.

[113] Shorter P，Cotoni V. Modeling the Response of Stacked Solar Arrays at low/mid/high frequencies [C]. The 2009 S/C & L/V Dynamic Environments Workshop，El Segundo，USA，2009.

[114] Knockaert R，Frikha S and Cotoni V. Simulation of a spacecraft acoustic test by hybrid FE‐SEA method：Application to the CALIPSO Spacecraft and comparison with experimental data [C]. Proc. of the 1st CEAS European Air and Space Conference，Century Perspectives (Berlin，Germany，2007).

[115] Jeffrey M L and Cotomi V. Vibraoacoustic response of the NASA ACTS spacecarft antenna to launch acoustic excitation [R]. NASA/TM‐2008‐215186.

[116] 张瑾. 混合 FE‐SEA 方法在航天器力学环境预示中的应用研究 [D]. 北京：中国空间技术研究院博士学位论文，2011：66‐103.

[117] 邹元杰，韩增尧，张瑾. 应用 VA One 软件分析卫星结构的中低频响应 [C]. 第七届 ESI 中国用户年会暨 ChinaPAM2008 论文集，北京，2008：247‐254.

[118] 邹元杰，韩增尧. 宽频声激励作用下的卫星结构响应分析 [C]. 2007 年全国结构动力学学术研讨会，南昌，2007：1‐11.

[119] Langley R S. On the diffuse field reciprocity relationship and vibrational energy variance in a random subsystem at high frequency [J]. Journal of Acoustic Society of America，2007，121 (2)：913‐921.

[120] Langley R S and Brown A W M. The ensemble statistical of the energy of a random system subjected to harmonic excitation [J]. Journal of Sound and Vibration，2004，275 (1)：823‐846.

[121] Langley R S and Cotoni V. The ensemble statistical of the vibrational energy density of a random system subjected to singe point harmonic excitation [J]. Journal of Acoustical Society of America，2005，118 (5) 3064‐3076.

[122] 张瑾，邹元杰，韩增尧. 声振力学环境预示的混合 FE‐SEA 方法 [J]. 强度与环境，2010，37 (3)：14‐20.

[123] Mace B R and Shorter P J. Energy Flow Models from Finite Element Analysis [J]. Journal of Sound and Vibration，2000，233 (3)：369‐389.

[124] 张瑾，马兴瑞，韩增尧，邹元杰. 基于有限元的能量流分析方法 [J]. 振动与冲击，2012，31 (8)：47‐51.

[125] 朱卫红，马兴瑞，韩增尧，邹元杰. 基于有限元的板结构能量流分析 [J]. 强度与环境，2014，41 (2)：1‐8.

[126] Langley R S and Shorter P J. The wave transmission coefficients and coupling loss factors of point connected structures [J]. Journal of the Acoustical Society of America，2003，113 (4)：1947‐1964.

[127] Morfey C L. Cylindrical in-plane waves in an elastic plate [J]. Journal of Sound and Vibration，1994，173 (1)：557‐560.

[128] 朱卫红，马兴瑞，韩增尧，邹元杰. 混合 FE‐SEA 点连接的修正因子研究. 计算力学学报，2015，32 (2)：215‐231.

[129] 张瑾，马兴瑞，韩增尧，邹元杰. 中频力学环境预示的混合 FE‐SEA 方法研究 [J]. 振动工程学报，25 (2)：206‐214.

[130] Tso Y. The evaluation of transmission efficiency and coupling loss factor of structural junction [R]. MRL

Techinal Report，MRL - TR - 93 - 1，1993.

[131] Smith M J and Chernuka M W. Extension of power flow finite element analysis to ship structures [R]. Contractor Report，Defence Research Estabilshment Atlantic，1996.

[132] 朱卫红，马兴瑞，韩增尧，邹元杰. 航天器中频段力学环境预示的混合线连接建模方法. 宇航学报，2015，36（7）：910 - 917.

[133] Ingle V K and Proakis J G. Digital Signal Processing Using Matlab V. 4 [M]. PWA Publishing Company，1997.

[134] Cremer L，Heckl M and Ungar E E. Structure born sound：Structural vibration and sound radiation at audio frequencies [M]. 2nd ed. ，Springer，Berlin，1988.

[135] Williams E G and Maynard J. Numerical evaluation of the Rayleigh integral for planar radiators using the FFT [J]. J. Acoustic. Soc. Am. 72，1982：2020 - 2030.

[136] Newland D E. An introduction to random vibration，spectral and wavelet analysis [M]. Longman Scientifie and Technical，Harlow，United Kingdom，3rd ed. 1993.

[137] Langley R S. Numerical evaluation of the acoustic radiation from planar structures with general baffle conditions using wavelets [J]. Journal of the Acoustic Society of America，2007，121（2）：766 - 777.

[138] C. E. Wallace. Radiation Resistance of a Rectangular Panel [J]. The Journal of the Acoustic Society of America，1970，51（2）：946 - 952.

[139] Williams E. G. Numerical evaluation of the radiation from unbaffeld，finite plates using FFT [J]. Journal of Acoustical Society of America，1983，74（1）：343 - 347.

[140] 朱卫红，马兴瑞，韩增尧，邹元杰. 基于互易关系的混响载荷建模方法研究. 航天器环境工程，2015，32（2）：176 - 181.

[141] Richard K. C，Waterhouse R. V，Berendt R. D，et al. Measurement of correlation coefficients in reverberant sound field [J]. The Journal of the Society of America，1955，27（6）：1072 - 1077.

[142] 朱卫红，马兴瑞，韩增尧，邹元杰. 混响载荷的建模方法及其空间相关性影响研究. 中国空间科学技术，2015. 4：1 - 9.

[143] Richard V. W. Interference patterns in reverberanr sound fields [J]. The Journal of the Acoustic Society of America，1955，27（2）：247 - 258.

[144] Jaap W. Random vibrations in spacecraft structures design：Theory and application [M]. Springer，2009.

[145] Renji. K，Nair P. S. ，Narayanan S. Response of a plate to diffuse acoustic field using statistical energy analysis [J]. Journal of Sound and Vibration，2002，254（3）：523 - 539.

[146] 朱卫红，赵小宇，邹元杰. 基于混合 FE - SEA 方法的航天器支架车声振响应影响分析 [J]. 航天器环境工程，2015，32（4）：366 - 372.

[147] 邹元杰，张瑾，韩增尧. 基于混合 FE - SEA 方法的卫星部组件随机振动条件研究 [J]. 航天器环境工程，2010，27（4）：456 - 461.

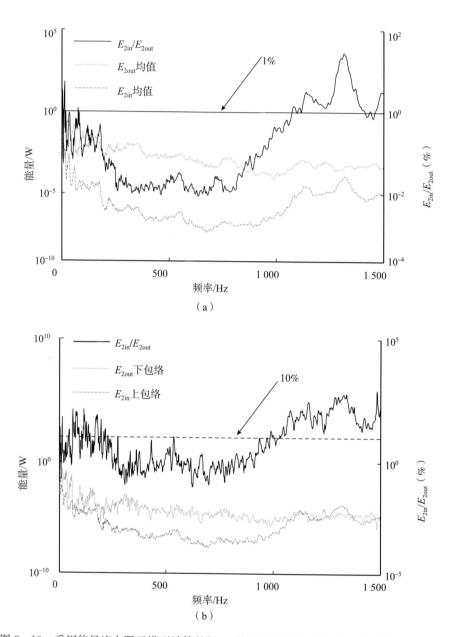

图 3-19　采用能量流有限元模型计算的板 2 系统面内运动与面外运动的能量比值（P70）

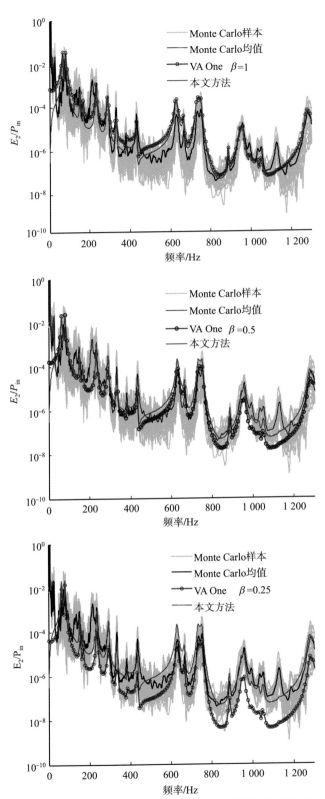

图 4-25　板 2 的能量影响系数与能量流有限元方法分析结果对比（P93～P94）

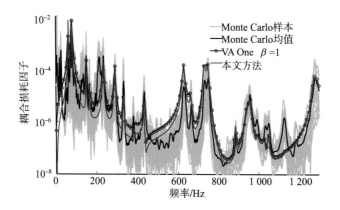

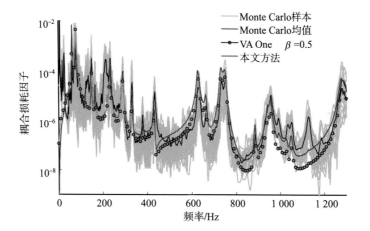

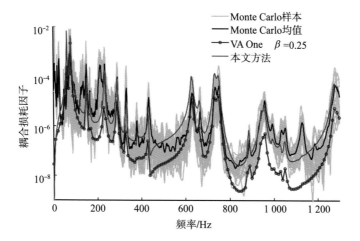

图 4-26　板 1 和板 2 间的耦合损耗因子（P94～P95）

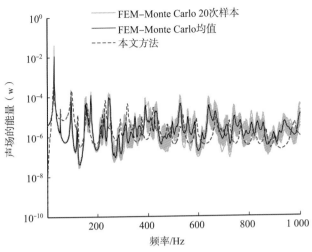

图 6-19　声场的能量响应（P138）

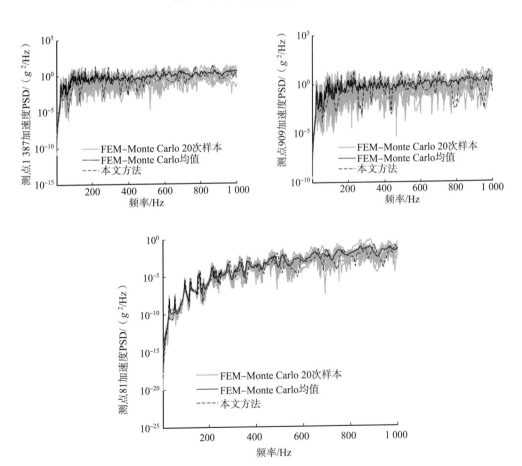

图 6-20　受挡板声场-结构耦合系统结构响应（P138～P139）

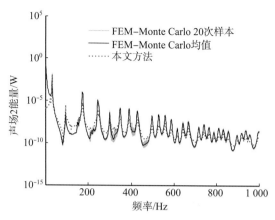

图 6 - 24　受挡混合面连接声场能量响应（P140）

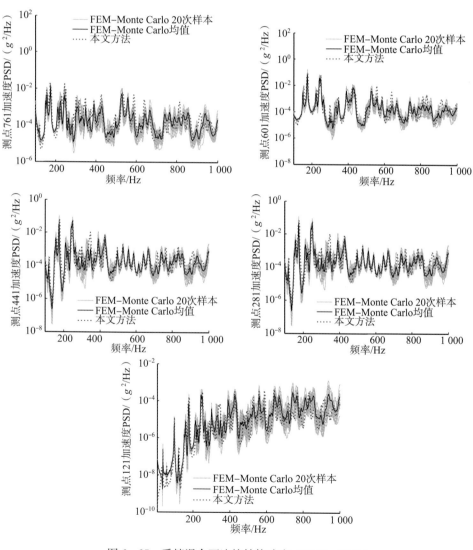

图 6 - 25　受挡混合面连接结构响应（P140～P141）

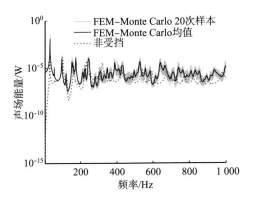

图 6-26　非受挡混合面连接声场响应（P142）

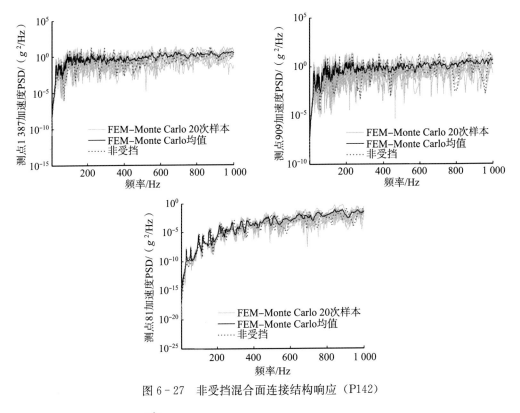

图 6-27　非受挡混合面连接结构响应（P142）

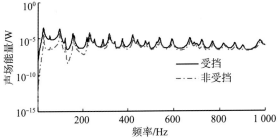

图 6-28　受挡和非受挡混合面连接的声场响应对比（P142）

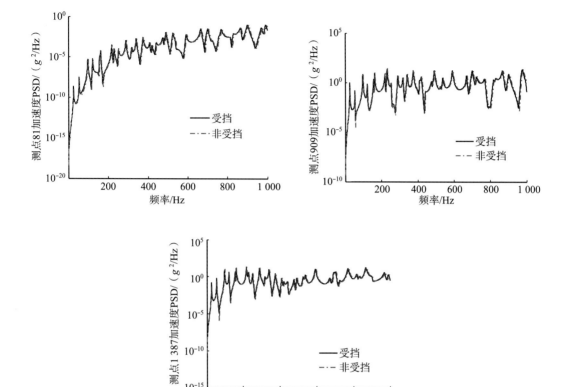

图 6-29　受挡和非受挡混合面连接结构响应对比 （P143）

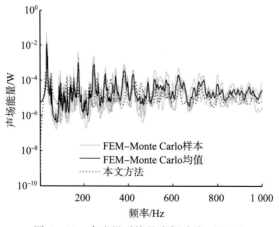

图 6-34　多边界系统的声场响应 （P145）

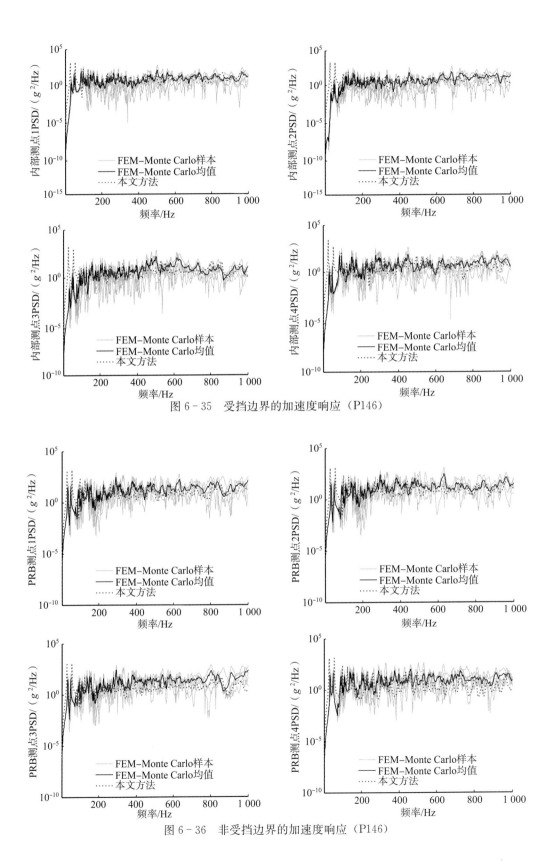

图 6 - 35　受挡边界的加速度响应（P146）

图 6 - 36　非受挡边界的加速度响应（P146）

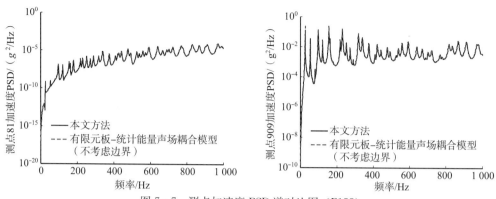

图 7 - 7　测点加速度 PSD 谱对比图（P155）

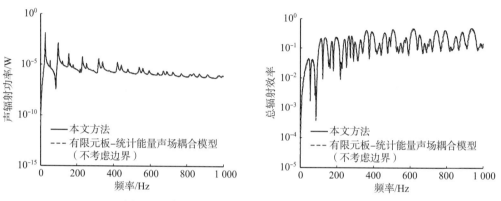

图 7 - 8　结构的声辐射功率与总辐射效率（P156）

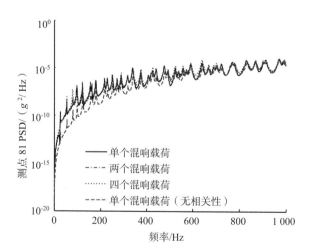

图 7 - 39　不同混响载荷下测点 81 的加速度响应（P172）

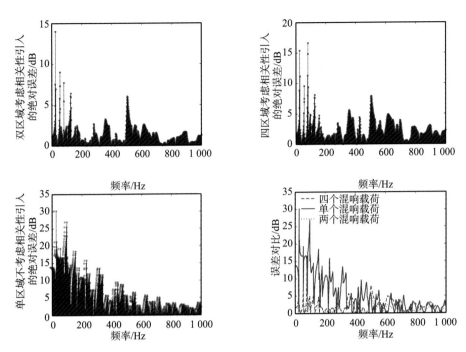

图 7-40　不同混响载荷下节点 81 的响应误差（P172）

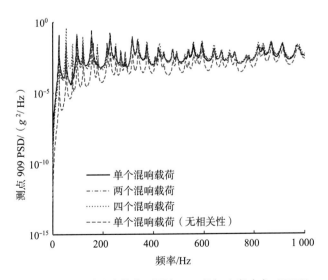

图 7-41　不同混响载荷下测点 909 的加速度响应（P172）

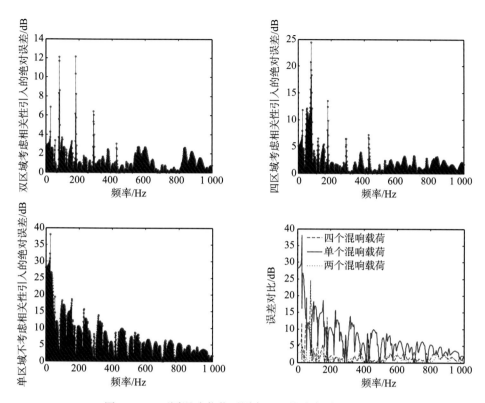

图 7 - 42　不同混响载荷下测点 909 的响应误差 （P173）

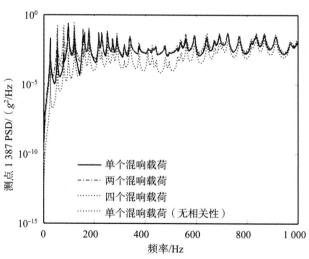

图 7 - 43　不同混响载荷下测点 1 387 的响应 （P173）

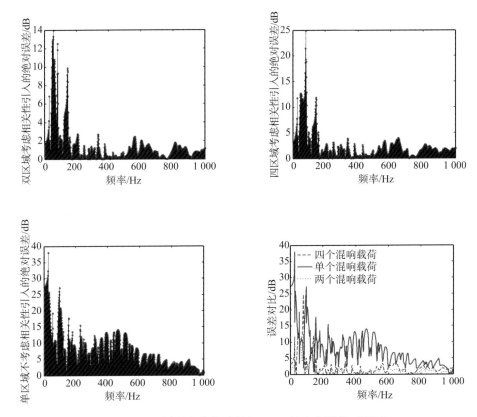

图 7 - 44　不同混响载荷下测点 1 387 的响应误差（P174）

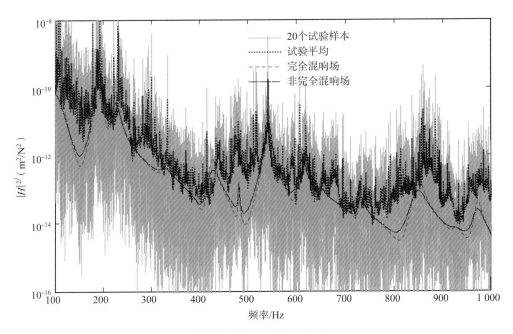

图 8 - 29　梁结构测点 2 处的传函对比（196）

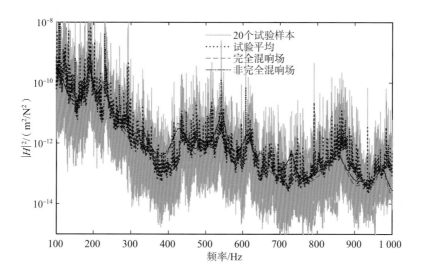

图 8-30　板 1 的传函对比（P197）

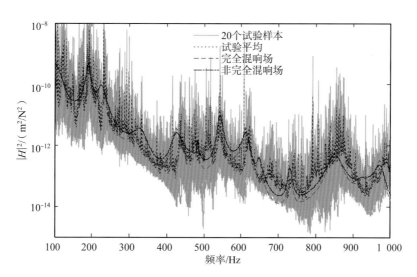

图 8-31　板 2 的传函对比（P197）

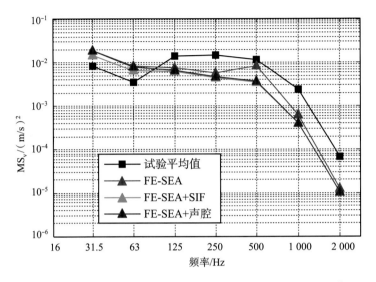

图 9-12　太阳翼外板的内损耗因子为常数时其弯曲方向的速度均方值（P206）

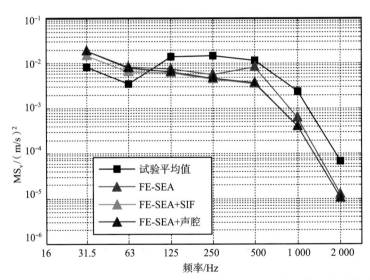

图 9-13　$f > 250$ Hz 下太阳翼外板的内损耗因子线性变化时其弯曲方向的速度均方值（P206）

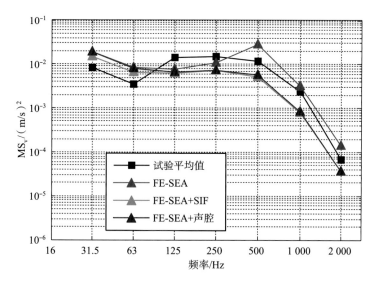

图 9-14　$f>125$ Hz 下外板的内损耗因子线性变化时其弯曲方向的速度均方值（P207）

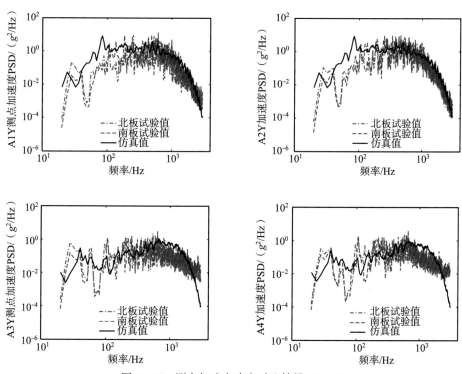

图 9-17　测点加速度响应对比结果（P208）

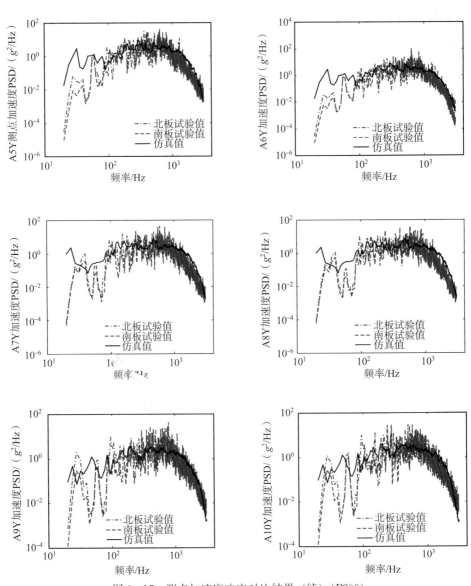

图 9-17　测点加速度响应对比结果（续）（P209）